高等职业技术教育"十三五"精品教材

路由交换技术基础与实践

主　编　林稳章　刘　晓

副主编　崔红梅　刘鹤生　刘　军

主　审　鲁　军

U0205988

西南交通大学出版社

·成　都·

内容提要

本书编写本着结合专业特点和专业需求的原则，深入企业调研，以"必需、够用和实用"为准则，突出学生的实践技能培养，将"教""学""做""评"融为一体。全书以中兴通讯股份有限公司生产的数据通信设备和宽带接入设备为主体，分为理论与实训项目两部分。理论部分分为11章，从计算机网络基础理论、无线局域网，到IPv6为代表的网络新技术都进行了详细的介绍，同时还重点介绍了数据通信设备及宽带接入设备的原理。实训部分共设计了16个实训项目，同时引入了先进的模拟教学软件——思科模拟器，帮助读者进行辅助学习。在编写过程中，编者力求将理论与实训相结合，做到用理论指导实训，用实训验证理论，从而提高学生的学习兴趣，增强学习效果。

本书内容翔实、深入浅出，通过学习，使学生能够掌握数据通信设备和宽带接入设备的网络设计、安装调测及运行维护等基本技能。本书可作为高等职业院校移动通信技术、物联网应用技术等相关专业的教材，也可作为通信专业相关方向的培训教材以及从事通信行业的工程技术人员自学用书。

图书在版编目（CIP）数据

路由交换技术基础与实践 / 林稳章，刘晓主编. —
成都：西南交通大学出版社，2020.10
ISBN 978-7-5643-7780-9

Ⅰ. ①路… Ⅱ. ①林… ②刘… Ⅲ. ①计算机网络 –
路由选择 – 高等职业教育 – 教材②计算机网络 – 信息交换
机 – 高等职业教育 – 教材 Ⅳ. ①TN915.05

中国版本图书馆 CIP 数据核字（2020）第 210222 号

Luyou Jiaohuan Jishu Jichu yu Shijian
路由交换技术基础与实践

主　编／林稳章　刘　晓　　　　责任编辑／穆　丰
　　　　　　　　　　　　　　　封面设计／吴　兵

西南交通大学出版社出版发行

（四川省成都市金牛区二环路北一段 111 号西南交通大学创新大厦 21 楼　610031）
发行部电话：028-87600564　028-87600533
网址：http://www.xnjdcbs.com
印刷：四川森林印务有限责任公司

成品尺寸　185 mm×260 mm
印张　20.25　字数　504 千
版次　2020 年 10 月第 1 版　　印次　2020 年 10 月第 1 次

书号　ISBN 978-7-5643-7780-9
定价　58.00 元

课件咨询电话：028-81435775
图书如有印装质量问题　本社负责退换
版权所有　盗版必究　举报电话：028-87600562

【前言】 >>>>

自 20 世纪 90 年代以来，计算机网络技术得到了空前的发展，同时网络也让世界联系得更加紧密。路由器、交换机等网络设备，作为架构局域网、城域网、广域网的基础设施，越来越多地被人们使用。要求学习网络知识的人也越来越多，而社会对掌握网络知识的人才需求也日益迫切。

本书根据高等职业教育电子信息工程、通信技术及相近专业的教学要求编写而成。在编写过程中，作者认真贯彻落实教育部《国家职业教育改革实施方案》（国发〔2019〕4 号文件）的精神，本着结合专业特点和专业需求的原则，深入企业调研，以"必需、够用和实用"为准则，突出学生的实践技能培养，将"教""学""做""评"融为一体。

全书以学生的学习特点为出发点，在强调理论学习的基础上，结合最新网络技术发展成果，通过相关案例进行网络理论的运用，实现了理论与实践应用相结合，为学生能够更好地学习相关专业技能打下坚实的基础，使学生既能学习到理论知识，又能够通过实训掌握使用技能。

全书共分为两大部分：上篇——理论知识；下篇——实训项目。在编写过程中，编者力求将理论与实训相结合，做到用理论指导实训，用实训验证理论，从而提高学生的学习兴趣，增强学习效果。通过对本书的学习，学生应掌握数据通信设备和宽带接入设备的网络设计、安装调测及运行维护等技能。

本书由重庆电讯职业学院通信工程与物联网学院系主任林稳章、陆军工程大学通信士官学校基础部教学教研室讲师刘晓担任主编,由北京网桥监理有限公司重庆分公司负责数据传输项目监理的刘军总监,以及原西南计算机工业公司(大型军工企业789厂)设计三所高级工程师,现重庆电讯职业学院通信技术系副教授刘鹤生,物联网技术系讲师崔红梅担任副主编。

重庆电讯职业学院通信工程与物联网学院院长鲁军副教授担任本书主审,并为本书的编写提出了很多指导性意见。本书在编写过程中还参考了众多专家学者的研究成果,在书后以参考文献形式列出,在此向所有作者表示深深的谢意。

由于编著水平有限,书中疏漏与不足之处在所难免,恳请读者批评指正。

编　者

2020 年 3 月于重庆

【目录】 >>>>

CONTENTS

上篇 理论知识

下篇　实训项目

上篇

PART ONE

理论知识

第1章 计算机网络基本概念

随着信息技术的高速发展，尤其是互联网的普及，网络正在以无所不在的"触角"延伸到人们的生活、学习和工作中。网络的应用不仅改变着人们的工作和生活方式，并且正在进一步引起世界范围内产业结构的变化，促进全球信息产业的发展，在各国的经济、文化、科研、军事、政治、教育和社会生活等各个方面发挥着巨大的作用。

事实表明，网络已不仅仅是一种先进的通信手段，而是形成了影响整个社会生活的"网络环境"。因此，计算机网络技术受到了人们前所未有的重视。

本章主要介绍计算机网络的定义、计算机网络的形成和发展、计算机网络的分类和应用、下一代网络的发展趋势和计算机网络组网设备等，重点讨论了计算机网络的性能指标，并介绍了我国互联网络的建设和发展情况。

1.1 计算机网络简介

1.1.1 计算机网络的定义

关于计算机网络的确切定义至今尚未统一，其原因是在计算机网络发展过程的不同阶段中，人们对计算机网络的定义反映着当时网络技术发展的水平与人们对网络的认识程度。从目前计算机网络的特点来看，资源共享观点的定义能比较准确地描述计算机网络的基本特征。即计算机网络是指把若干台地理位置不同，且具有独立功能的计算机，用通信线路和通信设备互相连接起来，以实现彼此之间的数据通信和资源共享的一种计算机系统。

计算机网络建立的主要目的是实现计算机资源的共享。共享的内容是多方面的，可以是计算机硬件也可以是计算机软件，还可以是数据资源。网络用户不但可以使用本地的计算机资源，而且可以通过网络访问联网的远程计算机资源，比如可以利用应用软件进行网上购物，或使用网络云盘保存数据信息等。

要实现交互信息和资源共享，网络必须具备通信功能和数据处理功能，因此在逻辑功能上计算机网络可以分为通信子网和资源子网两大部分。通信子网负责网中的信息传递，资源子网负责信息处理，如图 1-1-1 所示。

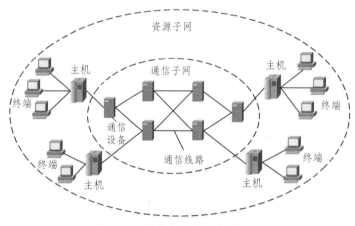

图 1-1-1　计算机网络逻辑功能图

通信子网：是指网络中实现网络通信功能的设备及其软件的集合。通信设备、通信线路、网络通信协议、通信控制软件等都是属于通信子网。它是网络的内层，为用户提供数据的传输，转接，加工，变换等。通信设备主要包括中继器、集线器、网桥、路由器、网关等硬件。通信线路主要包括电话线、双绞线、同轴电缆、光缆光纤、无线通信、微波与卫星等。

资源子网：由计算机系统、终端、终端控制器、联网外设、各种软件资源与信息资源组成。资源子网负责全网数据处理和向网络用户提供资源及网络服务，包括网络的数据处理资源和数据存储资源。主机、智能终端、服务器和数据库是资源子网的主要组成单元。

1.1.2　计算机网络的组成与功能

通信技术与计算机技术的结合是产生计算机网络的基本条件。一方面，通信网为计算机之间的数据传输和交换提供了必要的手段；另一方面，计算机技术的发展渗透到通信技术中，又提高了通信网的各种性能。计算机网络主要由网络硬件和网络软件两个部分组成。网络硬件是计算机网络系统的物理实现，网络软件是网络系统中的技术支持，两者相互作用，共同完成网络功能。

1.1.2.1　网络硬件的组成

计算机网络硬件系统是由计算机（主机、客户机、终端）、通信处理机（集线器、交换机、路由器）、通信线路（同轴电缆、双绞线、光纤）、信息变换设备（调制解调器，编码解码器）等构成。

1. 主计算机（主机）

在一般的局域网中，主机通常被称为服务器，是为客户提供各种服务的计算机，因此对其有一定的技术指标要求，特别是对主、辅存储容量及处理速度要求较高。根据服务器在网络中所提供的不同服务，可将其划分为文件服务器、打印服务器、通信服务器、域名服务器、数据库服务器等。

2. 网络工作站

除服务器外，网络上的其余计算机主要是通过执行应用程序来完成工作任务的，我们把这种计算机称为网络工作站或网络客户机。它是网络数据主要的发生场所和使用场所，用户主要是通过使用工作站来利用网络资源并完成自己作业的。

3. 网络终端

网络终端是用户访问网络的界面，可以通过主机联入网内，也可以通过通信控制处理机联入网内。

4. 通信处理机

一方面通信处理机作为资源子网的主机、终端连接的接口，将主机和终端联入网内；另一方面它又作为通信子网中分组存储转发节点，完成分组的接收、校验、存储和转发等功能。

5. 通信线路

通信线路（链路）是为通信处理机与通信处理机、通信处理机与主机之间提供通信信道，分为有线线路和无线线路两种方式。

6. 信息变换设备

信息变换设备对信号进行变换，包括调制解调器、无线通信接收和发送器、用于光纤通信的编码解码器等。

1.1.2.2 网络软件的组成

在计算机网络系统中，除了各种网络硬件设备外，还必须具有网络软件。

1. 网络操作系统

网络操作系统是网络软件中最主要的软件，用于实现不同主机之间的用户通信，以及全网硬件和软件资源的共享，并向用户提供统一的、方便的网络接口，便于用户使用网络。目前网络操作系统有三大阵营：UNIX、NetWare 和 Windows。目前，我国最广泛使用的是 Windows 网络操作系统。

2. 网络协议软件

网络协议是网络通信的数据传输规范，网络协议软件是用于实现网络协议功能的软件。

目前，典型的网络协议软件有 TCP/IP（传输控制协议/国际协议）、IPX/SPX（分组变换/顺序分组交换）、IEEE802 标准协议系列等。其中，TCP/IP 是当前异种网络互联应用最为广泛的网络协议软件。

3. 网络管理软件

网络管理软件是用来对网络资源进行管理以及对网络进行维护的软件，如性能管理、配置管理、故障管理、计费管理、安全管理、网络运行状态监视与统计等。

4. 网络通信软件

网络通信软件是用于网络中各种设备之间进行通信的软件，使用户能够在不必详细了解通信控制规则的情况下，控制应用程序与多个站进行通信，并对大量的通信数据进行加工和管理。

5. 网络应用软件

网络应用软件是为网络用户提供服务的软件，最重要的特征是它研究的重点不是网络中各个独立的计算机本身的功能，而是如何实现网络特有的功能。

1.1.3　计算机网络的形成和发展

计算机网络是计算机技术与通信技术相结合的产物，在 20 世纪 50 年代中期，人们开始将彼此独立发展的计算机技术与通信技术结合在一起，美国的半自动地面防空系统（SAGE）把远程距离的雷达和其他测控设备的信息经由线路汇集至一台 IBM 计算机上，首次实现了计算机和通信设备的结合使用。人们对数据通信与计算机技术的研究，为计算机网络的出现做好了技术准备，奠定了计算机网络的理论基础。

经过几十年的发展，计算机网络实现了从无到有、从简单到复杂的飞速发展。纵观计算机网络的发展，其经历了以下 4 个阶段：诞生阶段（面向终端的计算机通信网）、形成阶段（面向通信的计算机网络）、互联互通阶段（体系结构标准化网络）以及高速网络技术阶段（新一代计算机网络）。

1.1.3.1　诞生阶段（面向终端的计算机通信网）

在 20 世纪 60 年代初出现了第一代计算机网络，它是以单个计算机为中心的远程联机系统，如图 1-1-2 所示。其典型的应用是美国航空公司与 IBM 公司合作研究并建成了由一台主计算机与遍布全美 2 000 多个终端组成的美国航空订票（SABRE-1）系统。在该系统中，终端是一台包括了显示器和键盘，但无 CPU（中央处理器）和内存的计算机外部设备，各终端采用多条线路与中央计算机连接。SABRE-1 系统的特点是出现了通信控制器和前端处理机，采用了实时、分时与分批处理的方式，提高了线路的利用率，使通信系统发生了根本变革。在当时，人们把计算机网络定义为"以传输信息为目的而连接起来，实现远程信息处理或进一步达到资源共享的系统"，这样的通信系统是网络的雏形，标志着计算机网络的诞生。

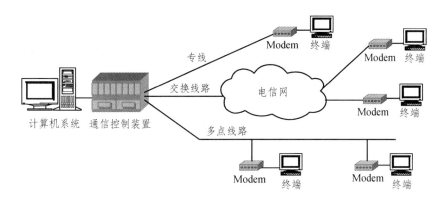

图 1-1-2　面向终端的计算机通信网

1.1.3.2　形成阶段（面向通信的计算机网络）

20 世纪 60 年代中期至 70 年代的第二代计算机网络是以多个主机通过通信线路互联起来，为用户提供服务，如图 1-1-3 所示。主机之间不是直接用线路相连，而是由接口报文处理机（IMP）转接后互联的。IMP 和它们之间互联的通信线路一起负责主机间的通信任务，构成了通信子网。通信子网互联的主机负责运行程序，提供资源共享，组成资源子网。这个时期，网络概念为"以能够相互共享资源为目的互联起来的具有独立功能的计算机集合体"，形成了计算机网络的基本概念。

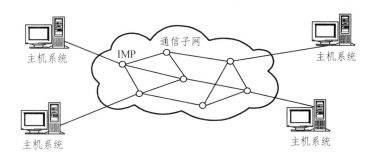

图 1-1-3　面向通信的计算机网

这个阶段典型代表是美国国防部高级研究计划局协助开发的以通信子网为中心的 ARPA NET 网。在 ARPA NET 网中，负责通信控制处理的 CCP（通信控制处理机）称为接口报文处理机（IMP 或称节点机），以存储转发方式传送分组的通信子网称为分组交换网。

1.1.3.3　互联互通阶段（体系结构标准化网络）

20 世纪 70 年代末到 90 年代初出现了第三代计算机网络，它是具有统一的网络体系结构并且遵循国际标准的开放式和标准化的网络。在 ARPANET 兴起之后，计算机网络得到迅速的发展，由于计算机网络没有统一的标准和规则，导致不同的厂商生产的产品很难实现互联，人们必须制定一种开放性的国际标准来约束计算机网络，于是便应运而生了两种国际通用的体系结构，即 TCP/IP 体系结构和国际标准化组织的 OSI 体系结构，如图 1-1-4 所示。

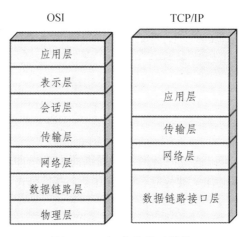

图 1-1-4　标准化体系结构

从此，计算机网络的发展步入了标准化的道路，使得各种不同的网络之间可以实现相互兼容、相互连接，计算机网络进入了互联互通的全新时期。

1.1.3.4　高速网络技术阶段（新一代计算机网络）

在 20 世纪 90 年代末出现了第四代计算机网络。在这段时间，由于局域网技术的成熟与发展，出现了光纤及高速网络技术，多媒体网络，智能网络，整个网络就像一个对用户透明的大的计算机系统。随着时间的推移，零零散散的网络最终发展为以 Internet 为代表的互联网。而 Internet 的发展也分三个阶段：

1. 从单一的 APRANET 发展为互联网

1969 年，创建的第一个分组交换网 ARPANET 只是一个单个的分组交换网（不是互联网）。20 世纪 70 年代中期，ARPA（美国国防部高级研究计划署）开始研究多种网络互联的技术，促使了互联网的出现。1983 年，ARPANET 分解成了两个：一个是实验研究用的科研网 ARPANET（人们常把 1983 年作为因特网的诞生之日），另一个是军用的 MILNET。1990 年，ARPANET 正式宣布关闭，实验完成。

2. 建成三级结构的因特网

1986 年，NSF（美国国家科学基金会）建立了国家科学基金网 NSFNET，它是一个三级计算机网络，分为主干网、地区网和校园网，如图 1-1-5 所示。1991 年，美国政府决定将因特网的主干网转交给私人公司来经营，并开始对接入因特网的单位收费。1993 年，因特网主干网的传输速率提高到 45 Mb/s。

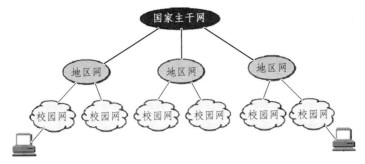

图 1-1-5 三级结构的互联网

3. 建立多层次 ISP（互联网服务提供商）结构的因特网

从 1993 年开始，由美国政府资助的 NSFNET 逐渐被若干个商用的因特网主干网（即服务提供者网络）所替代，用户可以通过因特网服务提供商（ISP）联网。1994 年，4 个网络接入点（Network Access Point，NAP）被建立，分别由 4 个电信公司运营。1994 年，因特网逐渐演变成多层次 ISP 结构的网络。后来，因特网异常迅猛地发展起来，它如今已经成为世界上最大、信息资源最丰富的计算机公共网络。

至今，全世界没有人能够知道因特网的确切规模，因特网正在以人们始料不及的惊人速度向前发展着。今天的因特网已经从各个方面改变了人们的工作和生活方式，人们可以随时从网上了解当天的天气信息、新闻动态和旅游信息，可看到当天的报纸和最新的杂志，可以足不出户在家里炒股、网上购物、收发电子邮件，享受远程教育和远程医疗等。

1.1.4 下一代网络发展趋势

计算机网络及其应用的产生和发展，与计算机技术（包括微电子、微处理机技术）和通信技术的科学进步密切相关。未来比较明显的发展趋势是宽带业务和各种移动终端的普及，整个宽带的建设和应用将进一步推动网络的整体发展。下一代互联网技术将以 IPv6 技术为核心，能够具备可控、可管、可扩、可信能力，以实现更大的可扩展性，端到端的传输速率更快，无线接入带宽更大，网络和流量控制更加便捷；能提供更好的网络服务和可靠的网络安全，使得网上购物、电子支付等应用更为普遍；能让物联网技术、人工智能技术走进千家万户，为用户提供更好的智能化、数字化的家居生活，不断提高人民群众的幸福感和安全感。

1.1.4.1 IPv6 技术

IPv6 是下一版本的互联网协议，也可以说是下一代互联网的协议，它的提出最初是因为随着互联网的迅速发展，IPv4 定义的有限地址空间将被耗尽，地址空间的不足必将妨碍互联网的进一步发展，为了扩大地址空间，拟通过 IPv6 重新定义地址空间。相对于 IPv4 来说，IPv6 采用 128 位地址长度，几乎可以不受限制地提供地址。按保守方法估算，IPv6 实际可分配的地址，能使地球的每平方米面积上可分配一千多个地址。在 IPv6 的设计过程中除了一劳永逸地解决了地址短缺问题外，还考虑了在 IPv4 中解决不好的其他问题，主要有端到端 IP（网际互联协议）连接、服务质量（QOS）、安全性、多播、移动性、即插即用等。具体来说，IPv6

协议的优点主要表现在以下几个方面：

（1）更大的地址空间。IPv4 中规定 IP 地址长度为 32，即有 $2^{32}-1$ 个地址；而 IPv6 中 IP 地址的长度为 128，即有 $2^{128}-1$ 个地址。IPv6 地址的比特数增长了 4 倍，有了巨大的可用地址空间，就无须类似 NAT 这种地址转换技术。

（2）更小的路由表。IPv6 的地址分配一开始就遵循聚类（Aggregation）的原则，这使得路由器能在路由表中用一条记录（Entry）表示一片子网，大大减小了路由器中路由表的长度，提高了路由器转发数据包的速度。

（3）QOS 能力强。IPv6 报头中新增加了字段"业务级别"和"流标签"。这样，在传输过程中，中间的各节点就可以识别和分开处理任何 IP 地址流，进行业务优先级控制。IPv6 报头中的"流标签"字段允许鉴别属于某一特殊通信流的所有报文，因此路径上所有路由器可以鉴别某个流的所有报文，发送者可以要求对此通信流进行特殊处理。IPv6 增加了增强的组播（Multicast）支持以及对流的支持（Flow-control），这使得网络上的多媒体应用有了长足的发展，为服务质量（QOS）控制提供了良好的网络平台。

（4）加入了对自动配置（Auto-Configuration）的支持。这是对 DHCP 协议的改进和扩展，这使设备连接到网络而不用任何配置，也不需要任何服务器，从而使得在因特网上大规模布设新设备成为可能，例如蜂窝电话、无线设备、本地应用和本地网络，管理更加方便和快捷。

（5）更高的安全性。在使用 IPv6 网络中用户可以对网络层的数据进行加密并对 IP 报文进行校验，这极大地增强了网络安全。

在将来的发展过程中，IPv6 必然要代替 IPv4 并成为最主要的网络协议。在今后不久，IPv6 使得几乎每种设备都有一个全球可达的地址，计算机、IP 电话、IP 传真、TV 机顶盒、照相机、传呼机、无线 PDA（掌上设备）、802.11b 设备、蜂窝电话、家庭网络和汽车等都可以有自己的 IP 地址，并连接到互联网中，实现更好的服务，使我们的生活迎来网络时代。因此，接下来 IPv6 发展的战略规划以及灵活多样的使用机制的建立，将是推进下一代网络应用发展的重中之重。

1.1.4.2　移动互联网

移动互联网是基于 IP 技术的移动通信网络。传统的互联网 IP 技术只是适用于固定的终端设备，对于移动互联网的终端设备来讲，最大的特点就是可移动性。移动终端设备在通信期间有可能在不同子网之间移动，IP 地址也需要改变。IP 地址数量成为制约移动互联网发展的一个重要因素。在移动互联网中，带宽主要由无线带宽和移动带宽两部分组成，只有移动互联网的带宽提高了，移动终端设备才会更加"活跃"。移动终端设备业务的多元化，使得大量数据需要处理，云计算的新型 IT（信息技术）平台可以提高数据的处理能力，减轻了移动终端设备的工作量。

（1）移动互联网超越了传统互联网，引领了发展新潮流。有线互联网是互联网的早期形态，移动互联网（无线互联网）是互联网的未来趋势。PC 机（个人计算机）只是互联网的终端之一，智能手机、平板计算机、电子阅读器（电纸书）已经成为重要终端，而电视机、车载设备、冰箱、微波炉、抽油烟机、照相机，甚至眼镜、手表等穿戴之物，都可能成为泛终端。

（2）移动互联网和传统行业融合，催生新的应用模式。在移动互联网、云计算、物联网等新技术的推动下，传统行业与互联网的融合正呈现出新的特点，平台和模式都发生了改变。这一方面可以作为业务推广的一种手段，如食品、餐饮、娱乐、航空、汽车、金融、家电等传统行业的 App 和企业推广平台，另一方面也重构了移动端的业务模式，如医疗、教育、旅游、交通、传媒等领域的业务改造。

（3）5G 技术给移动互联网带来了全新体验。5G 网络技术的出现给解决移动终端带宽问题提供一个新的方向。随着用户的增加，对移动数据带宽的需求与日俱增。针对不断增加的数据量，如何在满足当前用户对数据需求的前提下，通过技术革新尽可能地提高用户体验，是运营商在移动互联时代制胜的关键。第五代移动通信（5G）技术正是为解决上述问题而发展起来的。目前，我国正在积极推进 5G 移动网络的规划和建设，5G 时代的到来使无障碍化移动沟通变得指日可待，而且可以完全改变人们的生活习惯和思维方式。智能终端的快速普及以及移动带宽的提升让社会加速进入了移动互联网的时代。

（4）云计算对移动互联网发展的推动。移动终端业务的多元化，虽然满足了用户的多元化的需求，但也产生了大量的数据需要处理。如果这些数据都在移动终端上进行处理会导致终端设备的工作效率低下，而且对终端技术要求也高。云计算中的云存储支持大容量的数据存储，为网络节约了大量内存。云计算平台通过将终端设备产生的数据进行集中处理，再将处理的结果返回终端设备的方式大大减轻了终端设备的工作量，降低了移动终端设备的技术要求，加快终端设备的发展。

1.1.4.3 云计算技术

云计算（Cloud Computing）是分布式计算的一种，指的是通过网络"云"将巨大的数据计算处理程序分解成无数个小程序，然后通过多台服务器组成的系统处理和分析这些小程序，并将得到结果并返回给用户。简单地说，云计算就是简单的分布式计算，用来解决任务分发，并进行计算结果的合并。因此，云计算又称为网格计算。通过这项技术，互联网可以在很短的时间内（几秒钟）完成巨量数据的处理，从而提供强大的网络服务。

对于一家企业来说，一台计算机的运算能力是远远无法满足数据运算需求的，那么就要购置一台运算能力更强的计算机，也就是服务器。而对于规模比较大的企业来说，一台服务器的运算能力显然还是不够的，那就需要企业购置多台服务器，甚至演变成为一个具有多台服务器的数据中心，而且服务器的数量会直接影响这个数据中心的业务处理能力。除了高额的初期建设成本之外，计算机运营过程中的支出也要比投资成本高得多，再加上计算机和网络的维护支出，这些总的费用是中小型企业难以承担的，于是云计算的概念便应运而生了。云计算这个概念从提出到现在已经取得了飞速的发展与翻天覆地的变化。现如今，云计算被视为计算机网络领域的一次革命，因为它的出现，社会的工作方式和商业模式也在发生巨大的改变。近几年来，云计算也正在成为信息技术产业发展的战略重点，全球的信息技术企业都在纷纷向云计算转型。

总之，云计算不是一种全新的网络技术，而是一种全新的网络应用概念，云计算的核心概念就是以互联网为中心，在网站上提供快速且安全的云计算服务与数据存储，让每一个使用互联网的人都可以使用网络上的庞大计算资源与数据中心。

1.1.4.4　大数据技术

"大数据"是指以多元形式、从许多来源搜集而来的庞大数据组，往往具有实时性。以电子商务为例，在企业和用户销售过程中，这些数据可能来自社交网络、电子商务网站、顾客来访纪录，还有许多其他来源。这些数据，并非公司顾客关系管理数据库的常态数据组。从技术上看，大数据与云计算的关系就像一枚硬币的正反面一样不可分割。大数据必然无法用单台的计算机进行处理，必须采用分布式计算架构。它的特色在于对海量数据的挖掘，但必须依托云计算的分布式处理、分布式数据库、云存储和虚拟化技术。大数据的4大特点：Volume（大量）、Velocity（高速）、Variety（多样）、Value（价值）。

（1）数据体量巨大。从TB（太字节）级别，跃升到PB（拍字节）级别。

（2）处理速度快（一秒定律）。最后这一点也是和传统的数据挖掘技术有着本质的不同。物联网、云计算、移动互联网、车联网、手机、平板计算机、PC以及遍布地球各个角落的各种各样的传感器，无一不是数据来源或者承载的方式。

（3）数据类型繁多。如前文提到的网络日志、视频、图片、地理位置信息等。

（4）价值密度低。以视频为例，连续不间断监控过程中，可能有用的数据仅仅有一两秒。

大数据技术离我们都并不遥远，它已经来到我们身边，渗透进每个人的日常生活中，时时刻刻，无处不在，是无微不至的：提供了多种多样的全媒体，难以琢磨的云计算以及无法抵御的仿真环境。大数据倚仗无处不在的传感器，比如手机、发带，甚至是能够收集司机身体数据的汽车，或是能够监控老人下床行为、行走速度与压力的"魔毯"（由GE与Intel联合开发），洞察了一切。通过大数据技术，人们能够在医院之外得悉自己的健康情况；而通过收集普通家庭的能耗数据，大数据技术给出人们切实可用的节能方案；通过对城市交通的数据收集处理，大数据技术能够实现对城市交通的优化。大数据就是互联网发展到现今阶段的一种特征，在以云计算为代表的技术创新大幕的衬托下，这些原本很难收集和使用的数据开始被利用起来了，通过各行各业的不断创新，大数据会逐步为人们创造更多的价值。

1.2　计算机网络的分类和应用

1.2.1　计算机网络的分类

计算机网络种类繁多，性能各异，根据不同的分类原则，可以得到不同类型的计算机网络。计算机网络按不同的分类标准，可分为按网络的覆盖范围分类、按网络的传输技术分类、按网络的适用范围分类、按网络的传输介质分类等。

1.2.1.1　按覆盖范围分类

按网络所覆盖的地理范围的不同，计算机网络可分为局域网（LAN）、城域网（MAN）、广域网（WAN）。

1. 局域网（Local Area Network，LAN）

局域网是将较小地理区域内的计算机或数据终端设备连接在一起的通信网络。局域网覆盖的地理范围比较小，一般在几十米到几千米。它常用于组建一个办公室、一栋楼、一个楼群、一个校园或一个企业的计算机网络。局域网主要用于实现短距离的资源共享。图 1-1-6 所示的是一个由若干计算机、打印机、交换机和服务器组成的典型局域网。

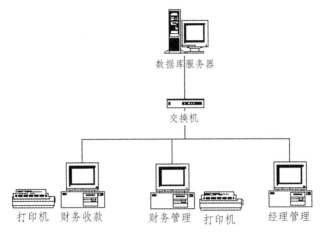

图 1-1-6　典型局域网组成示意图

这种网络的特点是：连接范围窄、用户数少、配置容易、连接速率高。局域网的速率取决于交换机，目前局域网最快的速率能够达到万兆，普遍使用的为千兆。IEEE 的 802 标准委员会定义了多种主要的 LAN 网：以太网（Ethernet）、令牌环网（Token Ring）、光纤分布式接口网（FDDI）、异步传输模式网（ATM）以及无线局域网（WLAN）。

2. 城域网（Wide Area Network，WAN）

城域网是一种大型的 LAN，它的覆盖范围介于局域网和广域网之间，一般为几千米至几万米。城域网的覆盖范围在一个城市内，它将位于一个城市之内不同地点的多个计算机局域网连接起来实现资源共享。城域网对所使用的通信设备和网络设备的功能要求比局域网高，以便有效地覆盖较大地理范围。在一个大型城市中，城域网可以将多个学校、企事业单位、公司和医院的局域网连接起来共享资源。图 1-1-7 所示的是不同建筑物内的局域网组成的城域网。

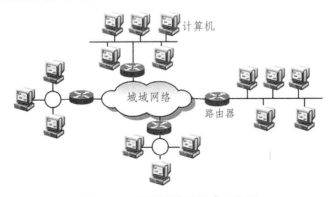

图 1-1-7　典型城域网组成示意图

这种网络的特点是：在骨干网中多采用 ATM（异步传输模式）技术。ATM 是一个用于数据、语音、视频以及多媒体应用程序的高速网络传输方法，可以提供一个可伸缩的主干基础设施，以便能够适应不同规模、速度以及寻址技术的网络，但最大缺点是成本太高。

3. 广域网（Wide Area Network，WAN）

广域网是在一个广阔的地理区域内进行数据、语音、图像信息传输的计算机网络。由于远距离数据传输的带宽有限，因此广域网的数据传输速率比局域网要慢得多。广域网可以覆盖一个城市、一个国家甚至于全球。因特网（Internet）是广域网的一种，但它不是一种具体的网络，它将同类或不同类的物理网络（局域网、广域网与城域网）互联，并通过高层协议实现不同类网络间的通信。如图 1-1-8 所示的是一个简单的广域网。

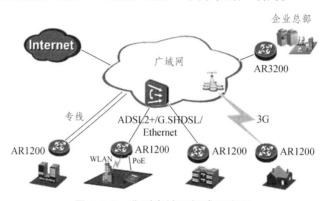

图 1-1-8　典型广域网组成示意图

广域网的特点就是：覆盖的地理区域大，网络拓扑结构复杂，连接常借用公用网络。其传输速率比较低，一般在 64 kb/s-2 Mb/s，最高可达到 45 Mb/s，但随着广域网技术的发展，广域网的传输速率正在不断地提高，目前通过光纤介质，采用 POS（光纤通过 SDH）技术，可使传输速率达到 155 Mb/s，甚至更高。

1.2.1.2　按拓扑结构分类

当我们组建计算机网络时，要考虑网络的布线方式，这也就涉及了网络拓扑结构的相关内容。计算机网络的拓扑结构，即指网上计算机或设备与传输媒介形成的节点与线的物理构成模式。网络的节点有两类：一类是转换和交换信息的转接节点，包括节点交换机、集线器和终端控制器等；另一类是访问节点，包括计算机主机和终端等。线则代表各种传输媒介，包括有形的和无形的。拓扑结构的选择往往与传输媒体的选择及媒体访问控制方法的确定紧密相关。网络拓扑结构的选择，对网络采用的技术、网络的可靠性、网络的可维护性和网络的经济性都有重大的影响。因此我们在搭建网络架构，进行实际组网的时候，网络拓扑结构是我们需重点考虑的因素之一。常用的拓扑结构有：总线型结构、星形结构、环形结构、树形结构和网状型结构。

1. 总线型拓扑结构

总线型拓扑结构是指网络上的所有计算机采用单根传输线作为共用的传输介质，所有站点都通过相应的硬件接口直接连到该传输介质（即总线）上，如图 1-1-9 所示。在总线上，任何一台计算机在发送信息时，其他计算机必须等待，而且计算机发送的信息会沿着总线向两端扩散，从而使网络中所有计算机都会收到这个信息，但接收与否，还取决于信息的目标地址是否与网络主机地址一致：若一致，则接收；若不一致，则不接收。

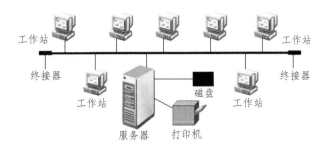

图 1-1-9　总线型拓扑结构示意图

还需要注意的是，在总线型网络中，信号会沿着网线发送到整个网络。当信号到达线缆的端点时，将产生反射信号，这种发射信号会与后续信号冲突，从而使通信中断。为了防止通信中断，必须在线缆的两端安装终结器，以吸收端点信号，防止信号反弹。

这种拓扑结构的优点是连接简单、电缆长度短、易于安装、可靠性高、易于扩充、成本费用低。缺点是：传送数据的速度缓慢，共享一条电缆，其中只能有一台计算机发送信息，其他接收；维护困难，网络一旦出现断点，整个网络将瘫痪，而且故障点很难查找。

2. 星形拓扑结构

星形拓扑结构是指每个节点都由一个单独的通信线路连接到中心节点上，中心节点控制全网的通信，任何两台计算机之间的通信都要通过中心节点来转接，如图 1-1-10 所示。因为这些中心节点是网络的瓶颈，这种拓扑结构又称为集中控制式网络结构，是目前使用最普遍的拓扑结构，处于中心的网络设备可以是跨越式集线器（Hub）也可以是交换机。星形网络采用的交换方式有电路交换和报文交换两种。

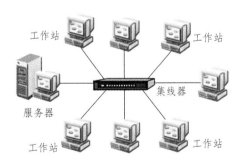

图 1-1-10　星形拓扑结构示意图

这种拓扑结构的优点是：结构简单，连接方便，管理和维护都相对容易，而且扩展性强；网络延迟较小，传输误差低；在同一网段内支持多种传输介质，除非中央节点故障，否则网络不会轻易瘫痪；每个节点直接连到中央节点，故障容易检测和隔离，可以很方便地排除有故障的节点。缺点是：安装和维护的费用较高，共享资源的能力较差；一条通信线路只被该线路上的中央节点和边缘节点使用，通信线路利用率不高；对中央节点要求相当高，一旦中央节点出现故障，整个网络将瘫痪。

3. 环形拓扑结构

环形拓扑结构是指各节点通过环路接口连在一条首尾相连的闭合环形通信线路中，环路上任何节点均可以请求发送信息，请求一旦被批准，便可以向环路发送信息，如图 1-1-11 所示。环形网中的数据可以是单向传输，也可是双向传输。同时，在网络中有一种特殊的信号，称为令牌。令牌按顺时针方向传输，当某台计算机要发送信息时，必须先捕获令牌，再发送信息，发送信息后再释放令牌。

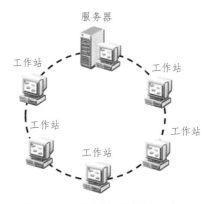

图 1-1-11　环形拓扑结构示意图

由于环线公用，一个节点发出的信息必须穿越环中所有的环路接口，信息流中目的地址与环上某节点地址相符时，信息被该节点的环路接口所接收，而后信息继续流向下一环路接口，一直流回到发送该信息的环路接口节点为止。环形结构有两种类型，即单环结构和双环结构。令牌环（Token Ring）是单环结构的典型代表，光纤分布式数据接口（FDDI）是双环结构的典型代表。

这种拓扑结构的优点是环形拓扑网络所需的电缆长度和总线拓扑网络相似，但比星形拓扑结构要短得多；可使用传输速度很快的光纤进行单向传输；传输信息的时间是固定的，从而便于实时控制。缺点是：节点过多时，影响传输效率；环某处断开会导致整个系统的失效，节点的加入和撤出过程复杂；因为不是集中控制，故障检测需在网络各个节点进行，实施较困难。

4. 树形拓扑结构

树形拓扑结构可以认为是由多级星形结构组成的，只不过这种多级星形结构自上而下呈三角形分布，就像一棵树一样，最顶端的枝叶少些，中间的多些，而最下面的枝叶最多。树的最下端相当于网络中的边缘层，树的中间部分相当于网络中的汇聚层，而树的顶端则相当于网络中的核心层，如图 1-1-12 所示。树形结构采用分级的集中控制方式，其传输介质可有多条分支，但不形成闭合回路，每条通信线路都必须支持双向传输。

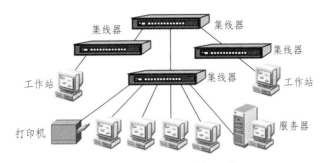

图 1-1-12　树形拓扑结构示意图

　　这种拓扑结构的优点是：易于扩展，可以延伸出很多分支和子分支，这些新节点和新分支都能容易地加入现有网中；故障隔离较容易，如果某一分支的节点或线路发生故障，很容易将故障分支与整个系统隔离开来。缺点是：对根节点的依赖性较大，一旦根节点出现故障，将导致全网不能工作；电缆成本高。

　　5. 网状结构

　　网状结构是指将各网络节点与通信线路连接成不规则的形状，每个节点至少与其他两个节点相连，或者说每个节点至少有两条链路与其他节点相连，如图 1-1-13 所示。大型网络一般都采用这种结构，如我国的教育科研网（CERNET）、Internet 的主干网都采用网状结构。

图 1-1-13　网状拓扑结构示意图

　　这种拓扑结构的优点是：节点间路径多，碰撞和阻塞减少；局部故障不影响整个网络，可靠性高。缺点是：网络关系复杂，建网较难，不易扩充；网络控制机制复杂，必须采用路由算法和流量控制机制。

　　6. 混合型拓扑结构

　　通常来说，一个大型的网络都不是单一的网络拓扑结构，而是采用多种拓扑结构组成的混合拓扑结构，这种混合结构保留了各自结构的优点，如图 1-1-14 所示。常用的混合拓扑有两种，一种是由星形拓扑和环形拓扑混合成的"星—环"式拓扑结构；另一种则由星形拓扑和总线型拓扑混合成的"星—总"式拓扑结构。

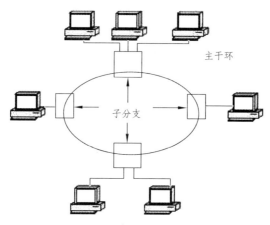

图 1-1-14　混合型拓扑结构示意图

这种拓扑结构的优点是：故障诊断和隔离较为方便，一旦网络发生故障，只要诊断出哪个集中器有故障，将该集中器和全网隔离即可；易于扩展，要扩展用户时，可以加入新的集中器，也可以在每个集中器留出一些备用的可插入的站点接口；安装方便，网络的主电缆只要连通这些集中器即可，这种安装和传统的电话系统电缆安装很相似。缺点是：需要选用智能型的集中器，这是为了实现网络故障自动诊断和故障节点的隔离所必需的；像星形拓扑结构一样，集中器到各个站点的电缆安装长度会增加。

1.2.1.3　按传播方式分类

如果按照传播方式不同，可将计算机网络分为"广播式网络"和"点到点式网络"两大类。

1. 广播式网络

广播式网络是指网络中的计算机或者设备使用一个共享的通信介质进行数据传播，如图1-1-15 所示。当一台计算机利用共享通信信道发送报文分组时，所有其他的计算机都会接收到这个分组。由于发送的分组中带有目的地址与源地址，接收到该分组的计算机将检查目的地址是否与本节点地址相同。如果被接收报文分组的目的地址与本节点地址相同，则接收该分组，否则丢弃该分组。

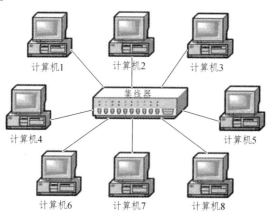

图 1-1-15　广播式网络结构示意图

目前，广播式网络中的传输方式有 3 种：

单播：采用一对一的发送形式将数据发送给网络中的目的节点。

组播：采用一对一组的发送形式，将数据发送给网络中的某一组主机。

广播：采用一对所有的发送形式，将数据发送给网络中所有目的节点。

2. 点到点式网络（Point-to-Point Network）

与广播式网络相反，在点到点式网络中，每条物理线路连接一对计算机，如图 1-1-16 所示。假如两台计算机之间没有直接连接的线路，那么它们之间的分组传输就要通过中间节点的接收、存储、转发，直至目的节点。由于连接多台计算机之间的线路结构可能是复杂的，因此从源节点到目的节点可能存在多条路由。决定分组从通信子网的源节点到达目的节点的路由需要由路由选择算法决定。采用分组存储转发与路由选择是点到点式网络与广播式网络的重要区别之一。

图 1-1-16 点到点网络结构示意图

点到点传播方式主要应用于 WAN 中，通常采用的拓扑结构有星形、环形、树形、网状型。

1.2.1.4 按工作模式分类

按照网络中计算机的工作模式，可以将计算机网络分为对等网和基于客户机/服务器模式的网络。

1. 对等网

在对等网中，所有的计算机的地位是平等的，没有专用的服务器。每台计算机既作为服务器，又作为客户机，即为别人提供服务的同时也从别人那里获得服务，如图 1-1-17 所示。由于对等网没有专用的服务器，所以在管理对等网时，只能分别管理，不能统一管理，管理起来很不方便。但是对等网架设简单，成本低，易实现，注重网络共享资源，一般应用于计算机较少、安全性要求不高的小型局域网。

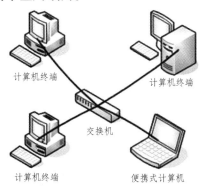

图 1-1-17 对等网组网结构图

2. 基于客户机/服务器模式的网络

在这种网络中，有两种角色的计算机，一种是服务器，一种是客户机，如图 1-1-18 所示。

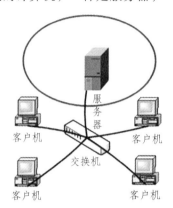

图 1-1-18　基于客户机/服务器模式的网络结构

服务器：服务器一方面负责保存网络的配置信息，另一方面也负责为客户机提供各种各样的服务。因为整个网络的关键配置都保存在服务器中，所以管理员在管理网络时只需要修改服务器的配置，就可以实现对整个网络的管理了。同时，客户机需要获得某种服务时，会向服务器发送请求，服务器接到请求后，会向客户机提供相应服务。服务器的种类有很多，如邮件服务器、Web 服务器、目录服务器等，不同的服务器可以为客户提供不同的服务。用户在构建网络时，一般选择性能较好的计算机，在其上安装相关服务，它就成了服务器。

客户机：主要用于向服务器发送请求，获得相关服务。如客户机向打印服务器请求打印服务，向 Web 服务器请求 Web 页面等。

事实上，我们还可以按传输介质种类将网络分为有线网和无线网；按传输技术将网络分为普通电信网、数字数据网、虚拟专用网、微波扩频通信网、卫星通信网；按网络结构分为资源子网和通信子网。但是网络类型的划分在实际组网中并不重要，重要的是组建的网络系统从功能、速度、操作系统、应用软件等方面能否满足实际工作的需要；是否能在较长时间内保持相对的先进性；能否为该部门（系统）带来全新的管理理念、管理方法、社会效益和经济效益等。

1.2.2　计算机网络的应用

计算机网络自 20 世纪 60 年代末诞生以来，仅几十年时间就以异常迅猛的速度发展起来，并在工业、农业、商业、交通运输、文化教育、国防军事以及科学研究等领域获得越来越广泛的应用。

1. 远程教育

在传统的教学模式中，学生只是被动地接受知识，这不仅影响了学生获取知识的效果，也遏制了学生的学习兴趣。随着计算机网络的发展，使其在教育领域中的运用也极其广泛，从教育管理、后勤服务再到教师教学、学生自主学习，都能够在计算机网络上进行，增加了学生的学习兴趣，也改变了学生被动的学习方式。

2. 电子商务

近几年来，我国的电子商务的发展十分迅速，淘宝、京东等电商的不断壮大，改变了人们传统的购物习惯。电子商务可以降低经营成本，简化交易流通过程，改善物流和货币流、商品流、信息流的环境与系统，还带动了物流业的发展。我国电子商务经过十几年时间从萌芽状态发展成具有一定规模的产业，网商、网企、网银等专业化服务商和从业人员以几何级数递增，已成为引领现代服务业发展的支柱产业，在促进现代服务业融合、推进创业、完善商务环境等方面所起到的作用越来越明显。

3. 游戏娱乐领域

现在的计算机游戏已经不再像早期的下棋游戏那样简单了，而是多媒体网络游戏。相隔很远的玩家们可以把自己置身于虚拟现实（VR）中，通过互联网相互博弈。VR游戏通过特殊装备为玩家营造身临其境的感受，甚至有些游戏还要求戴上目镜和头盔，将三维立体图像呈现在玩家的眼前，让玩家进行互动，时刻让玩家感受到似乎处于一个真实的世界中。

4. 工商业领域

计算机网络的发展和应用改变了传统企业的管理模式和经营模式。在现代企业中，企业信息网络得到了广泛的应用，它是一种专门用于企业内部信息管理的计算机网络，覆盖了企业生产、经营、管理的各个部门，在整个企业范围内提供硬件、软件和信息资源共享。通过企业信息网络，现代企业摆脱了地理位置带来的不便，对广泛分布在各地的业务进行及时、统一的管理和控制，并实现在全企业内部的信息资源共享，从而大大提高了企业在市场中的竞争能力。

5. 医药制造领域

计算机网络技术的发展也给医疗领域带来了巨大的变革。建设信息化医院，能使得医疗信息高度共享，减轻医务人员的劳动强度，优化患者诊疗流程和提高对患者的治疗速度。

总之，计算机网络技术已经渗透到生活、生产的方方面面，给人们的生活带来了极大的便利，未来计算机网络将更进一步深入到人们的生活中。网络技术的高速发展为各行业注入了新的血液，同时对各行业的发展也带来了考验。数字化生活可能成为未来生活的主要模式，人们将更加离不开计算机，而计算机也将更好地服务于人们，使人们的生活更加丰富。

1.3　计算机网络的性能指标

影响网络性能的因素很多，如传输距离、使用线路、传输技术、带宽大小等。但是对于用户而言，主要体现在所获得的网络速度不一样。下面重点介绍一下影响计算机网络性能的几个主要指标。

1.3.1　速率

计算机发送出的信号都是数字形式的，通常要将发送的信息转换成二进制数字来传输，如图 1-1-19 所示。比特是计算机中数据量的单位，也是信息论中使用的信息量的单位，一个比特就是二进制数字中的一个 1 或 0。

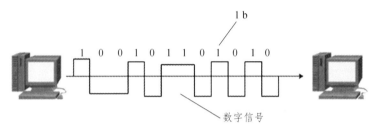

图 1-1-19　二进制数字转换数字信号图

网络技术中的速率指的是连接在计算机网络上的主机在数字信道上传送数据的速率，它也称为数据率（data rate）或比特率（bit rate）。速率是计算机网络中最重要的一个性能指标。速率的单位是比特每秒（b/s，bit per second），当速率较高时，可用 Kb/s、Mb/s 和 Gb/s 等来表示。现在人们常用更简单并且是很不严格的记法来描述网络的速率，如 100M 以太网，它省略了单位中的 bit/s，意思是速率为 100 Mb/s 的以太网。需要注意的是在 Windows 操作系统中，速率以字节作为单位，单位符号是 B/s，B 代表字节，1 字节=8 比特。图 1-1-20 中测试的网速是 11.2 MB/s，也就是 89.6 Mb/s。因此一定要注意速率单位中是大写的 B 还是小写的 b。

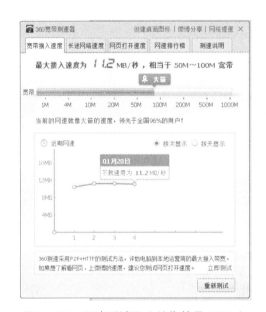

图 1-1-20　网速测试图（单位符号 MB/s）

1.3.2　带宽

在数据通信和计算机网络中，"带宽"有两种不同的含义。

在数据通信中，带宽本来是指某个信号具有的频带宽度。信号的带宽是指该信号所包含的各种不同频率成分所占据的频率范围。例如，在传统的通信线路上传送的电话信号的标准带宽是 3.1 kHz（从 300 Hz 到 3.4 kHz，即话音的主要成分的频率范围）。这种意义的带宽的单位是赫兹（或千赫兹，兆赫兹，吉赫兹等）。

在计算机网络中，带宽用来表示网络的通信线路所能传送数据的能力，因此网络带宽表示在单位时间内从网络中的某一点到另一点所能通过的"最高数据率"。一般说的带宽就是指这个意思。这种意义的带宽的单位是"比特每秒"，记为 b/s。目前主流的便携式计算机网卡能支持 10 Mb/s、100 Mb/s、1 000 Mb/s 三个速率。

1.3.3　吞吐量

吞吐量表示在单位时间内通过某个网络（或信道、接口）的数据量，包含全部上传和下载的流量。吞吐量更经常地用于对现实世界中网络的测量，以便用户知道实际上到底有多少数据量能够通过网络，如图 1-1-21 所示。

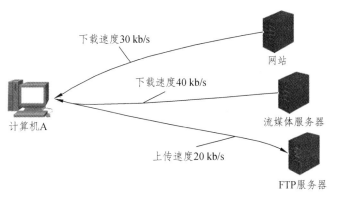

图 1-1-21　吞吐量示意图

在图 1-1-21 中，计算机 A 同时浏览网页、在线看电影、向 FTP 上传文件。A 计算机的吞吐量就是全部上传和下载速率的总和，即 $30 + 40 + 20 = 90$ (kb/s)。

显然，吞吐量受网络的带宽或网络额定速率的限制。例如，对于一个 100 Mb/s 的以太网，其额定速率是 100 Mb/s，那么这个数值也是该以太网的吞吐量的绝对上限值。计算机的网卡如果连接交换机，网卡就可以工作在全双工模式，即能够同时接收和发送数据，如图 1-1-22 所示。如果网卡工作在 100M 全双工模式，就意味着网卡的最大吞吐量为 200 Mb/s。

图 1-1-22　计算机连接交换机最大吞吐量示意图

如果计算机的网卡连接的是集线器，网卡只能工作在半双工模式，即不能同时发送和接收数据。网卡工作在 100M 半双工模式，则网卡的最大吞吐量为 100 Mb/s。有时吞吐量还可用每秒传送的字节数或帧数来表示。

1.3.4 时延

时延是指数据（一个报文或分组，甚至比特）从网络（或链路）的一端传送到另一端所需的时间。时延是个很重要的性能指标，它有时也称为延迟或迟延。网络中的时延是由以下几个不同的部分组成的。

1. 发送时延

发送时延是主机或路由器发送数据帧所需要的时间，也就是从发送数据帧的第一个比特算起，到该帧的最后一个比特发送完毕所需的时间。因此发送时延也叫作传输时延。发送时延的计算公式是：发送时延=数据帧长度（bit）/信道带宽（b/s）。由此可见，对于一定的网络，发送时延并非固定不变，而是与发送的帧长（单位是比特）成正比，与信道带宽成反比。

2. 传播时延

传播时延是电磁波在信道中传播一定的距离需要花费的时间。传播时延的计算公式是：传播时延=信道长度（m）/电磁波在信道上的传播速率（m/s）。电磁波在自由空间的传播速率是光速，约为 300 000 km/s。电磁波在网络传输媒体中的传播速率比在自由空间要略低一些。

3. 处理时延

主机或路由器在收到分组时要花费一定的时间进行处理，例如分析分组的首部，从分组中提取数据部分，进行差错检验或查找适当的路由等，这就产生了处理时延。

4. 排队时延

分组在经过网络传输时，要经过许多的路由器。但分组在进入路由器后要先在输入队列中排队等待处理。在路由器确定了转发接口后，还要在输出队列中排队等待转发。这就产生了排队时延。

这样，数据在网络中经历的总时延就是以上 4 种时延之和：总时延=发送时延+传播时延+处理时延+排队时延。

1.3.5 时延带宽积

把以上讨论的网络性能的两个度量——传播时延和带宽相乘，就得到另一个很有用的度量——传播时延带宽积，即时延带宽积=传播时延×带宽。

1.3.6 往返时间（RTT）

在计算机网络中，往返时间也是一个重要的性能指标，它表示从发送方发送数据开始，到发送方收到来自接收方的确认（接收方收到数据后便立即发送确认）总共经历的时间。在Windows 系统中，可用 ping 命令查看。通常情况下，企业内网之间计算机 ping 的时间应小于10 ms，如果大于 10 ms，也许存在异常。当使用卫星通信时，往返时间（RTT）相对较长。

1.3.7 利用率

利用率有信道利用率和网络利用率两种。信道利用率指某信道被利用的（有数据通过）时间所占总时间的比率，完全空闲的信道的利用率是零。网络利用率是全网络的信道利用率的加权平均值。

对于一个合格的网络管理维护人员来说，除了要掌握计算机网络的主要性能指标之外，还需要了解一下它的非性能特征，比如费用（包括设计和实现的费用）、质量、标准化、可靠性、可扩展性和可升级性、易于管理和维护等方面，因为它们和主要性能指标之间有着千丝万缕的关系，对这部分内容有兴趣的读者可以下来查阅一下相关的资料，在这里就不再赘述了。

1.4 计算机网络组网设备简介

网络设备及部件是连接到网络中的物理实体。不论是局域网、城域网还是广域网，在物理上通常都是由网卡、集线器、交换机、路由器、网线、RJ45 接头等网络连接设备和传输介质组成的。网络设备又包括中继器、网桥、路由器、网关、防火墙、交换机等设备。

1.4.1 网卡

网卡也称为网络适配器，是一块被设计用来允许计算机在计算机网络上进行通信的计算机硬件，如图 1-1-23 所示。网卡的基本功能是提供网络中计算机主机与网络电缆系统（通信传输系统）之间的接口，实现主机系统总线信号与网络环境的匹配和通信连接，接收主机传来的各种控制命令，并且加以解释执行。每一个网卡都有一个被称为 MAC 地址的独一无二的48 位串行号，它被写在卡上的一块 ROM 中，也称为物理地址，如 56-29-24-91-E6-D8（十六进制表示）。电气电子工程师协会（IEEE）负责为网络接口控制器（网卡）销售商分配唯一的MAC 地址，这样就确保了网络上的每一个计算机都拥有一个独一无二的 MAC 地址，没有任何两块被生产出来的网卡拥有同样的地址。

图 1-1-23　网络适配器（网卡）

现在网卡都支持全双工模式，也称为双向同时传输。网卡插在每台工作站和服务器主机板的扩展槽里。工作站通过网卡向服务器发出请求，当服务器向工作站传送文件时，工作站也通过网卡接收响应。

网卡的分类方式很多，根据数据位宽度划分，网卡分为 8 位、16 位、32 位和 64 位；根据数据传输速率划分，分 10 Mb/s、100 Mb/s、10/100 Mb/s 自适应网卡，以及 1 Gb/s 网卡；根据不同的局域网协议划分，分 Ethernet 网卡、Token Ring 网卡、ARCNET 网卡和 FDDI 网卡；根据计算机提供的总线类型划分，分工业总线 ISA、扩展工业总线 EIAS、外围控制器接口总线 PCI、微通道总线 MCA 等；根据有无物理上的通信线缆划分，分有线网卡和无线网卡。

网卡的种类如此之多，我们在选择的时候主要依据两个原则：一个是连接性主要是根据主机的总线类型选择相应的网卡；另一个是网线选择，不同类型、规模、速度的网络选用不同的网线接口。

1.4.2　中继器（Repeater）和集线器（HUB）

中继器是网络物理层的一种介质连接设备，具有放大信号的作用，它实际上是一种信号再生放大器，如图 1-1-24 所示。主要用于同种局域网络的互联，是在物理层次上实现互联的网络互联设备，用于扩展网段的距离。

由于电信号强度在电缆中传送时会随电缆长度增加而递减（这种现象叫衰减），对长距离传输有影响。所以常用中继器来将几个网段连接起来，通过中继器将信号

图 1-1-24　中继器（Repeater）

放大，然后在另一个网段上继续传输。从理论上讲可以采用中继器连接无限数量的媒介段，然而实际上各种网络中接入的中继器数量因受时延和衰耗，都有具体的限制，如在 IEEE802.3 标准中，它最多允许 4 个中继器连接 5 个网段。假如使用粗同轴电缆构造一个以太局域网，每一段粗缆最大长度为 800 m，则利用 4 个中继器可以将整个网络扩展到 4 000 m。

中继器因其本身的功能局限决定了它不能隔离分段间不必要的网络流量，不具有通信隔离的功能。它只负责将每一个信号从一段电缆传送到另一段上，而不管信号是否正常。因中继器只在两个局域网的网段间实现电气转接，所以它仅用于连接同类型网段，而不能互联不同类型的网络。中继器优点是安装简单容易，造价低廉，主要的缺点是它再生了电子干扰及错误信号。另外，由于中继器双向传递网络段间的所有信息，所以它很容易导致网络上的信息拥挤，当某个网段有问题时，会引起所有网段的中断。

集线器实质上为多端口的中继器，主要功能是对接收到的信号进行再生整形放大，以扩大网络的传输距离，同时把所有节点集中在以它为中心的节点上，如图 1-1-25 所示。在使用时，可以把集线器连接的网络看成一个共享式总线，在集线器的内部，各端口之间相互连在一起的。集线器可分为独立式、叠加式、智能模块化，有 8 端口、16 端口、24 端口多种规格，支持的数据传输率为 10 Mb/s 或 100 Mb/s 等。

集线器每个接口简单的收发比特，收到 1 就转发 1，收到 0 就转发 0，发送数据时都是没有针对性的，而是采用广播方式发送。也就是说当它要向某节点发送数据时，不是直接把数

据发送到目的节点，而是把数据包发送到与集线器相连的所有节点。由于集线器会把收到的任何数字信号，经过再生或放大，再从集线器的所有端口转发，这会造成信号之间碰撞的概率变大，而且信号也可能被窃听，因此大部分集线器已被交换机取代。

图 1-1-25 集线器（HUB）

1.4.3 网桥（Bridge）和二层交换机

网桥（Bridge）也叫作桥接器，是早期的两端口二层网络设备，也是连接两个局域网的一种存储/转发设备，如图 1-1-26 所示。网桥包含了中继器的功能和特性，不仅可以连接多种介质，还能连接不同的物理分支，如以太网和令牌网，能将数据包在更大的范围内传送。网桥的典型应用是将局域网分段成子网，从而降低数据传输的瓶颈，这样的网桥叫作"本地"桥。用于广域网上的网桥叫作"远地"桥。两种类型的桥执行同样的功能，只是所用的网络接口不同。

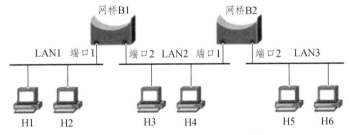

图 1-1-26 网桥（Bridge）示意图

当使用网桥连接两段 LAN 时，网桥对来自网段 1 的 MAC 帧，要先检查其终点地址。如果该帧是发往网段 1 上某一站的，网桥则不将帧转发到网段 2，而将其滤除；如果该帧是发往网段 2 上某一站的，网桥则将它转发到网段 2。这表明，如果 LAN1 和 LAN2 上各有一对用户在本网段上同时进行通信，显然是可以实现的，因为网桥起到了隔离作用。可以看出，网桥在一定条件下具有增加网络带宽的作用。

网桥按工作原理分为两类：一类称为透明网桥，也叫作生成树桥，由各个网桥自己来决定路径选择。透明桥采用逆向学习的方法获得路径信息，每个网桥都有一张路径表，表中记录端口和网络地址的对照信息。另一类称为源选路径桥，由源端主机决定帧传输要经过的路径，在初始由源端主机发出传向各个目的站点的查询帧，途径的每个网桥转发该帧，查询帧到达目的站点后，再返回源端；返回时，途经的网桥将它们自己的标识记录在应答帧中，这样可以从不同的返回路径中找到一条最佳的路径。透明网桥一般用于连接以太网段，而源选路径桥则一般用于连接令牌环网段。

网桥只适合于用户数不太多（不超过几百个）和信息量不太大的局域网，所以后来网桥被具有更多端口、同时也可隔离冲突域的交换机（Switch）所取代。

交换（switching）是按照通信两端传输信息的需要，用人工或设备自动完成的方法，把要传输的信息送到符合要求的相应路由上的技术统称。交换机（Switch）意为一种用于电（光）信号转发的网络设备，它可以为接入交换机的任意两个网络节点提供独享的电信号通路，如图 1-1-27 所示。

图 1-1-27　二层交换机（楼道交换机）

交换机和网桥都是工作在第二层的网络连接设备，交换机对网络进行分段的方式和网桥相同，它实际上是一个多端口的网桥。网桥和交换机能够实现一对一的转发方式，这是因为它们内部保存了一张地址表，里面存放的是所连接终端的物理地址与所连端口的映射关系，如图 1-1-28 所示。当主机 C 与主机 A 之间进行通信的时候，会根据地址表从 E0 端口，只针对主机 A 发送数据帧。

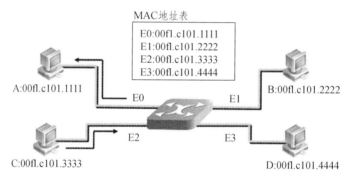

图 1-1-28　交换机数据转发示意图

1.4.4　路由器和三层交换机

路由器和三层交换机是工作在 OSI 体系结构中的第三层（即网络层），对不同的网络之间的数据包进行存储、分组转发处理的设备，如图 1-1-29 所示。比起网桥和二层交换机，路由器不但能过滤和分隔网络信息流，连接网络分支，还能访问数据包中更多的信息。路由器可以根据网络层的协议类型、网络号、主机的网络地址、子网掩码、高层协议的类型等来监控、拦截和过滤信息。

（a）GAR 正侧面外观图　　　　　　　　　　（b）GAR 后侧面外观图

图 1-1-29　路由器外观示意图

路由器是互联网的主要节点设备，作为不同网络之间互相连接的枢纽，路由器系统构成了基于 TCP/IP 的 Internet 的主体脉络，它的处理速度是网络通信的主要瓶颈之一，它的可靠性则直接影响着网络互联的质量。因此，在连接网络和网络的设备当中，路由器都起着极为重要的作用。

需要补充一点的是，三层交换机的优点在于接口类型丰富，路由能力强大，适合用于大型网络间的路由。但一般来说，在内网数据流量大、要求快速转发响应的网络中，如全部由三层交换机来进行这个工作，会造成三层交换机负担过重，响应速度受影响。如果将网间的路由交由路由器去完成，充分发挥不同设备的优点，不失为一种好的组网策略。

1.5　我国互联网的发展

1.5.1　我国互联网络的建设①

科学技术是第一生产力，而网络技术已经成为人类社会发展最前沿的科学技术。习近平在 2014 年发给乌镇世界互联网大会的贺信中指出：当今时代，以信息技术为核心的新一轮科技革命正在孕育兴起，互联网日益成为创新驱动发展的先导力量，深刻改变着人们的生产生活，有力推动着社会发展。中国互联网的产生虽然比较晚，但是经过几十年的发展，依托于中国经济和政府体制改革的成果，已经显露出巨大的发展潜力。中国已经成为国际互联网的一部分，并且已经成为最大的互联网用户群体。纵观我国互联网发展的历程，可以将其划分为以下 5 个阶段：

1.5.1.1　网络探索阶段（1987 年—1994 年）

1987 年 9 月 20 日，北京计算机应用技术研究所钱天白教授发出了中国第一封电子邮件：越过长城，走向世界，揭开了中国人使用互联网的序幕。该邮件经意大利到达德国的卡尔斯鲁厄大学，拉开了中国人使用 Internet 的序幕。

1988 年，中国科学院高能物理研究所采用 X.25 协议使该单位的 DEC-net 成为西欧中心 DEC-net 的延伸，实现了计算机国际远程联网以及与欧洲和北美地区的电子邮件通信。

1989 年 11 月，中关村地区教育与科研示范网络（NCFC）正式启动，由中国科学院主持，联合北京大学、清华大学共同实施。

1992 年 12 月底，清华大学校园网（TUNET）建成并投入使用，这是中国第一个采用 TCP/IP 体系结构的校园网。

1993 年 3 月 2 日，中国科学院高能物理研究所接入美国斯坦福线性加速器中心（SLAC）的 64K 专线正式开通。这条专线还是国内网络连入 Internet 的第一根专线。

1993 年 6 月，NCFC 专家们在 CCIRN 会议上利用各种机会重申了中国连入 Internet 的要求。

1994 年 4 月 20 日，中国通过一条 64K 的国际专线，全功能接入国际互联网，从此中国被国际上正式承认为真正拥有全功能互联网的国家，中国互联网时代从此开启。

---

① 本小节提及的我国互联网络发展历程指中国大陆地区，未涉及中国香港、中国台湾的数据。

1994 年 5 月 21 日，".CN" 域名服务器回国（此前由卡尔斯鲁厄大学代为运行）。中科院计算机网络信息中心完成了服务器设置，并负责起服务器的管理维护工作。

1.5.1.2 蓄势待发阶段（1993 年—1996 年）

该阶段四大 Internet 主干网相继建设而成，开启了铺设中国信息高速公路的历程。

1. 科技网建设

1990 年 11 月，NCFC（中国国家计算机与网络设施）立项；1993 年 11 月，NCFC 主干网网络开通并投入运行。

1994 年 4 月，NCFC 网络与美国 Internet 互联成功，这是我国最早的国际互联网络。

1995 年 4 月，中国科学院启动京外单位联网工程（"百所联网"工程）。

1996 年 2 月，中国科学院决定将以 NCFC 为基础发展起来的中国科学院互联网络正式命名为"中国科技网 CSTNET"。

2. 金桥网建设

1993 年 3 月 12 日，朱镕基副总理主持会议，提出和部署建设国家公用经济信息通信网（金桥工程）。

1996 年 9 月 6 日，中国金桥信息网（CHINAGBN）连入美国的 256K 专线正式开通。中国金桥信息网宣布开始提供 Internet 服务，主要提供专线集团用户的接入和个人用户的单点上网服务。

3. 中国公用计算机互联网（CHINANET）建设

1994 年 9 月，邮电部电信总局与美国商务部签订中美双方关于国际互联网的协议，中国公用计算机互联网（CHINANET）的建设开始启动。

1995 年 1 月，邮电部电信总局分别在北京、上海开通 64K 专线，开始向社会提供 Internet 接入服务，中国互联网进入商用化阶段。

1995 年 5 月，中国电信开始筹建中国公用计算机互联网（CHINANET）全国骨干网，并于 1996 年 1 月正式开通提供服务。

4. 中国教育和科研计算机网建设

1994 年 7 月初，由清华大学等六所高校建设的"中国教育和科研计算机网"试验网开通，并通过 NCFC 的国际出口与 Internet 互联。

1994 年 8 月，由国家计委投资，国家教委主持的中国教育和科研计算机网（CERNET）正式立项。1995 年 12 月，"中国教育和科研计算机网（CERNET）示范工程"建设完成。

1997 年 10 月，实现了四大主干网的互联互通。

1.5.1.3 应运而生阶段（1996 年—1998 年）

中国互联网进入了一个空前活跃的时期，商业应用和政府管理齐头并进。

1. 上下齐心，打造互联网产业链

2000年5月17日，中国移动正式推出"全球通WAP（无线应用协议）"服务。

2000年11月10日，中国移动推出"移动梦网计划"，打造开放、合作、共赢的产业价值链。

2002年5月17日，中国电信在广州启动"互联星空"计划，标志着ISP（互联网服务提供商）和ICP（网络内容服务商）开始联合打造宽带互联网产业。

2002年5月17日，中国移动率先在全国范围内正式推出GPRS（通用无线分组业务）业务。

2. 发展空前，创建多个第一

1994年5月，国家智能计算机研究开发中心开通曙光BBS（电子公告板）站，这是中国第一个BBS站。

1995年1月，由国家教委主管主办的《神州学人》杂志，经中国教育和科研计算机网（CERNET）进入Internet，成为中国第一份中文电子杂志。

1996年9月22日，中国第一个城域网——上海热线正式开通试运行，标志着作为上海信息港主题工程的上海公共信息网正式建成。

1996年11月15日，实华开公司在北京首都体育馆旁边开设了实华开网络咖啡屋，这是中国第一家网络咖啡屋。

1997年1月1日，人民日报主办的人民网进入国际互联网络，这是中国开通的第一家中央重点新闻宣传网站。

3. 应用初露锋芒，全面开花

网上教育：1999年8月，在全国高等学校招生工作中，六个省、市的二百余所高校使用"全国高校招生系统"在CERNET上进行第一次网络招生，并获得成功。

网上银行：1999年9月，招商银行率先在国内全面启动"一网通"网上银行服务，成为国内首先实现全国联通"网上银行"的商业银行。

电子商务：1999年9月6日，中国国际电子商务应用博览会在北京举行，这是中国第一次全面推出的电子商务技术与应用成果大型汇报会。

第四媒体：2000年12月12日，人民网、新华网、中国网、央视国际网、国际在线网、中国日报网、中青网等获得国务院新闻办公室批准进行登载新闻业务，率先成为获得登载新闻许可的重点新闻网站。

网络游戏：2001年，盛大网络在国内运营韩国网络游戏《传奇》，成为国内网络游戏市场上的霸主。

1.5.1.4　网络大潮阶段（1999年—2002年）

中国互联网进入普及和应用的快速增长期。

1999年1月22日，由中国电信和国家经贸委经济信息中心牵头，联合四十多家部委（办、局）信息主管部门在京共同举办"政府上网工程启动大会"，倡议发起了"政府上网工程"，政府上网工程主站点"www.gov.com"开通试运行。

2000 年 4 月 13 日，新浪网宣布首次公开发行股票，第一只真正来自中国的网络股登上纳斯达克（美国的一个电子证券交易机构）。三大门户网站的相继上市，掀起了对中国互联网的第一轮投资热潮。

2000 年 7 月 7 日，由国家经贸委、信息产业部指导，中国电信集团公司与国家经贸委经济信息中心共同发起的"企业上网工程"正式启动。

2001 年 12 月 20 日，由信息产业部、全国妇联、共青团中央、科技部、文化部主办的"家庭上网工程"正式启动。

1.5.1.5 繁荣与未来阶段（2003 年—至今）

该阶段标志着应用多元化到来，互联网逐步走向繁荣。中国互联网信息中心第一次发布《中国 Internet 发展状况统计报告》，互联网已经开始从作为少数研究人员手中的科研工具，走向广大群众。人们通过各种媒体开始了解到互联网的神奇之处：通过廉价的方式方便地获取自己所需要的信息。中国网民开始成几何级数增长，上网从最初的好奇变成了一种真正的需求。互联网的浪潮就这么短时间里传遍了整个中华大地。

截至 2020 年 4 月，互联网络信息中心（CNNIC）发布了第 45 次《中国互联网络发展状况统计报告》，全国网民规模为 9.04 亿，互联网普及率达 64.5%，庞大的网民构成了中国蓬勃发展的消费市场，也为数字经济发展打下了坚实的用户基础。手机网民规模达 8.97 亿，较 2018 年底增长 7 992 万，我国网民使用手机上网的比例达 99.3%，较 2018 年底提升 0.7 个百分点。在这二十多年的时间里，中国上网人数已超过 9 亿人，而在第一年接入互联网时，也就是 1997 年 10 月，那时候的上网人数只有 62 万人。

1.5.2 我国建成的互联网络

目前我国建成的 Internet 主干网的情况如下：

1.5.2.1 中国公用计算机互联网（China Net）

中国公用计算机互联网，又称中国公用互联网，是由原中国邮电电信总局负责建设、运营和管理，面向公众提供计算机国际联网服务，并承担普遍服务义务的互联网络。China Net 使用 TCP/IP 协议，通过高速数据专线实现国内各节点互联，拥有国际专线，是 Internet 的一部分。用户可以通过电话网、综合业务数据网、数字数据网等其他公用网络，以拨号或专线的方式接入 China Net，并使用 China Net 上开放的网络浏览、电子邮件、信息服务等多种业务服务。

China Net 是国内计算机互联网名副其实的骨干网。China Net 骨干网的拓扑结构分为核心层和大区层。核心层由北京、上海、广州、沈阳、南京、武汉、成都和西安 8 个城市的核心节点组成，提供与国际 Internet 互联，以及大区之间的信息交换通路。北京、上海、广州 3 个核心层节点各设两台国际出口路由器与国际互联网相连。现已开通至美国、部分欧洲国家、部分亚洲国家的国际出口电路。China Net 提供 Internet 上所有的服务，其中为用户广泛使用的有 E-Mail 和 WWW（万维网）浏览等。

China Net 以现代化的中国电信为基础，凡是电信网（中国公用数字数据网、中国公用交换数据网、中国公用帧中继宽带业务网和电话网）通达的城市均可通过 China Net 接入 Internet，享用 Internet 服务。China Net 的服务包括：Internet 接入服务，代为用户申请 IP 地址和域名，出租路由器和配套传输设备，提供域名备份服务、技术服务和应用培训。目前，全国大多数用户是通过该网进入互联网的。China Net 的特点是入网方便。

1.5.2.2　中国教育和科研网（CERNET）

中国教育和科研计算机网（China Education and Research Network），是由国家投资建设，教育部负责管理，清华大学等高等学校承担建设和管理运行的全国性学术计算机互联网络。CERNET 分四级管理，分别是全国网络中心、地区网络中心和地区主节点、省教育科研网、校园网。全国网络中心设在清华大学，负责全国主干网运行管理。

CERNET 是我国开展现代远程教育的重要平台。为了适应国家《面向 21 世纪教育振兴行动计划》中远程教育工程的要求，1999 年，CERNET 开始建设自己的高速主干网。利用国家现有光纤资源，在国家和地方共同投入下，到 2002 年底，CERNET 已经建成 20 000 km 的 DWDM/SDH 高速传输网，覆盖近 200 个城市，主干总容量可达 40 Gb/s。在此基础上，CERNET 高速主干网已经升级到 2.5 Gb/s，155M 的 CERNET 中高速地区网已经连接到我国 35 个重点城市；全国已经有 1 000 多所高校接入 CERNET，其中有 100 多所高校的校园网以 100~1 000 Mb/s 速率接入 CERNET。该网络并非商业网，以公益性经营为主，所以采用免费服务或低收费方式经营。

CERNET 还是中国开展下一代互联网研究的试验网络，它以现有的网络设施和技术力量为依托，建立了全国规模的 IPv6 试验床。1998 年，CERNET 正式参加下一代 IP 协议（IPv6）试验网 6Bone，同年 11 月成为其骨干网成员。CERNET 在全国第一个实现了与国际下一代高速网 INTERNET 2 的互联，国内仅有 CERNET 的用户可以顺利地直接访问 INTERNET2。

1.5.2.3　中国金桥网（China GBN）

中国金桥信息网（China Golden Bridge Network），也称作国家公用经济信息通信网，它是中国国民经济信息化的基础设施，是建立金桥工程的业务网，支持金关、金税、金卡等“金”字头工程的应用。金桥工程是为国家宏观经济调控和决策服务，同时也为经济及社会信息资源共享和建设电子信息市场创造条件。该网络已初步形成了全国骨干网、省网、城域网 3 层网络结构，其中骨干网和城域网已初具规模，覆盖城市超过 100 个。

1993 年 8 月 27 日，李鹏总理批准使用 300 万美元总理预备金支持启动“金桥”“金卡”“金关”工程，简称“三金”工程。1994 年 6 月 8 日，“金桥”前期工程建设全面展开。“金桥”工程是以卫星综合数字网为基础，以光纤、微波、无线移动等方式，形成空地一体的网络结构，是一个连接国务院、各部委，同时与各省市、大中型企业以及国家重点工程连接的国家公用经济信息通信网，可传输数据、话音、图像等，以电子邮件、电子数据交换（EDI）为信息交换平台，为各类信息的流通提供物理通道。“金桥”工程已在北京、天津、沈阳、大连、长春、哈尔滨、上海等全国 24 个中心城市利用卫星通信建立了一个以 VSAT 技术为主体，光纤为辅的卫星综合信息网络。“金卡”工程即电子货币工程，它的目标是用 10 年左右的时间，在 3 亿城市人口中推广普及金融交易卡、信用卡。"金关"工程是用 EDI 实现国际贸易信息化，进一步与国际贸易接轨。

2003 年后，金桥网并入网通公司的公用互联网。

1.5.2.4　中科院科技网（CSTNET）

中科院科技网也称中关村地区教育与科研示范网络（National Computing & Networking Facility of China，NCFC）。它是由世界银行贷款，原国家计划委员会（现更名为：国家发展和改革委员会）、原国家科学委员会（现更名为：科学技术部）、中国科学院等配套投资和扶持。项目由中国科学院主持，联合北京大学、清华大学共同实施。

1989 年，NCFC 立项，1994 年 4 月正式启动，网络在建设初期遇到许多困难。1992 年，NCFC 工程的院校网，即中科院院网、清华大学校园网和北京大学校园网全部完成建设；1993 年 12 月，NCF 主干网工程完工，采用高速光缆和路由器将三个院校网互联；直到 1994 年 4 月 20 日，NCFC 工程连入 Internet 的 64K 国际专线开通，实现了与 Internet 的全功能连接，整个网络正式运营。从此，我国被国际上正式承认为有 Internet 的国家，此事被我国新闻界评为 1994 年中国十大科技新闻之一，被国家统计公报列为中国年重大科技成就之一。

本章小结

计算机网络是计算机技术与通信技术相结合的产物，它的诞生使计算机的体系结构发生了巨大变化。在当今社会发展中，计算机网络起着非常重要的作用，并对人类社会的进步做出了巨大贡献。现在，计算机网络的应用遍布全世界各个领域，并已成为人们生活生产中不可缺少的重要组成部分。从某种意义上讲，计算机网络的发展水平不仅反映了一个国家的计算机科学和通信技术的水平，也是衡量其国力及现代化程度的重要标志之一。

本章首先介绍了计算机网络基本概念，主要从计算机网络的含义、计算机网络的组成与功能、计算机网络的形成和发展以及下一代网络的发展趋势四个方面进行了详细阐述。重点要求同学们能够说出计算机网络的定义，记住计算机网络的硬件组成部分和软件组成部分。接下来，又介绍了计算机网络的分类和应用，重点要求同学们能够熟记计算机网络的种类以及每种类型各自的应用情况，特别是按覆盖范围和按拓扑结构分类这两种情况。然后，又介绍了计算机网络组网的相关设备，要求同学们能够说出不同设备的功能特点和应用场景。最后，介绍了我国互联网的发展状况，要求同学们能够认识到中国互联网的发展经历了许多曲折，凝聚着无数科学家的辛勤汗水和智慧结晶，凝结着无数仁人志士的不懈努力。

习　题

一、填空题

1. 在 20 世纪 50 年代，_____和_____技术的互相结合，为计算机网络的产生奠定了理论基础。

2. 从传输范围的角度来划分计算机网络，计算机网络可以分为_____和_____、_____。其中，Internet 属于_____。

3. 从资源共享的角度来定义计算机网络，计算机网络指的是利用_____将不同地理位置的多个独立的_____连接起来以实现资源共享的系统。

4. Internet 是由分布在世界各地的计算机网络借助于_____相互连接而形成的全球性互联网。

5. OSI 参考模型从低到高第 3 层是_____层。

6. 环形拓扑的优点是结构简单，实现容易，传输延迟确定，适应传输负荷较重，_____要求较高的应用环境。

7. 成本最高，可靠性最好的网络拓扑结构是_____。

8. 在_____拓扑结构中，任何一处电缆断开都会引起整个网络瘫痪。

9. 在_____拓扑结构中，所有的网段都连接在一个中央部件上。

10. 一个计算机网络是又由_____和_____构成的。

11. 按交换方式来分类，计算机网络可分为_____、报文交换网和_____三种。

12. 按拓扑结构来分类，计算机网络可分为星形网、总线网、_____、_____和网状网。

二、选择题

1. 网络的一个优点是（　　　　）。

A. 高可靠性 B. 低成本

C. 只需较少的网络介质 D. 自然冗余

2. 下列说法不正确的是（　　　　）。

A. LAN 比 WAN 传输速度快 B. WAN 比 LAN 传输距离远

C. 互联 LAN 需要协议而互联 WAN 不需要 D. 通过 LAN 可以共享计算机资源

3. Internet 最早起源于（　　　　）。

A. ARPAnet B. 以太网 C. NSF net D. 环形网

4. 计算机网络中可共享的资源包括（　　　　）。

A. 硬件、软件、数据和通信信道 B. 主机、外设和通信信道

C. 硬件、软件和数据 D. 主机、外设、数据和通信信道

5. IBM 公司于 20 世纪 70 年代推出的著名的网络体系结构是（　　　　）。

A. ARPA B. ISO C. TCP/IP D. SNA

6. 下面哪一项可以描述网络拓扑结构？（　　　　）

A. 仅仅是网络的物理设计 B. 仅仅是网络的逻辑设计

C. 仅仅是对网络形式上的设计 D. 网络的物理设计和逻辑设计

7. 下列属于按拓扑结构分类的计算机网络是（　　　　）。

A. 星形网 B. 光纤网 C. 科研网 D. 宽带网

8. 广域网覆盖的地理范围可达（　　　　）。

A. 数千米 B. 数十千米 C. 数百千米 D. 数千千米

9. 一旦中心节点出现故障则整个网络瘫痪的局域网拓扑结构是（　　　）。

A. 星形结构　　　　　B. 树形结构　　　　　C. 总线型结构　　　　　D. 环形结构

10. 双绞线分为（　　　）。

A. TP 和 FTP 两种　　　　　　　　　　B. 五类和超五类两种

C. 绝缘和非绝缘两种　　　　　　　　　D. UTP 和 STP 两种

11. 五类双绞线的最大传输距离是（　　　）。

A. 5 m　　　　　　　B. 200 m　　　　　　C. 100 m　　　　　　D. 1 000 m

12. 光纤的传输距离一般可达到（　　　）。

A. 100 m　　　　　　B. 200 m　　　　　　C. 10 m　　　　　　D. 1 000 m

13. 目前常用的网卡接头是（　　　）。

A. BNC　　　　　　　B. RJ-45　　　　　　C. AUI　　　　　　D. SC

14. 为了将数字信号传输得更远，可以采用的设备是（　　　）。

A. 中继器　　　　　　B. 放大器　　　　　　C. 网桥　　　　　　D. 路由器

15. 提供网络层间的协议转换，在不同的网络之间存储和转发分组的网间连接器是（　　　）。

A. 中继器　　　　　　B. 网桥　　　　　　C. 网关　　　　　　D. 路由器

16. 具有隔离广播信息能力的网络互联设备是（　　　）。

A. 网桥　　　　　　　B. 中继器　　　　　　C. 路由器　　　　　　D. L2 交换器

三、简答题

1. 什么是计算机网络？试从资源共享的角度对其进行定义。

2. 计算机网络可以从哪几个角度进行分类？

3. 常见的计算机网络拓扑有几种？各有什么特点？

4. 组建局域网所需的设备主要有哪些？各有何作用？

5. 试比较和分析集线器与网桥的区别和联系。

6. 计算机网络的发展可划分为几个阶段？每个阶段各有何特点？

7. 通信子网与资源子网各有哪些功能？

第 2 章　计算机网络协议与体系结构

2.1　计算机网络协议

2.1.1　协议的诞生

在进入网络时代之前，人们如果想在两台计算机之间传送文件，一般是采用串口或并口来连接两台计算机，然后编写两个程序，一个用于收信息，另一个用于发信息，用这两个程序传递的文件大小一般是固定的。但是，两台计算机之间需要传递的文件可能很多，且这些文件的大小并不相同，这就需要计算机能自动识别所传送文件的大小。这时可在要传递的文件前面增加几个字节来说明文件的大小，以便于对方能正确接收。这样，就诞生了一种简单的协议。其实协议就是一种约定，是通信双方为了实现通信而设计的约定或通话规则。

计算机网络是由许多具有信息交换和处理能力的节点互联而成的。要使整个网络有条不紊地工作，就要求每个节点必须遵守一些事先约定好的有关数据格式及时序等的规则。这些为实现网络数据交换而建立的规则、约定或标准就称为网络协议。

网络协议，也可简称协议，通常由三要素组成：

语法：即数据与控制信息的结构或格式，如数据格式、编码、信号电平等，通俗地讲就是要做什么。

语义：即需要发出何种控制信息，完成何种动作以及做出何种响应，通俗地讲就是要怎么做。

时序（同步）：即事件实现顺序的详细说明，如采用同步传输或异步传输方式实现通信速度匹配、排序等，通俗地讲就是什么时候做。

2.1.2　协议的分层原理

当用户自己编程连接两台计算机时，怎么编写都可以，但是要全世界使用网络的人各自编写程序而又能互相通信，则必须有统一的协议。因为通信编程是很复杂的，因此必须把各级任务分清楚，不可混在一起。就像公司规模还比较小的时候，销售、采购、财务等可以由一个人完成，但是随着业务扩大，公司不断发展，各部门的任务就必须分开，总经理不会去收信、打扫卫生，而保安不能跑业务。例如，某公司总经理 A 要和另一个公司的总经理 B 通信，他决不会自己拿着信乘火车送去，其一般过程应该如图 1-2-1 所示。

由图 1-2-1 可知，总经理 A 与总经理 B 之间的通信实际上经历了许多层次，先经过一层层下传到达物理层，之后借助物理传输工具到达对端，再一层层上传，最后送到目的地。

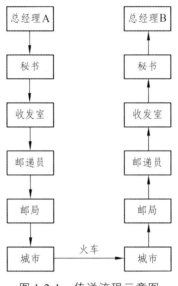

图 1-2-1　传送流程示意图

层次划分是人们对复杂问题的一种基本处理方法。当遇到一个复杂问题的时候，人们往往习惯将其分解为若干个小问题，然后再一一进行处理。在计算机网络中，每个节点都划分为相同的层次。不同节点的相同层次具有相同的功能，这些都与前面的案例情况类似。

2.1.3　网络体系结构分层

由于网络协议包含的内容相当多，为了减少设计上的复杂性，计算机网络都采用结构化的分层体系结构。所谓结构化就是指将一个复杂的系统设计问题分解成一个个容易处理的子问题，这些子问题相对独立，然后加以解决。计算机网络的各层和在各层上使用的全部协议称为网络系统的体系结构，如图 1-2-2 所示。

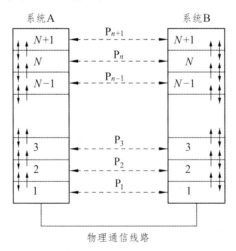

图 1-2-2　计算机网络体系结构的分层结构模型

体系结构是比较抽象的概念，可以用不同的硬件和软件来实现。体系结构包括三个内容：分层结构，每层的功能、服务，层间接口、协议。在这种分层结构中，每层都执行自己所承担的任务，而且每层都是建立在它的下一层的基础上。层与层之间有相应的通信协议，相邻层之间的通信约束称为接口。在分层处理后，上层系统只需要利用下层系统提供的接口和功能进行通信，而不需要了解下层系统实现该功能所采用的算法和协议，这称为层次无关性。上、下层之间的关系是下层对上层服务，上层是下层的用户，实际的物理通信只在最底层完成。

1. 网络体系结构分层的特点

（1）独立性强。独立性是指对具有相对独立功能的每一层，它不必知道下一层是如何实现的，只要知道下层通过层间接口提供的服务是什么，本层向上一层提供的服务是什么就可以了。

（2）功能简单。系统经分层后，整个复杂的系统被分解成若干个作用范围小、功能简单的部分，使每一层功能也相对简单，进行程序设计和实现比较方便。

（3）适应性强。当任何一层发生变化，只要层间接口不发生变化，那么这种变化就不会影响其他任何一层，这就意味着可以对分层结构中的任何一层的内部进行修改而不影响其他层。

（4）易于实现和维护。分层结构使实现和调试一个庞大而复杂的网络系统变得简单和容易。

2. 实体与对等实体

每一层中，用于实现该层功能的活动元素被称为实体（Entity）。实体既可以是软件实体（如一个进程、电子邮件系统、应用程序等），也可以是硬件实体（如终端、智能输入/输出芯片等）。软件实体可以嵌入在本地操作系统中，或者用户应用程序中。不同机器上位于同一层次、完成相同功能的实体被称为对等实体（Peer Entity）。如主机 A 和主机 B 传输层中的传输实体为对等实体。

3. 服务

在网络分层结构模型中，服务指的是某一层及其以下各层的一种能力，能通过接口提供给其相邻上层。如图 1-2-2 中 N 层使用 N-1 层所提供的服务，同时又向 N+1 层提供功能更强大的服务。N 层使用 N-1 层所提供的服务时并不需要知道 N-1 层所提供的服务是如何实现的，而只需要知道下一层可以为自己提供什么样的服务以及通过什么形式提供。N 层向 N+1 层提供的服务是通过 N 层和 N+1 层之间的接口来实现的。

4. 接口

每一相邻层间有一个接口，该接口定义下层向上层提供的原语操作和服务。只要接口条件不变，低层功能不变，低层功能的具体实现方法与技术的变化都不会影响整个系统的正常工作。

2.1.4 网络协议的标准化

自从计算机网络面世以来，它不断地促进着社会的发展，其规模也越来越大，所以许多的计算机厂商都建立了一套自己的网络协议体系，然后配套一系列相对应的计算机网络硬件设备来完成计算机的联网需求。但是这些协议之间并不能通用，这样造成了假如用户选择了一个厂商的网络产品，就只能购买这个厂商的其他配套产品，被捆绑在这个厂商上，这显然降低了整个网络系统的可扩展性，甚至妨碍了计算机网络的进一步发展。

为此，国际标准化组织（International Standard Organization，ISO）在 1979 年建立了一个专门的分委员会来研究和制定一种开放的、标准化的网络结构模型，以期待用它来实现计算机网络之间相互连接与沟通。

1981 年，ISO 组织正式提出了一套称为"开放系统互联参考模型"（Open System Interconnection，OSI），它定义了一套用于连接异种计算机的标准框架。OSI 参考模型将整个网络通信的功能划分为七个层次，每层完成一定的功能，每层都直接为其上层提供服务，并且所有层次都互相支持。第四层到第七层主要负责互操作性，而一层到三层则用于创造两个网络设备间的物理连接。由于 ISO 组织的权威性，加上人们需要一个相互兼容、共同发展的新网络体系结构，OSI 参考模型成为了各大厂商努力遵循的标准。直到今天，虽然现在的网络协议并不是与它完全一致，但却都是根据它来制定的，所以确保了协议的开放性和兼容性。

在同一时期，阿帕网（ARPANET）中的研究机构人员卡恩和瑟夫在网络控制协议（NCP）的研究基础上，认识到只有深入理解各种操作系统的细节才能建立一种对各种操作系统普适的协议，于是开发了在开放系统下的所有计算机系统都在使用的传输控制协议（Transmission-Control Protocol，TCP）和网际互联协议（Internet Protocol，IP），也就是 TCP/IP 协议。这一网络协议共分为四层：网络接口层、互联网层、传输层和应用层。

1983 年 1 月 1 日，运行了较长时期曾被人们习惯了的 NCP 被停止使用。从此以后，TCP/IP 协议作为因特网上所有主机间的共同协议，被作为一种必须遵守的规则被肯定和应用。

1984 年，美国国防部将 TCP/IP 作为所有计算机网络的标准。

2.2　ISO/OSI 参考模型

计算机网络的发展经历了单机系统、多机系统等发展阶段。自从 IBM 公司在 20 世纪 70 年代推出了自己公司内部的"SNA 系统网络体系结构"以后，世界上很多的公司纷纷效仿，建立起自己公司内部的网络体系结构，如 Digital 公司的 DNA. 宝来机器公司的 BNA 以及霍尼韦尔公司的 DSA 等，这些体系结构的出现大大加快了计算机网络的发展，但是同时也带来相应的问题。由于各个公司的体系结构的着眼点是各公司内部的网络连接，相互之间没有统一的标准，因此各公司之间的网络很难连接起来。为了实现不同厂家生产的计算机系统之间以及不同网络之间的数据通信，国际标准化组织 ISO 对当时的各类计算机网络体系进行了研究，并于 1981 年正式公布了一个网络体系结构模型作为国际标准，称为开放系统互联参考模型，即 OSI/RM，也称为 ISO/OSI。

2.2.1　国际标准化组织

国际标准化组织（International Organization for Standardization，ISO），是一个全球性的非

政府组织，是国际标准化领域中一个十分重要的组织。1946 年 10 月 14 日至 26 日，当时来自 25 个国家标准化机构的代表在伦敦召开会议，决定成立一个新的国际组织，以促进国际合作和工业标准的统一。于是，ISO 这一新组织于 1947 年 2 月 23 日正式成立，总部设在瑞士的日内瓦。

ISO 是一个国际标准化组织，其成员由来自世界上 100 多个国家和地区的标准化团体组成，代表中国参加 ISO 的国家机构是中国国家质量监督检验检疫总局。ISO 与国际电工委员会（IEC）有密切的联系，中国参加 IEC 的国家机构也是国家质量监督检验检疫总局。ISO 和 IEC 作为一个整体担负着制订全球协商一致的国际标准的任务，都是非政府机构，它们制订的标准实质上是自愿性的，这就意味着这些标准必须是优秀的标准，它们会给工业和服务业带来收益，所以这些行业会自觉使用这些标准。ISO 和 IEC 不是联合国机构，但它们与联合国的许多专门机构保持技术联络关系。ISO 和 IEC 有约 1 000 个专业技术委员会和分委员会，各会员国以国家为单位参加这些技术委员会和分委员会的活动。ISO 和 IEC 还有约 3 000 个工作组，每年制订和修订约 1 000 个国际标准。

ISO 的组织机构包括全体大会、主要官员、成员团体、通信成员、捐助成员、政策发展委员会、理事会、ISO 中央秘书处、特别咨询组、技术管理局、标样委员会、技术咨询组、技术委员会等。通过这些工作机构，ISO 已经发布了 17 000 多个国际标准，如 ISO 公制螺纹、ISO 的 A4 纸张尺寸、ISO 的集装箱系列（世界上 95% 的海运集装箱都符合 ISO 标准）、ISO 的胶片速度代码、ISO 的开放系统互联（OS2）系列（广泛用于信息技术领域）和有名的 ISO9000 质量管理系列标准。

2.2.2　开放系统互联参考模型

OSI 参考模型是计算机网路体系结构发展的产物，它的基本内容是开放系统通信功能的分层结构。这个模型把开放系统的通信功能划分为七个层次，从邻接物理媒体的层次开始，分别赋予 1~7 层的顺序编号，相应地称之为物理层、数据链路层、网络层、运输层、会话层、表示层和应用层，如图 1-2-3 所示。模型中每一层的功能是独立的，它利用其下一层提供的服务并为其上一层提供服务，与其他层的具体实现无关。这里所谓的"服务"就是下一层向上一层提供的通信功能和层之间的会话规定，一般用通信原语实现。两个开放系统中的同等层之间的通信规则和约定称之为协议。通常把 1~4 层协议称为下层协议，主要处理网络控制和数据传输、接收问题；5~7 层协议称为上层协议，与应用问题有关，主要由操作系统来完成这三层的功能。

ISO 将整个通信功能划分为七个层次，主要遵循的划分原则是：

（1）网络中各节点都有相同的层次。

（2）不同节点的同等层具有相同的功能。

（3）同一节点内相邻层之间通过接口通信。

（4）每一层使用下层提供的服务，并向其上层提供服务。

（5）不同节点的同等层按照协议实现对等层之间的通信。

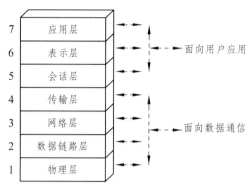

图 1-2-3　OSI/RM 参考模型

2.2.3　OSI 参考模型各层的功能

OSI 参考模型通过采用分层的结构，把复杂的数据传输过程分解为相对简单的七个层次，每一个层次定义相应的功能，以实现对数据传输过程中的各个阶段的控制，每一层的功能如表 1-2-1 所示。

表 1-2-1　OSI 参考模型各层功能简介

层次	层次名称	英文名称	主要功能简介
7	应用层	Application Layer	确定进程之间通信的性质，以满足用户的需要
6	表示层	Presentation Layer	处理在两个通信系统中交换信息的表示方式。它包括数据格式变换、数据加密与解密、数据压缩与恢复等功能
5	会话层	Session Layer	组织两个远程系统建立通信会话，并管理数据的交换
4	传输层	Transportation Layer	负责主机中两个进程之间的通信。它向高层屏蔽了下层数据通信的细节，因而是计算机通信体系结构中最关键的一层
3	网络层	Network Layer	通过路由算法，为分组通过通信子网选择最适当的路径。网络层要实现路由选择、拥塞控制与网络互联等功能
2	数据链路层	Data Link Layer	在物理层提供比特流传输服务的基础上，在通信实体之间建立数据链路连接，传送以帧为单位的数据，采用差错控制、流量控制方法，使有差错的物理线路变成无差错的数据链路
1	物理层	Physical Layer	用物理传输介质为数据链路层提供物理连接，以便透明地传送比特流。

2.2.3.1　物理层（Physical Layer）

物理层是 OSI 参考模型的最底层，也是最基础的一层，它并不是指连接计算机的具体的物理设备或具体的传输媒体，而是为传输数据所需要的物理链路提供具有机械的、电子的、功能的和规范的特性。物理层向下是物理设备之间的接口，直接与传输介质相连，使二进制数据流通过该接口从一台设备传给相邻的另一台设备；向上为数据链路层，提供数据流传输服务。物理层传输数据的基本单位是比特，也称为位。

目前，可供计算机网络使用的物理设备和传输媒体种类很多，特性各异，物理层的作用就在于要屏蔽这些差异，使得数据链路层不必去考虑物理设备和传输介质的具体特性，而只要考虑完成本层的协议和服务。

物理层协议不便用 OSI 的术语加以阐述，而只能将物理层实现的主要功能描述为与传输介质接口有关的四个特性，即机械特性、电气特性、功能特性和规程特性。物理层就是通过这四个特性的作用，在 DTE 和 DCE 之间，实现了物理通路的连接，如图 1-2-4 所示。

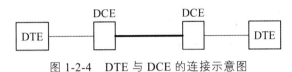

图 1-2-4　DTE 与 DCE 的连接示意图

数据终端设备（Data Terminal Equipment，DTE），是一种具有一定数据处理能力及转发数据能力的设备，具有根据协议控制数据通信的功能。DTE 是对属于用户所有的组网设备或工作站的总称。

数据通信设备（Data Communication Equipment，DCE），是连接 DTE 设备的通信设备。一般广域网常用 DCE 设备有 CSU/DSU，广域网交换机、Modem。

DTE/DCE 接口是 DTE 与 DCE 之间的界面。标准化的 DTE/DCE 接口定义了物理层与物理传输介质之间的边界与接口。下面介绍物理接口的四个特性。

1. 机械特性

物理层的机械特性规定了物理连接时所使用可接插连接器的形状和尺寸，连接器中引脚的数量与排列情况。如 EIA 标准 RS-232C 规定的 D 型 25 针接口，ITU-T X.21 标准规定的 15针接口等。

2. 电气特性

电气特性规定了在物理信道上传输比特流时信号电平的大小、数据的编码方式、阻抗匹配、传输速率和传输距离限制等。如：在使用 RS-232C 接口且传输距离不大于 15 m 时，最大传输速率为 19.2 kb/s。

3. 功能特性

物理层的功能特性定义了物理接口上各条信号线的功能分配与含义。物理接口信号线一般分为：数据线、控制线、定时线和地线。

4. 规程特性

物理层的规程特性规定了信号线进行二进制比特流传输的一组操作过程，包括各信号线的工作规则和时序。

常用的物理层标准有 RS-232、RS-449、X.21、V.35、ISDN、FDDI、IEEE802.3、IEEE802.4和 IEEE802.5 等物理层协议。下面重点介绍 RS-232D 接口标准。

RS-232D 是美国电子工业协会制定的物理接口标准，也是目前数据通信与网络中应用最为广泛的一种标准。其前身是 EIA 在 1969 年制定的 RS-232C 标准，经 1987 年 1 月修改后，定名为 EIA-RS-232D，由于相差不大，人们常统称它们为 RS-232 标准。RS-232 标准接口如图 1-2-5 所示。

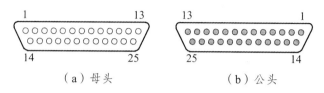

（a）母头　　　　　　　　（b）公头

图 1-2-5　RS-232 标准接口图

机械方面的技术指标是：RS-232D 规定使用一个 25 根插针的标准连接器，该连接器宽（47.04±0.13）mm（螺丝中心间的距离），每个插座有 25 针插头，上面一排针（从左到右）编号为 1 ~ 13，下面一排针（从左到右）编号为 14 ~ 25。

电气特性方面，RS-232D 采用负逻辑，即逻辑 0 用+5 ~ +15 V 表示，逻辑 1 用-5 ~ -15 V 表示，允许的最大数据传输率为 20 kb/s，最长可驱动电缆为 15 m。

在功能特性方面，RS-232D 定义了连接器中 20 条连接线的功能。

总之，物理层的所有协议就是人为规定了不同种类传输设备、传输媒介如何将数字信号从一端传送到另一端，而不管传送的是什么数据。从这里可以判定出中继器和非交换技术的集线器是一种工作在物理层的设备，因为它们都不关心其传送的是什么数据，也不负责数据能否正确到达目的地。

2.2.3.2　数据链路层

数据链路层是 OSI 参考模型中的第二层，位于物理层与网络层之间。数据链路层最基本的功能是将物理层为传输原始比特流而提供的可能出差错的物理链路改造成为逻辑上无差错的数据链路。物理链路（物理线路），是由传输介质与设备组成的。原始的物理传输链路是指没有采用高层差错控制的基本物理传输介质与设备。而数据链路有时又称逻辑链路，它是指在一条物理线路之上，通过一些规程或协议来控制这些数据的传输，以保证被传输数据的正确性。实现这些规程或协议的硬件和软件加到物理线路中，这样就构成了数据链路，即从数据发送点到数据接收点所经过的传输途径。当采用复用技术时，一条物理链路上可以有多条数据链路。物理链路与数据链路的区别如图 1-2-6 所示。

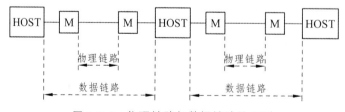

图 1-2-6　物理链路与数据链路的区别

数据链路层的最基本的功能是向该层用户提供透明的和可靠的数据传送基本服务。透明是指对该层上传输数据的内容、格式及编码没有限制，也没有必要解释信息结构的意义；可靠的传输使用户免去对丢失信息、干扰信息及顺序不正确等的担心，在物理层中这些情况都可能发生，在数据链路层中必须用纠错码来检错与纠错。数据链路层是对物理层传输原始比特流的功能的加强，将物理层提供的可能出错的物理连接改造成为逻辑上无差错的数据链路，使之对网络层表现为一条无差错的线路。

除此之外，数据链路层还包括链路管理、帧同步、差错控制、流量控制等主要功能。

（1）链路管理：负责数据链路的建立、维持和释放，主要用于面向连接服务。

（2）帧同步：接收方确定收到的比特流中一帧的开始位置和结束位置。

（3）流量控制：由于收发双方各自使用的设备在工作速率和缓冲存储的空间存在差异，可能出现发送方发送能力大于接收方接收能力的现象，如若此时不对发送方的发送速率（也即链路上的信息流量）做适当的限制，前面来不及接收的帧将被后面不断发送来的帧"淹没"，从而造成帧的丢失而出错。由此可见，流量控制实际上是对发送数据流量的控制，使其发送率不超过接收方所能承受的能力。

（4）差错控制：具备发现（即检测）差错的能力，并采取某种措施进行纠正，使差错被控制在所能允许的尽可能小的范围内。通过对差错编码（如奇偶校验码，循环冗余检验码 CRC）的检查，可以判定一帧在传输过程中是否发生了错误。一旦发现错误，一般可以采用反馈重发的方法来纠正。

数据链路层的数据传输单位是帧，数据链路层协议是构造数据链路层帧的标准和方法，不同的数据链路层协议匹配着不同的物理层标准及介质。数据链路层协议又被分为两个子层：逻辑链路控制（LLC）协议和媒体访问控制（MAC）协议，如图 1-2-7 所示。数据链路层的 LLC 子层用于设备间单个连接的错误控制、流量控制；媒体访问控制是解决当局域网中共用信道的使用产生竞争时，如何分配信道的使用权问题。

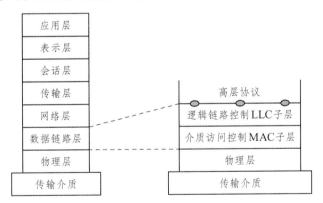

图 1-2-7　数据链路层协议子层

数据链路控制协议分为异步协议和同步协议两大类。

异步协议：以字符为独立的信息传输单位，在每个字符的起始处开始对字符内的比特实现同步，但字符与字符之间的间隔时间是不固定的（即字符之间是异步的）。由于发送器和接收器中近似于同一频率的两个约定时钟，能够在一段较短的时间内保持同步，所以可以用字符起始处同步的时钟来采样该字符中的各比特，而不需要每个比特再用其他方法同步。异步协议中因为每个传输字符都要添加诸如起始位、校验位及停止位等冗余位，故信道利用率低，一般用于数据速率较低的场合。

同步协议：同步协议是以许多字符或许多比特组织成的数据块——帧为传输单位，在帧的起始处同步，使帧内维持固定的时钟。实际上该固定时钟是发送端通过某种技术将其混合在数据中一并发送出去的，供接收端从输入数据中分离出时钟来，实现起来比较复杂，这个功能通常是由解调器来完成。由于采用帧为传输单位，所以同步协议能更有效地利用信道，也便于实现差错控制、流量控制等功能。同步协议又可分为面向字符的同步协议、面向比特的同步协议及面向字节计数的同步协议三种类型。

常见的数据链路层协议有停等协议、ARQ（自动重传请求）协议、高级数据链路控制规程 HDLC 及点对点协议（PPP）等。下面重点介绍一下高级数据链路控制规程 HDLC 协议。

随着通信量的增加及计算机网络应用范围的不断扩大，面向字符的链路控制协议已不能满足要求，于是在 20 世纪 60 年代末人们提出了面向比特的数据链路控制协议，代表协议为 HDLC。

HDLC 是通用的数据链路控制协议，当开始建立数据链路时，允许选用特定的操作方式。所谓链路操作方式，通俗地讲就是某站点是以主站方式操作，还是以从站方式操作，或者是二者兼备。在链路上用于控制目的的站称为主站，其他的受主站控制的站称为从站。主站负责对数据流进行组织，并且对链路上的差错实施恢复。由主站发往从站的帧称为命令帧，而由从站返回主站的帧称响应帧。连有多个站点的链路通常使用轮询技术，轮询其他站的站称为主站，而在点到点链路中每个站均可为主站。主站需要比从站有更多的逻辑功能，所以当终端与主机相连时，主机一般总是主站。在一个站连接有多条链路的时候，该站对于一些链路而言可能是主站，而对另一些链路而言又可能是从站。

有些可兼备主站和从站的功能，这种站称为组合站，用于组合站之间信息传输的协议是对称的，即在链路上主、从站具有同样的传输控制功能，这又称作平衡操作。相对的那种操作有主站、从站之分，且各自功能不同，称非平衡操作。

HDLC 中常用的操作方式有以下三种：

（1）正常响应方式（NRM）。NRM 是一种非平衡数据链路操作方式，有时也称非平衡正常响应方式。该操作方式适用于面向终端的点到点或一点与多点的链路。在这种操作方式中，传输过程由主站启动，从站只有收到主站某个命令帧后，才能作为响应向主站传输信息。响应信息可以由一个或多个帧组成，若信息由多个帧组成，则应指出哪一个是最后一帧。主站负责管理整个链路，且具有轮询、选择从站以及向从站发送命令的权利，同时也负责对超时、重发及各类恢复操作的控制。

（2）异步响应方式（ARM）。ARM 也是一种非平衡数据链路操作方式，与 NRM 不同的是，ARM 的传输过程由从站启动。在从站主动发送给主站的一个或一组帧中，可以是信息，也可以是仅以控制为目的而发送的帧。在这种操作方式下，由从站来控制超时和重发。该方式对采用轮询方式的多站链路来说是必不可少的。

（3）异步平衡方式（ABM）。ABM 是一种允许任何节点来启动传输的操作方式。为了提高链路传输效率，节点之间在两个方向上都需要较高的信息传输量。在这种操作方式下任何时候任何站都能启动传输操作，每个站既可作为主站，又可作为从站，每个站都是组合站。各站都有相同的一组协议，任何站都可以发送或接收命令，也可以给出应答，并且各站对差错恢复过程都负有相同的责任。

在 HDLC 中，数据和控制报文均以帧的标准格式传送。HDLC 中的帧类似于 BSC（面向字符的同步协议）的字符块，但 BSC 协议中的数据报文和控制报文是独立传输的，而 HDLC 中的命令应以统一的格式按帧传输。HDLC 的完整的帧由标志字段（F）、地址字段（A）、控制字段（C）、信息字段（I）、帧校验序列字段（FCS）等组成，帧结构如图 1-2-8 所示。

比特	8	8	8	可变	16	8
	标志 F	地址 A	控制 C	信息 Info	帧校验序列 FCS	标志 F

图 1-2-8　HDLC 帧格式

HDLC 帧的内容如表 1-2-2 所示。

表 1-2-2　HDLC 帧的内容

符号	定义	长度	内容
F	标志	8	帧首、帧尾填充序列
A	地址字段	8	通信站地址码
C	控制字段	8	控制信息
I	信息字段	任意	数据
FCS	帧校验序列字段	16	CRC 差错校验序列

标志字段：帧的首尾均有一个由固定比特序列组成的帧标志字段，用来标志一帧的开始和结束。

地址字段：在非平衡结构中，帧地址字段总是写入次站地址；在平衡结构中，帧地址字段填入应答站地址。

控制字段：是 HDLC 帧的关键字段，用以标识帧的类型和功能，使对方站能够执行特定的操作。

信息字段：可以是任意比特序列的组合，用于存放要传输的数据信息。

帧校验序列字段：FCS 字段为帧校验序列，HDLC 采用 CRC 循环冗余编码进行校验。

2.2.3.3　网络层（Network Layer）

网络层是 OSI 参考模型中的第三层，介于传输层和数据链路层之间，它在数据链路层提供的两个相邻端点之间的数据帧的传送功能上，进一步管理网络中的数据通信，将数据设法从源端经过若干个中间节点传送到目的端，从而向运输层提供最基本的端到端的数据传送服务，如图 1-2-9 所示。

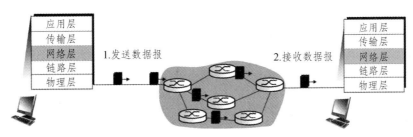

图 1-2-9　网络层工作示意图

网络层的主要任务是设法将源节点发出的数据包传送到目的节点，从而向运输层提供最基本的端到端的数据传送服务。概括地说，网络层应该具有以下功能：

1. 为传输层提供服务

网络层所提供的服务有两大类，即面向连接的网络服务和面向无连接的网络服务，这两种服务的具体实现就是虚电路服务和数据报服务。

1）虚电路服务

一条虚电路由源和目的主机之间的路径（一系列链路和路由器），VC（Virtual Circuit）号，沿着该路径的每段链路的号码，以及该路径上每台路由器中的转发表等组成。

属于一条虚电路的分组将在它的首部携带一个 VC 号。一条虚电路在每条链路上可能具有不同 VC 号，故每台中间路由器必须用一个新的 VC 号替代每个传输分组的 VC 号。新的 VC 号从转发表获得。每台路由器的转发表包括了 VC 号的转换（入接口，入 VC 号，出接口，出 VC 号）。无论何时跨越一台路由器创建一条虚电路，转发表就增加一个新表项。无论何时删除一条虚电路，沿着该路径每个表中的相应项将被删除（路由器必须为正在进行的连接维持连接状态信息）。

虚电路服务的数据传输过程分为三个阶段：建立连接阶段、数据传输阶段和拆除连接阶段。工作原理如图 1-2-10 所示。

（1）应当先建立连接（但在分组交换中是建立一条虚电路 VC），以保证通信双方所需的一切网络资源。

（2）然后双方就沿着已建立的虚电路发送分组。

（3）这样的分组的首部就不需要填写完整的目的主机地址，而只需填写这条虚电路的编号（一个不大的整数），减少了分组的开销。

（4）如果这种通信方式再使用可靠传输的网络协议，就可使所发送的分组无差错按顺序地到达终点，不会丢失、也不会重复。

（5）在通信结束后，要释放建立的虚电路。

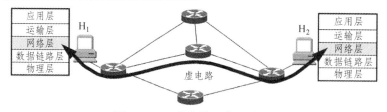

图 1-2-10　虚电路工作原理图

2）数据报服务

数据报服务是网络层无链接的服务。端系统每要发送一个分组，就为该分组加上目的端系统的地址，然后将该分组送入网络，在发送过程中各个分组传送路线是不一致的，所传送的分组可能出错、丢失、重复和失序（即不按顺序到达终点），如图 1-2-11 所示。数据报网络中不维护连接状态信息，但有转发状态信息。每个路由器使用一个分组的目的地址来转发该分组。路由器匹配目的地址时，使用最长前缀匹配规则。转发表大概每隔 1~5 min 由路由算法更新一次。

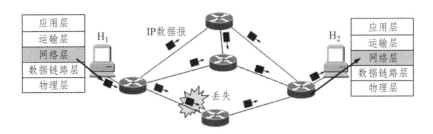

图 1-2-11　数据报服务工作原理图

数据报网络的造价低，运行方式灵活，能够适应多种应用。互联网之所以能发展到今天的规模，充分证明了当初采用这种设计思路的正确性。数据报网络在互联网上取得了巨大的成功，但是互联网底层网络的很多广域分组交换网却采用的是虚电路网络。典型的网络层协议是 X.25，它是由 ITU-T（国际电信联盟电信标准部）提出的一种面向连接的分组交换协议。

3）两种网络服务的比较

虚电路服务适用于端系统之间长时间的数据交换，尤其是在频繁的、但每次传送数据又很短的交互式会话情况下，免去了每个分组中地址信息的额外开销，但是每个网络节点却需要负担维持虚电路表的开销。

数据报服务免去了呼叫建立过程，在分组传输数量不多的情况下要比虚电路简单、灵活。每个数据报可以临时根据网络中的流量情况选取不太拥挤的链路，不像虚电路中的每个分组必须按照连接建立时的路径传送。另外，每个节点没有额外开销，但每个分组在每个节点都要经过路由选择处理，会影响传送速度。

虚电路服务与数据报服务的本质差别表现为：是将顺序控制、差错控制和流量控制等通信功能交由通信子网完成，还是由端系统自己来完成。两者区别如表 1-2-3 所示。

表 1-2-3　虚电路与数据报的对比

项目类型	数据报子网	虚电路子网
端到端的连接	不需要	必须有
目的站地址	每个分组都有目的站的全地址	仅在建立连接阶段使用
分组的顺序	到达目的站可能不按发送顺序	总是按发送顺序到达目的站
差错控制	由主机负责	由通信子网负责
流量控制	由主机负责	由通信子网负责

可以看出，两种服务各有优、缺点，对二者的选择取决于应用背景，即网络用户对通信子网是要求只管数据传送而不考虑其他，还是希望通信子网提供更可靠的服务来减轻端系统负担。有人将虚电路服务比作乘坐地铁，将数据报服务比作乘坐专车，这种比喻在某种程度上形象地说明了两种服务的特点。

2. 组包和拆包

在网络层，数据传输的基本单位是数据包（也称为分组）。在发送方，传输层的报文到达网络层时被分为多个数据块，在这些数据块的头部和尾部加上一些相关控制信息后，即组成了数据包（组包）。数据包的头部包含源节点和目的节点的网络地址（逻辑地址）。在接收方，数据从低层到达网络层时，要将各数据包原来加上的包头和包尾等控制信息去掉（拆包），然后组合成报文，送给传输层。

3. 路由选择

路由选择也叫作路径选择，是根据一定的原则和路由选择算法在多节点的通信子网中选择一条最佳路径。确定路由选择的策略称为路由算法。在数据报方式中，网络节点要为每个数据包做出路由选择；而在虚电路方式中，只需在建立连接时确定路由。

4. 流量控制

流量控制的作用是控制阻塞，避免死锁。网络的吞吐量（每秒发送的数据包数量）与通信子网负荷（即通信子网中正在传输的数据包数量）有着密切的关系。为了防止出现阻塞和死锁，需进行流量控制，通常可采用滑动窗口、预约缓冲区、许可证和分组丢弃四种方法。

网络层的核心是 IP 协议，是整个 Internet 的协议基础，负责分配 IP 地址，提供路由。IP协议非常简单，仅仅提供不可靠、无连接的传送服务。IP 协议的主要功能有：无连接数据报传输、数据报路由选择和差错控制。与 IP 协议配套使用实现其功能的还有地址解析协议 ARP、逆地址解析协议 RARP、因特网报文协议 ICMP、因特网组管理协议 IGMP。这些内容在后续章节会进行详细的介绍。

2.2.3.4 传输层（Transport Layer）

传输层是整个网络体系结构中的关键层次之一，主要负责向两个主机中进程之间的通信提供服务。由于一个主机同时运行多个进程，因此运输层具有复用和分用功能。传输层是整个协议层次结构的核心，是唯一负责总体数据传输和控制的一层。在 OSI 七层模型中传输层是负责数据通信的最高层，又是面向网络通信的低三层和面向信息处理的高三层之间的中间层。因为网络层不一定保证服务的可靠性，而用户也不能直接对通信子网加以控制，因此在网络层之上，增加了传输层以改善传输质量。

传输层利用网络层提供的服务，并通过传输层地址提供给高层用户传输数据的通信端口，使系统间高层资源的共享不必考虑数据通信方面和不可靠的数据传输方面的问题。它的主要功能是：对一个进行的对话或连接提供可靠的传输服务，在通向网络的单一物理连接上实现该连接的复用，在单一连接上提供端到端的序号与流量控制、差错控制及恢复等服务。

网络层只是根据网络地址将源节点发出的数据包传送到目的节点，而传输层则负责将数据可靠地传送到相应的端口。那么，什么是端口和端口号呢？

端口就是为其临近层的应用层的各个应用进程的数据提供一个"门"，使其能够向下传递给传输层，反过来就是让传输层能够将接收到的报文数据正确传递到应用层对应的进程上。

端口号就是用来标识应用进程的数字标识。其端口号的长度为 16 bit，也就是能够标识 2^{16} 个不同的端口号。另外端口号根据端口范围分为两类：

1. 服务端使用的端口号

（1）熟知端口号：范围为 0~1 023。由 IANA（互联网地址指派机构）分配给 TCP/IP 最重要的一些应用进程，为固定格式，常见端口号如表 1-2-4 所示。

（2）登记端口号：范围为 1 024~49 151。标记没有熟知端口的非常规的服务进程，需要在 IANA 注册登记，防止重复。

表 1-2-4　常见端口号

应用进程	FTP	TELNET	SMTP	DNS	TFTP	HTTP	SNMP
端口号	21	23	25	53	69	80	161

2. 客户端使用的端口号

数值范围为 49 152~65 535，也叫作短暂端口号，是在客户端进程运行成功后动态选择的。另外需要注意是端口号只具有本地意义，即端口号只是标志本地计算机应用层的各进程。在 Internet 中，不同计算机的相同端口号是没有联系的。

传输层中最为常见的两个协议分别是传输控制协议 TCP（Transmission Control Protocol）和用户数据报协议 UDP（User Datagram Protocol）。

传输控制协议 TCP 是一个面向连接可靠的协议。TCP 定义了连接建立、数据传输以及连接拆除阶段来提供面向连接服务。TCP 使用 GBN（后退 N 帧协议）和 SR（选择重传协议）协议的组合来提供可靠性。为了实现这个目的，TCP 使用了校验和（为差错发现）、丢失或被破坏分组重传、累积和选择确认以及计时器。使用 TCP 协议的应用程序包括：Web 浏览器、电子邮件、文件传输程序等。

用户数据报协议 UDP 是无连接不可靠传输层协议。它不提供主机到主机通信，除了提供进程到进程之间的通信之外，就没有给 IP 服务增加任何功能。此外，它进行非常有限的差错检验。UDP 适合实时数据传输，比如语音和视频通信。相比 TCP，UDP 的传输效率更高，开销更小，但是无法保证数据传输可靠性。

2.2.3.5　会话层（Session Layer）

会话层是建立在传输层之上，利用传输层提供的服务，使应用建立和会话维持，并能使会话获得同步。会话层通过校验点可使通信会话在通信失效时从校验点继续恢复通信，这种能力对于传送大文件极为重要。

会话层的主要功能有：

1. 为会话实体间建立连接

为了给两个对等会话服务用户建立一个会话连接，应该进行如下几项工作：

① 将会话地址映射为传输地址。

② 选择需要的传输服务质量参数（QOS）。

③ 对会话参数进行协商。

④ 识别各个会话连接。

⑤ 传送有限的透明用户数据。

2. 数据传输阶段

这个阶段是在两个会话用户之间实现有组织的、同步的数据传输。用户数据单元为 SSDU，而协议数据单元为 SPDU。会话用户之间的数据传送过程是将 SSDU 转变成 SPDU 进行的。

3. 连接释放

连接释放是通过"有序释放""废弃""有限量透明用户数据传送"等功能单元来进行的。为了使会话连接建立阶段能进行功能协商，也为了便于其他国际标准参考和引用，会话层标准定义了 12 种功能单元。各个系统可根据自身情况和需要，以核心功能服务单元为基础，选配其他功能单元组成合理的会话服务子集。会话层的主要标准有《DIS8236：会话服务定义》和《DIS8237：会话协议规范》。

会话层允许不同机器上的用户之间建立会话关系。会话层会进行类似传输层的普通数据的传送，在某些场合还提供了一些有用的增强型服务。会话层允许用户利用一次会话在远端的分时系统上登录，或者在两台机器间传递文件。会话层提供的服务之一是管理对话控制。会话层允许信息同时双向传输，或任一时刻只能单向传输。如果属于后者，这类似于物理信道上的半双工模式，会话层将记录此时该轮到哪一方。为了管理这些活动，会话层提供了令牌，令牌可以在会话双方之间移动，只有持有令牌的一方可以执行某种关键性操作。会话层提供的另一个服务是同步。如果在平均每小时出现一次大故障的网络上，两台机器将要进行一次两小时的文件传输，试想会出现什么样的情况呢？每一次传输中途失败后，都不得不重新传送这个文件。当网络再次出现大故障时，可能又会半途而废。为解决这个问题，会话层提供了一种方法，即在数据中插入同步点。每次网络出现故障后，仅仅重传最后一个同步点以后的数据（这个其实就是断点下载的原理）。

2.2.3.6　表示层（Presentation Layer）

表示层位于 OSI 分层结构的第六层，它的主要作用之一是为异种机通信提供一种公共语言，以便能进行互操作。这种类型的服务之所以需要，是因为不同的计算机体系结构使用的数据表示法是不同的。与第五层提供透明的数据传输不同，表示层是处理所有与数据表示及运输有关的问题，包括转换、加密和压缩。每台计算机可能有它自己表示数据的内部方法，例如，IBM 主机使用 EBCDIC 编码，而大部分 PC 机使用的是 ASCII 码。在这种情况下，便需要表示层来完成这种转换。所以表示层能提供"一种通用的数据格式"。表示层为应用层提供的服务有 3 项内容：

语法转换：将抽象语法转换成传送语法，并在对方实现相反的转换（即将传送语法转换成抽象语法）。涉及的内容有代码转换、字符转换、数据格式的修改，以及对数据结构操作的适应、数据压缩、加密等。

语法协商：根据应用层的要求协商选用合适的上下文，即确定传送语法并传送。

连接管理：包括利用会话层服务建立表示连接，管理在这个连接之上的数据传输和同步控制（利用会话层相应的服务），以及正常地或异常地终止这个连接。

表示层的功能主要有网络安全和保密管理、文本的压缩与打包和虚拟终端协议（VTP）。

2.2.3.7　应用层（Application layer）

应用层是七层 OSI 模型的第七层，直接和应用程序交互并提供常见的网络应用服务。应用层是开放系统的最高层，是直接为应用进程提供服务的，其作用是在实现多个系统应用进程相互通信的同时，完成一系列业务处理所需的服务。其服务元素分为两类：公共应用服务元素（CASE）和特定应用服务元素（SASE）。

每个 SASE 提供特定的应用服务，例如文件传输访问和管理（FTAM）、电子文电处理（MHS）、虚拟终端协议（VAP）等。CASE 提供一组公用的应用服务，例如联系控制服务元素（ACSE）、可靠传输服务元素（RTSE）和远程操作服务元素（ROSE）等。

常用协议有 DNS、HTTP、FTP 等，下面分别介绍。

1. DNS（Domain Name System，域名系统）

DNS 于 1983 年由保罗·莫卡派乔斯（Paul Mockapetris）提出，原始的技术规范在 882 号因特网标准草案（RFC 882）中发布。1987 年发布的第 1034 和 1035 号草案修正了 DNS 技术规范，并废除了之前的第 882 和 883 号草案。在此之后对 Internet 标准草案的修改基本上没有涉及 DNS 技术规范部分的改动。

早期的域名必须以英文句号"."结尾，这样 DNS 才能够进行域名解析。如今 DNS 服务器已经可以自动补上结尾的句号了。

当前，对于域名长度的限制是 63 个字符，包括"www""com"或者其他的扩展名。域名同时也仅限于 ASCII 字符的一个子集，这使得很多其他语言无法正确表示它们的名字和单词。基于 Punycode 码的 IDNA 系统，可以将 Unicode 字符串映射为有效的 DNS 字符集，这已经通过了验证并被一些注册机构作为一种变通的方法所采纳。

2. HTTP（Hyper Text Transport Protocol，超文本传输协议）

HTTP 的发展是万维网协会（World Wide Web Consortium）和 Internet 工作小组（Internet Engineering Task Force）合作的结果。它们最终发布了一系列的 RFC（Request For Comments），其中最著名的就是 RFC 2616。RFC 2616 定义了 HTTP 协议中一个现今被广泛使用的版本——HTTP 1.1。

HTTP 是一个客户端和服务器端请求和应答的标准（TCP）。客户端是终端用户，服务器端是网站。通过使用 Web 浏览器、网络爬虫或者其他的工具，客户端发起一个到服务器上指定端口（默认端口为 80）的 HTTP 请求。

3. FTP（File Transfer Protocol，文件传输协议）

FTP 服务一般运行在 20 和 21 两个端口上。端口 20 用于在客户端和服务器之间传输数据流，而端口 21 用于传输控制流，并且是命令通向 FTP 服务器的进口。当数据通过数据流传输时，控制流处于空闲状态。而当控制流空闲很长时间后，客户端的防火墙会将其会话置为超时，这样当大量数据通过防火墙时，会产生一些问题。此时，虽然文件可以成功的传输，但因为控制会话会被防火墙断开，传输会产生一些错误。

2.2.4 OSI 通信处理过程（数据封装）

数据包利用网络在不同设备之间传输时，为了可靠和准确地发送到目的地，并且高效地利用传输资源（传输设备和传输线路），事先要对数据包进行拆分和打包，在所发送的数据包上附加上目标地址、本地地址，以及一些用于纠错的字节，对安全性和可靠性要求较高时，还要进行加密处理等，这些操作就叫作数据封装。而对数据包进行处理时通信双方所遵循和协商好的规则就是协议。与邮寄物品相比，数据包本身就如同物品，而封装就如同填写各种邮寄信息，协议就是如何填写信息的规定。

简单地说，数据封装是指将协议数据单元（PDU）封装在一组协议头尾中的过程。在OSI 七层参考模型中，每层主要负责与其他机器上的对等层进行通信。该过程是在 PDU 中实现的，其中每层的 PDU 一般由本层的协议头、协议尾和数据封装构成。每层可以添加协议头和尾到其对应的 PDU 中，协议头包括层到层之间的通信相关信息。协议头、协议尾和数据是三个相对的概念，这主要取决于进行信息单元分析的各个层。具体的封装过程如图 1-2-12 所示。

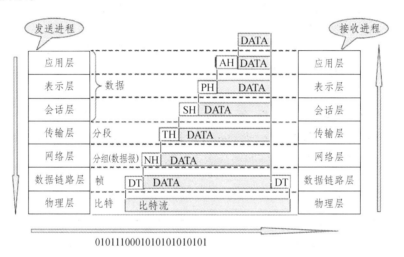

图 1-2-12　数据封装与解封装示意图

在 OSI 参考模型中，当一台主机需要传送用户的数据（DATA）时，数据首先通过应用层的接口进入应用层。在应用层，用户的数据被加上应用层的报头（Application Header，AH），形成应用层协议数据单元（Protocol Data Unit，PDU），然后被递交到下一层表示层。

表示层并不关心上层应用层的数据格式，而是把整个应用层递交的数据包看成一个整体进行封装，即加上表示层的报头（Presentation Header，PH）。然后，递交到下层会话层。

同样，会话层、传输层、网络层、数据链路层也都要分别给上层递交下来的数据加上自己的报头。它们是：会话层报头（Session Header，SH）、传输层报头（Transport Header，TH）、网络层报头（Network Header，NH）和数据链路层报头（Data Link Header，DH）。其中，数据链路层还要给网络层递交的数据加上数据链路层报尾（Data Link Termination，DT），形成最终的一帧数据。

当一帧数据通过物理层传送到目标主机的物理层时，该主机的物理层把它递交到上层数据链路层。数据链路层负责去掉数据帧的帧头部 DH 和尾部 DT（同时还进行数据校验）。如果数据没有出错，则递交到上层网络层。

同样，网络层、传输层、会话层、表示层、应用层也要进行类似的工作。最终，原始数据被递交到目标主机的具体应用程序中。

2.3 TCP/IP 参考模型

2.3.1 TCP/IP 协议族概述

Internet 网络的前身 ARPANET 当时使用的并不是传输控制协议/网际互联协议（Transmission Control Protocol/Internet Protocol，TCP/IP），而是一种叫作网络控制协议（Network Control Protocol，NCP）的网络协议。但随着网络的发展和用户对网络的需求不断提高，设计者们发现，NCP 协议存在着很多的缺点，以至于不能充分支持 ARPANET 网络，特别是 NCP 仅能用于同构环境中（所谓同构环境是指网络上的所有计算机都运行相同的操作系统），而设计者就认为"同构"这一限制不应被加到一个分布广泛的网络上。1980 年，用于"异构"网络环境中的 TCP/IP 协议被开发出来，也就是说，TCP/IP 协议可以在各种硬件和操作系统上实现互操作。1982 年，ARPANET 开始采用 TCP/IP 协议。

TCP/IP 传输协议，也叫作网络通信协议，它是在网络中使用的最基本的通信协议。TCP/IP 传输协议对互联网中各部分进行通信的标准和方法进行了规定。并且，TCP/IP 传输协议是保证网络数据信息及时、完整传输的两个重要的协议。TCP/IP 协议在一定程度上参考了 OSI 的体系结构。OSI 模型共有七层，从下到上分别是物理层、数据链路层、网络层、传输层、会话层、表示层和应用层，但是这显然是有些复杂的，所以在 TCP/IP 协议中，它们被简化为了四个层次，如图 1-2-13 所示。

OSI/RM	TCP/IP
应用层	应用层
表示层	
会话层	
传输层	传输层
网络层	IP 层
数据链路层	网络接口层
物理层	

图 1-2-13　OSI/RM 与 TCP/IP 的对比

2.3.2 TCP/IP 协议族各层协议的功能

应用层、表示层、会话层三个层次提供的服务相差不是很大，所以在 TCP/IP 协议中，它们被合并为应用层一个层次。由于运输层和网络层在网络协议中的地位十分重要，所以在

TCP/IP 协议中它们被作为独立的两个层次。因为数据链路层和物理层的内容相差不多，所以在 TCP/IP 协议中它们被归并在网络接口层一个层次里。只有四层体系结构的 TCP/IP 协议，与有七层体系结构的 OSI 相比要简单了不少，也正是这样，TCP/IP 协议在实际的应用中效率更高，成本更低。

接下来，我们分别介绍 TCP/IP 协议中的四个层次的功能和作用，各层协议如图 1-2-14 所示。

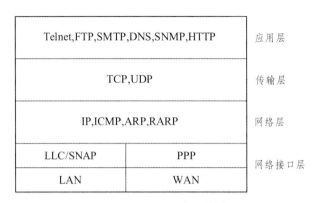

图 1-2-14　TCP/IP 各层协议图

1. 应用层协议

应用层协议负责处理特定的应用程序细节。几乎各种不同的 TCP/IP 实现都会提供下面这些通用的应用程序：

Telnet（Teleco mmunication Network）：提供虚终端服务。

FTP（File Transfer Protocol）：提供文件传送服务。

SMTP（Simple Mail Transfer Protocol）：提供简单的电子邮件服务。

DNS（Domain Name Service）：提供主机名到 IP 地址的转换服务。

2. 传输层协议

传输层协议为两台主机上的应用程序提供端到端的通信，只能运行在主机系统上（不在路由器上）。传输层协议向应用程序提供两种不同服务质量的传输服务：

TCP（Transmission Control Protocol）：提供面向连接的、可靠的数据流传送服务。

UDP（User Datagram Protocol）：提供用户数据报传送服务，是无连接的、不可靠的传输服务。

3. 网络层协议

网络层协议的主要功能是 IP 层分组转发和路由选择，即根据分组的目的 IP 地址，将分组从源端转发到目的端。IP 协议运行在 TCP/IP 网络中的所有节点上，包括主机和网络中 IP 分组的转发设备。IP 协议支持无连接的传输，不能避免有分组丢失的现象，也不能保证分组到达的顺序。这种方式可以使分组转发设备不必保存任何有关数据流的状态，可以大大提高其分组转发的效率。网络层提供的服务有：

IP（Internet Protocol）：为传送层提供网络服务。

ICMP（Internet Control Message Protocol）：报告错误信息和其他应注意的情况。

ARP（Address Resolution Protocol）：将 IP 地址转换为物理地址。

RARP（Reverse Address Resolution Protocol）：将物理地址转换为 IP 网络地址。

4．网络接口层

网络接口层有时也称作数据链路层，该层涵盖了物理介质层网络技术，它几乎可以支持任何一种数据链路技术，如以太网、令牌环、帧中继、ATM（异步传输模式）、FDDI（光纤分布数据接口）等，并定义了各种物理介质连接的信息帧格式。常用的协议规范有：IEEE 802.3 接口规范、X.25 接口规范和 ARPA 接口规范。

2.3.3　OSI 参考模型与 TCP/IP 参考模型的异同点

OSI 参考模型与 TCP/IP 有很多共同点，例如都以分层协议栈的概念为基础，协议栈中的协议彼此相互独立；传输层以及传输层以上的各层都为希望进行通信的进程提供了一种端到端的、与网络无关的服务。

但正是由 TCP/IP 模型与 OSI 模型在层次结构上不同，其协议标准也不同，OSI 在数量和复杂程度上远远高于 TCP/IP。因此，在一些问题的处理上，TCP/IP 与 OSI 是很不相同的。主要体现在以下几个方面：

（1）TCP/IP 一开始就考虑到多种异构网的互联问题，并将 IP 作为 TCP/IP 的重要组成部分；而 ISO 和原 CCITT 最初只考虑到使用一种标准的公用数据网络将各种不同的系统互联在一起。

（2）TCP/IP 一开始就对面向连接服务和无连接服务并重，而 OSI 在开始时只强调面向连接服务，后面才开始制定无连接服务的有关标准。

（3）TCP/IP 有较好的网络管理功能，而 OSI 到后来才开始考虑这个问题。

当然，TCP/IP 参考模型与协议也有自身的缺陷。第一，它在服务、接口与协议的区别上就不是很清楚。一个好的软件工程应该将功能与实现方法区分开来，TCP/IP 没有很好地做到这点，这就使得 TCP/IP 参考模型对于使用新的技术的指导意义是不够的。TCP/IP 参考模型不适合于其他非 TCP/IP 协议族。第二，物理层与数据链路层的划分是必要和合理的，一个好的参考模型应该将它们区分开，而 TCP/IP 参考模型却没有做到这点。

2.4　IP 地址与子网划分

网络上有许多计算机需要互相通信，因此需要一个方法来区分它们，否则就无法实现通信。那么到底如何区分网络上的计算机呢？最直接的办法就是编号，也就是给每个计算机分配一个统一的地址。为了使所有连接在网络中的计算机都能被识别，要求计算机的地址具有唯一性。以以太网接口卡（简称"网卡"）为例，每个网卡上都有一个 48 位的固定地址，这是一个唯一的地址，就像我们常用的身份证号码一样，可以唯一标识该网卡，这也是硬件地址。这种形式的地址叫作统一地址，也就是以太网中的 MAC 地址。

有了统一地址还必须要有 IP 地址，为什么呢？设想一下，假如我们想要寄一封信，只是在信封上写上收信人的身份证号码，这封信是没有办法送到的，还必须写上国家、城市、区、街道、房间等信息。在网络上传送文件同样需要这种地址，我们将这种地址称为结构地址。IP 地址就是一种结构地址。

统一地址是硬件地址，属于物理地址，而结构地址是逻辑地址。计算机最终以 MAC 地址在网段内传递数据，就像用户到邮局取包裹，最终要看身份证一样。

2.4.1　IP 地址的组成和分类

计算机网络通信是指计算机、计算机外围设备以及其他设备之间的通信，网络中传送的数据都是由源主机发送，经过网络传送到目的主机。在 Internet 上连接的所有计算机，从大型机到微型计算机都是以独立的身份出现的，我们称它们为主机。每台主机都有唯一的物理地址，这一物理地址存储在网络接口卡（NIC）中，称为介质接入控制地址，即 MAC 地址。为了实现各主机间的通信，每台主机都必须有一个唯一的网络地址，即 IP 地址。IP 地址具有不依赖硬件的独立性，有利于统一规划与编排。Internet 采用的路由寻址方式基本是按照 IP 地址寻址。

根据 TCP/IP 协议规定，IP 地址是由 32 位二进制数组成，而且在 Internet 范围内是唯一的。例如，某台连在因特网上的计算机 IP 地址为：10010010 01000001 10001100 10000010。

很明显，这些数字对于人来说不太好记忆。人们为了方便记忆，就将组成计算机的 IP 地址的 32 位二进制数分成四段，每段 8 位，中间用小数点隔开，然后将每 8 位二进制转换成十进制数，这样上述计算机的 IP 地址就变成了：146.65.140.130，这种书写方法叫作点数表示法。

Internet 中主机的 IP 地址分为两部分：IP 地址 ＝ 网络号+主机号。IP 地址的结构使路由设备可以在 Internet 上很方便地进行寻址，这就是：先按 IP 地址中的网络号码把网络找到，再按主机号码把主机找到。所以 IP 地址并不只是一个计算机的号码，而是指出了连接到某个网络上的某台计算机。IP 地址由美国国防数据网（DDN）的网络信息中心（NIC）进行分配。

为了便于对 IP 地址进行管理，同时考虑到网络的差异很大，如有的网络拥有很多主机，而有的网络上的主机则很少，人们把 IP 地址分为五类，即 A 类到 E 类。常用的为 A、B、C 类地址，分别用于大、中、小型网络，D 类地址为网络组播地址，E 类地址保留供以后使用。

实际上，一个完整的 IP 地址包括地址类别（特征位）、网络号和主机号三部分。其中特征位用于区分 IP 地址的类型，网络号和主机号是根据子网掩码确定的。子网掩码与 IP 地址一样也是 32 位，并且两者是一一对应的，子网掩码中数字为 "1" 的部分所对应的是 IP 地址中的网络号，为 "0" 的部分所对应的是主机号。子网掩码中数字 "1" 和 "0" 都是连续的，不允许间插，且数字 "1" 在前，数字 "0" 在后。常规 IP 地址分类如表 1-2-5 所示。

表 1-2-5　常规 IP 地址分类

类别	特征位	网络号	主机号	范　围
A 类	0	7 位	24 位	1.0.0.0~126.255.255.255
B 类	10	14 位	16 位	128.0.0.0~191.255.255.255
C 类	110	21 位	8 位	192.0.0.0~223.255.255.255
D 类	1110	28 位多播（multicast）组号		224.0.0.0~239.255.255.255
E 类	11110	保留		240.0.0.0~255.255.255.255

由表 1-2-5 可知，IP 地址的类别是根据 IP 地址中第一个 8 位位组的特征位来判断的。具体分类标准如下：

1. A 类地址

A 类地址的网络标识由第一组 8 位二进制数表示，其特点是网络标识的第一位二进制数取值必须为 0。不难看出，A 类地址第一个地址为 00000001，最后一个地址是 01111111，换算成十进制就是 127，其中 127 留作保留地址，A 类地址的第一段范围是 1～126，即 A 类地址允许有 $2^7-2=126$ 个网段（减 2 是因为 0 不用，127 留作他用）。网络中的主机标识占 3 组 8位二进制数，每个网络允许有 $2^{24}-2=167\ 772\ 16$ 台主机（减 2 是因为全 0 地址为网络地址，全1 为广播地址，这两个地址一般不分配给主机）。A 类地址通常分配给拥有大量主机的网络。

2. B 类地址

B 类地址的网络标识由前两组 8 位二进制数表示，其特点是网络标识的前两位二进制数取值必须为 10。B 类地址第一个地址为 10000000，最后一个地址是 10111111，换算成十进制B 类地址第一段范围就是 128～191，即 B 类地址允许有 $2^{14}=16\ 384$ 个网段。网络中的主机标识占 2 组 8 位二进制数，每个网络允许有 $2^{16}-2=65\ 533$ 台主机，适用于节点比较多的网络。

3. C 类地址

C 类地址的网络标识由前 3 组 8 位二进制数表示，网络中主机标识占 1 组 8 位二进制数，其特点是网络标识的前 3 位二进制数取值必须为 110。C 类地址第一个地址为 11000000，最后一个地址是 11011111，换算成十进制 C 类地址第一段范围就是 192～223，即 C 类地址允许有$2^{21}=2\ 097\ 152$ 个网段。网络中的主机标识占 1 组 8 位二进制数，每个网络允许有 $2^8-2=254$ 台主机，适用于节点比较少的网络。

4. D 类地址

D 类地址用来作多播使用，没有网络 ID 和主机 ID 之分，D 类 IP 地址的第一个字节前 4位必须以 1110 开始，其他 28 位可以是任何值，则 D 类 IP 地址的有效范围为 224.0.0.0 到239.255.255.255。

5. E 类地址

E 类地址保留实验用，没有网络 ID 和主机 ID 之分，E 类 IP 地址的第一字节前 4 位必须以 1111 开始，其他 28 位可以是任何值，则 E 类 IP 地址的有效范围为 240.0.0.0 至 255.255.255.255。其中 255.255.255.255 表示广播地址。

在实际应用中，只有 A、B 和 C 三类 IP 地址能够直接分配给主机，D 类和 E 类不能直接分配给计算机。

2.4.2　特殊的 IP 地址

1. 私有地址

IP 地址由 IANA（Internet 地址分配机构）管理和分配，任何一个 IP 地址要能够在 Internet 上使用就必须由 IANA 分配。IANA 分配的能够在 Internet 上正常使用的 IP 地址称为公共 IP 地址；IANA 保留了一部分 IP 地址没有分配给任何机构和个人，这部分 IP 地址不能在 Internet 上使用，此类 IP 地址就称为私有 IP 地址。为什么私有 IP 地址不能在 Internet 上使用呢？因为 Internet 上没有私有 IP 地址的路由。私有 IP 地址范围包括：

10.0.0.0 ~ 10.255.255.255；

172.16.0.0 ~ 172.31.255.255；

192.168.0.0 ~ 192.168.255.255。

2. 回送地址

A 类网络地址 127 是一个保留地址，用于网络软件测试以及本地机进程间通信，又叫作回送地址（loopback address）。无论什么程序，一旦使用回送地址发送数据，协议软件会立即返回数据，不进行任何网络传输。含网络号 127 的分组不能出现在任何网络上。回送地址主要作用有两个：一个是测试本机的网络配置，能 ping 通 127.0.0.1 说明本机的网卡和 IP 协议安装都没有问题；另一个作用是某些服务器/客户端的应用程序在运行时需调用服务器上的资源，一般是指定服务器的 IP 地址，但当该程序要在同一机器上运行而没有别的服务器时，就可以把服务器的资源装在本机，服务器的 IP 地址设为 127.0.0.1 也同样可以运行。

3. 广播地址

TCP/IP 协议规定，主机号全为 1 的网络地址用于广播，叫作广播地址。所谓广播，是指同时向同一子网所有主机发送报文。

4. 网络地址

用于表示网络本身具有正常网络号的部分，而主机部分全部为 0。如 10.0.0.0 就是一个 A 类网络地址，192.168.1.0 是一个 C 类网络地址。

2.4.3　子网掩码与子网划分

实际上，IP 地址的设计也有不够合理的地方。例如，IP 地址中的 A 至 C 类地址，可供分配的网络号码超过 211 万个，而这些网络上的主机号码的总数则超过 37.2 亿个，看起来 IP 地址似乎是足够使用的（在 20 世纪 70 年代初期设计 IP 地址时就是这样认为的），其实不然。原因为：第一，当初设计 IP 地址时人们没有预计到计算机会普及得如此之快，各种局域网和局域网上的主机数量急剧增长。第二，IP 地址在使用时有很大的浪费。例如，某单位申请到了一个 B 类地址，但该单位只有 1 万台主机，于是在一个 B 类地址中的其余 5 万 5 千多个主机号码就浪费了，因为其他单位的主机无法使用这些号码。

从 1985 年起，为了使 IP 地址的使用更加灵活，人们把主机号进一步划分为一个子网号和一个主机号，也就是说 IP 地址由网络地址、子网号和主机号组成。例如，一个单位所有的主机都使用同一个网络号码，当该单位有很多主机且分布在很大的地理范围内时，往往需要用一些网桥（而不是路由器，因为路由器连接的主机具有不同的网络号码）将这些主机互联起来。但是网桥的缺点较多，例如容易引起广播风暴，同时当网络出现故障时也不太容易隔离和管理。为此，在本单位进行子网划分，各子网之间使用路由器来互联。子网的划分属于单位内部的事，在单位以外看不见这样的划分。从外部看，这个单位仍只有一个网络号码。当外面的分组进入到本单位范围后，本单位的路由器再根据子网号码进行选路，最后找到目的主机。当然，若单位按照主机所在的地理位置划分子网，那么在管理方面就会方便得多。

子网掩码是一个 32 位地址，用于屏蔽 IP 地址的一部分以区别网络标识和主机标识，并能说明该 IP 地址是在局域网上，还是在远程网上。NIC 分配的网络号的位包含在子网掩码中，子网位数取决于网络的需要。子网掩码的标注方法有两种：

1. 无子网的标注法

对无子网的 IP 地址，可写成主机号为 0 的掩码。如 IP 地址 210.73.140.5，掩码为 255.255.255.0，也可以缺省掩码，只写 IP 地址。

A 类地址的缺省网络掩码为 255.0.0.0。

B 类地址的缺省网络掩码为 255.255.0.0。

C 类地址的缺省网络掩码为 255.255.255.0。

2. 有子网的标注法

有子网时，一定要二者配对出现。以 C 类地址为例，以下一段指定掩码为 27 位（11111111.11111111.11111111.11100000，255.255.255.224）。

（1）IP 地址中的前 3 个字节表示网络号，后一个字节既表明子网号，又表明主机号，还表明两个 IP 地址是否属于一个网段。如果属于同一网络区间，这两个地址间的信息交换就不通过路由器；如果不属于同一网络区间，也就是子网号不同，两个地址的信息交换就要通过路由器进行。例如，对于 IP 地址为 220.96.160.5 的主机来说，其主机标识为 00000101，对于 IP 地址为 220.93.160.16 的主机来说它的主机标识为 00010000，以上两个主机标识的前面三位全是 000，说明这两个 IP 地址在同一个网络区域中，这两台主机在交换信息时不需要通过路由器进行。

又例如 210.73.60.1 的主机标识为 00000001，210.73.60.252 的主机标识为 11111100，这两个主机标识的前面 3 位分别为 000 与 111，说明二者在不同的网络区域，交换信息需要通过路由器。

（2）掩码的功用是说明有几个子网，但只能表示一个范围，不能说明具体子网号。有子网的掩码格式为（对 C 类地址）：主机标识前几位为子网号，后面全写 0。

下面来看一个 B 类地址划分子网的例子，如图 1-2-15 所示。

图 1-2-15（b）表示将主机部分再增加一个子网号字段，子网号字段究竟选多长，由具体情况确定。子网掩码由一连串的"1"和一连串的"0"组成。"1"对应于网络号和子网号字段，而"0"对应于主机号字段，如图 1-2-15（c）所示。由于 B 类地址的默认子网掩码为 255.255.0.0，最后给定的子网掩码多了 6 个 1，相当于从主机位占了 6 位作为子网划分，因此划分的子网个数为 2^6=64 个子网，每个子网有 2^{10}-2=1 022 个主机。

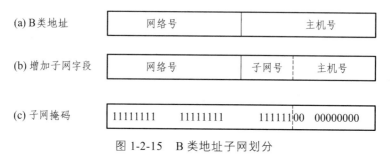

图 1-2-15　B 类地址子网划分

2.4.4　可变长子网掩码

通常的子网划分时，在一个网络地址中只有一个固定的子网掩码，对 IP 地址的利用率不高。可变长子网掩码提供了在一个主类（A、B、C 类）网络内包含多个子网掩码的能力，以及对一个子网再进行子网划分的能力。

可变长子网掩码（Variable Length Sub-net Mask，VLSM）这种策略只能在网络所用的路由协议都支持的情况才能使用，例如开放式最短路径优先路由选择协议（OSPF）和高级距离矢量路由选择协议（EIGRP）。RIP（路由信息协议）版本 1 由于出现早于 VLSM 而无法支持，RIP 版本 2 则可以支持。VLSM 允许一个组织在同一个网络地址空间中使用多个子网掩码，利用 VLSM 可以使管理员把子网继续划分为子网，使寻址效率达到最高。

开发可变长度子网掩码的目的就是在每个子网上保留足够的主机数的同时，提供更大的灵活性。如果没有 VLSM，一个子网掩码只能提供给一个网络，这样就限制了网络的类型。

下面来看一个具体的可变长子网掩码的例子，如图 1-2-16 所示。

一个 192.168.1.0/24 的 C 类地址段，现在需要划分 A、B、C、D、E 共 5 个区域的地址段。每个地址段的需求如下：

（1）A 区域有 120 台主机，它的网段号和子网掩码如何划分？

（2）B 区域有 28 台主机，它的网段号和子网掩码如何划分？

（3）C 区域有 24 台主机，它的网段号和子网掩码如何划分？

（4）D 区域有 10 台主机设备，它的网段号和子网掩码如何划分？

（5）E 区域的路由器接口网络号是 192.168.1.248，子网掩码是 255.255.255.252，路由器两个接口分别是多少？

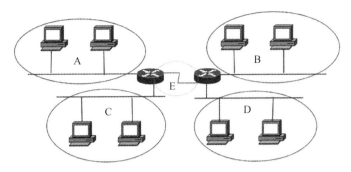

图 1-2-16　可变长子网掩码划分

因为 A 区域有 120 台主机，而能容纳的最小子网规模为 128，那么至少要求主机位有 7 位才能表示，所以 A 区域的网段号为 192.168.1.0，子网掩码为 255.255.255.128。

因为 B 区域有 28 台主机，而能容纳的最小子网规模为 32，那么至少要 5 位表示主机位，所以子网掩码就变成了 255.255.255.224，网络号为 192.168.1.128（顺延 A 区域的，但是这个子网变小了，表示现在最大的主机号为 192.168.1.158，其中 159 为该子网的广播地址）。

因为 C 区域有 24 台主机，那么能容纳的最小子网规模仍为 32，还是要有 5 位表示主机号，所以子网掩码依然是 255.255.255.224，但是网络号变成了 192.168.1.160，这个子网的最大地址为 192.168.1.191（广播地址）。

接着 D 区域有 10 台主机，那么能容纳的最小子网规模为 16，只需要 4 位表示主机号了，所以子网掩码为 255.255.255.240，网络号为 192.168.1.192，这个子网的最大地址为 192.168.1.207（广播地址）。

对于 E 区域，因为子网掩码为 255.255.255.252，那么该子网的规模为 4，除掉网络号地址还有广播地址，所以只剩下了两个地址 192.168.1.249，192.168.1.250，即为路由器的两个接口地址。

2.5　从 IPv4 到 IPv6

随着互联网的迅速发展，TCP/IP 协议取得了巨大的成功。但是，TCP/IP 协议的研制者没有预料到 Internet 的规模会发展到如此之大，从而使得现有的 TCP/IP 协议面临许多困难。如今，IPv4 地址已然耗尽。此外，虽然目前使用的 32 位 IPv4 地址结构能够支持 40 亿台主机和 670 万个网络，实际的地址分配效率却远远低于以上数值。

自 20 世纪 80 年代后期，研究人员开始注意到了这个问题，并提出了研究下一代 IP 协议的设想。1990 年，人们预计按照当时的地址分配速率，到 1994 年 3 月 B 类地址将会用尽，并提出了最简单的补救方法：分配多个 C 类地址以代替 B 类地址。但这样做也带来新的问题，即进一步增大了已经以惊人的速度增长的主干网路由器上的路由表。因此，Internet 网络面临着困难的选择，或者限制 Internet 的增长率及其最终规模，或者采用新的技术。

1990 年，IETF 开始了一项长期的工作，选择接替现行的 IPv4 协议。此后，人们开展了许多工作，以解决 IPv4 地址的局限性问题，同时提供额外的功能。1991 年 11 月，IETF 组织了路由选择和地址工作组（ROAD），以指导解决以上问题。1992 年 9 月，ROAD 工作组提出了关于过渡性的和长期的解决方案建议，包括采用 CIDR 路由聚集方案以降低路由表增长的速度，以及建议成立专门工作组以探索采用较大 Internet 地址的不同方案。

1993 年，IETF 成立了 IPNG 工作部，以研究各种方案，并建议如何开展工作。IPNG 工作部制订了 IPng 技术准则，并根据此准则来评价已经提出的各种方案。在经过深入讨论之后，SIPP(Simple Internet Protocol Plus)工作组提供了一个经过修改的方案，IPNG 工作部建议 IETF 将这个方案作为 IPng 的基础，称为 IPv6，并集中精力制定有关的文档。自 1995 年起，IPNG 陆续发表了 IPv6 规范等一批技术文档。

从 1996 年开始，一系列用于定义 IPv6 的 RFC 发表出来，最初的版本为 RFC1883。由于 IPv4 和 IPv6 地址格式不相同，因此在未来的很长一段时间里，互联网中将出现 IPv4 和 IPv6 长期共存的局面。在 IPv4 和 IPv6 共存的网络中，对于仅有 IPv4 地址，或仅有 IPv6 地址的端系统，两者是无法直接通信的，此时可依靠中间网关或者使用其他过渡机制实现通信。

2003 年 1 月 22 日，IETF 发布了 IPv6 测试性网络，即 6Bone 网络。它是 IETF 用于测试 IPv6 网络而进行的一项 IPNG 工程项目，该工程的目的是测试如何将 IPv4 网络向 IPv6 网络迁移。作为 IPv6 问题测试的平台，6Bone 网络包括了协议的实现、IPv4 向 IPv6 迁移等功能。6Bone 操作建立在 IPv6 试验地址分配基础上，并采用 3FFE::/16 的 IPv6 前缀，为 IPv6 产品及网络的测试和商用部署提供测试环境。

截至 2009 年 6 月，6Bone 网络技术已经支持了 39 个国家的 260 个组织机构。6Bone 网络被设计成为一个类似于全球性层次化的 IPv6 网络，同实际的互联网类似，它包括伪顶级转接提供商、伪次级转接提供商和伪站点级组织机构。由伪顶级提供商负责连接全球范围的组织机构，伪顶级提供商之间通过 IPv6 的 lBGP-4 扩展来通信，伪次级提供商也通过 BGP-4 连接到伪区域性顶级提供商，伪站点级组织机构连接到伪次级提供商。伪站点级组织机构可以通过默认路由或 BGP-4 连接到其伪提供商。6Bone 最初开始于虚拟网络，它使用 IPv6-over-IPv4 隧道过渡技术。因此，它是一个基于 IPv4 互联网且支持 IPv6 传输的网络，后来逐渐实现只有 IPv6 连接。

从 2011 年开始，主要用在个人计算机和服务器系统上的操作系统基本上都支持高质量 IPv6 配置产品。例如，Microsoft Windows 从 Windows 2000 起就开始支持 IPv6，到 Windows XP 时已经进入了产品完备阶段。而 Windows Vista 及以后的版本，如 Windows 7、Windows 8 等操作系统都已经完全支持 IPv6，并对其进行了改进以提高支持度。Mac OS X Panther（10.3）、Linux 2.6、Free BSD 和 Solar is 同样支持 IPv6 的成熟产品。一些应用基于 IPv6 实现，如 Bit Torrent 点到点文件传输协议等，避免了使用 NAT 的 IPv4 私有网络无法正常使用的普遍问题。

2012 年 6 月 6 日，国际互联网协会举行了世界 IPv6 启动纪念日，全球 IPv6 网络正式启动。多家知名网站，如 Google、Facebook 和 Yahoo 等，于当天世界标准时间 0 点（北京时间 8 点整）开始永久性支持 IPv6 访问。

截至 2013 年 9 月，互联网 318 个中的 283 个顶级域名支持 IPv6 接入它们的 DNS（域名系统）。约占 89.0%。其中，276 个域名包含 IPv6 黏附记录，共 5 138 365 个域名在各自的域内拥有 IPv6 地址记录。

2017 年 11 月 26 日，中共中央办公厅、国务院办公厅印发《推进互联网协议第六版（IPv6）

规模部署行动计划》。

2018 年 6 月，三大运营商联合阿里云宣布，将全面对外提供 IPv6 服务，并计划在 2025 年前助推中国互联网真正实现"IPv6 Only"。7 月，百度云制定了中国的 IPv6 改造方案。8 月 3 日，工信部通信司在北京召开 IPv6 规模部署及专项督查工作全国电视电话会议，中国将分阶段有序推进规模建设 IPv6 网络，实现下一代互联网在经济社会各领域深度融合。11 月，国家下一代互联网产业技术创新战略联盟在北京发布了中国首份 IPv6 业务用户体验监测报告，显示了移动宽带 IPv6 普及率为 6.16%，IPv6 覆盖用户数为 7017 万户，IPv6 活跃用户数仅有 718 万户，与国家规划部署的目标还有较大距离。

2019 年 4 月 16 日，工业和信息化部发布《关于开展 2019 年 IPv6 网络就绪专项行动的通知》。5 月，中国工信部称计划于 2019 年末，完成 13 个互联网骨干直连点 IPv6 的改造。

2.5.1 IPv6 的基本概念和特点

IPv6（Internet Protocol Version 6）是 IETF（Internet Engineering Task Force，互联网工程任务组）设计的用于替代现行版本 IP 协议（IPv4）的下一代 IP 协议。由于 IPv4 网络地址资源有限，严重制约了互联网的应用和发展。特别是在作为 Internet 延伸与扩展的物联网中，IP 地址缺乏成为制约企业物联网建设的关键因素之一，而 IPv6 协议的出现给这一问题的解决提供了途径。IPv6 的使用，不仅能解决网络地址资源数量的问题，而且也解决了多种接入设备连入互联网的障碍。

IPv6 的设计思想是对 IPv4 加以改进，而不是对其完全否定。在 IPv4 中运行良好的功能在 IPv6 中都给予保留，而在 IPv4 中不能或很少使用的功能则被去掉。为适应实际应用的要求，在 IPv6 中增加了一些必要的新功能。IPv6 的主要特点如下：

（1）扩展的地址和路由选择功能。IP 地址长度由 32 位增加到了 128 位，可支持数量大得多的可寻址节点、更多级的地址层次和较为简单的地址自动配置，改进了多目的地址路由选择的规模可调性，因为在多目地址中增加了一个"Scope"字段。

（2）定义了任一成员（anycast）地址，用来标识一组接口，在不会引起混淆的情况下称"任播地址"，发往这种地址的分组将只发给由该地址所标识的一组接口中的一个成员。

（3）简化的首部格式。IPv4 首部的某些字段被取消或改为可选项，以减少报文分组处理过程中常用情况的处理费用，并使得 IPv6 首部的带宽开销尽可能低。虽然 IPv6 地址长度是 IPv4 地址的 4 倍，IPv6 首部的长度只有 IPv4 首部的 2 倍。

（4）支持扩展首部和选项。IPv6 的选项放在单独的首部中，位于报文分组中 IPv6 首部和传送层首部之间，因为大多数 IPv6 选项首部不会被报文分组投递路径上的任何路由器检查和处理，直至其到达最终目的地。这种组织方式有利于改进路由器在处理包含选项的报文分组时的性能。IPv6 的另一改进是其选项与 IPv4 不同，可具有任意长度，不限于 40 字节。

（5）支持验证和隐私权。IPv6 定义了一种扩展，可支持权限验证和数据完整性。这一扩展是 IPv6 的基本内容，要求所有的实现必须支持这一扩展。IPv6 还定义了一种扩展，借助于加密支持保密性要求。

（6）支持自动配置。IPv6 支持多种形式的自动配置，从孤立网络节点地址的"即插即用"自动配置，到 DHCP 提供的全功能的设施。

（7）服务质量能力。IPv6 增加了一种新的能力，如果某些报文分组属于特定的工作流，发送者要求对其给予特殊处理，则可对这些报文分组加标号，例如非缺省服务质量通信业务或实时服务。

基于以上改进和新的特征，IPv6 为互联网换上了一个简捷、高效的引擎，不仅可以解决 IPv4 目前的地址短缺难题，而且可以使国际互联网摆脱日益复杂、难以管理和控制的局面，变得更加稳定、可靠、高效和安全。

2.5.2 IPv6 地址表示方法和类型

2.5.2.1 表示方法

IPv6 的地址长度为 128 位，是 IPv4 地址长度的 4 倍，所以 IPv4 点分十进制格式不再适用，应采用十六进制表示。IPv6 有 3 种表示方法：

1. 冒分十六进制表示法

格式为

X:X:X:X:X:X:X:X

其中每个 X 表示地址中的 16 位，以十六进制表示，前 3 个 X 表示的是全球前缀，第 4 个 X 表示子网，第 5~8 个 X 表示接口 ID。例如：

ABCD:EF01:2345:6789:0123:4567:89AB:CDEF

这种表示法中，每个 X 的前导 0 是可以省略的，例如：

4301:0CA6:0000:0056:0004:0930:410C:825A→ 4301:CA6:0:56:4:930:410C:825A

2. 0 位压缩表示法

在某些情况下，一个 IPv6 地址中间可能包含很长的一段 0，可以把连续的一段 0 压缩为 "::"。但为保证地址解析的唯一性，地址中 "::" 只能出现一次，例如：

CD01:0:0:0:0:0:0:1101 → CD01::1101

0:0:0:0:0:0:0:1 → ::1

0:0:0:0:0:0:0:0 → ::

3. 内嵌 IPv4 地址表示法

为了实现 IPv4 与 IPv6 互通，IPv4 地址会嵌入 IPv6 地址中，此时地址常表示为：

X:X:X:X:X:X:d.d.d.d

前 96 位采用冒分十六进制表示，而后 32 位地址则使用 IPv4 的点分十进制表示，例如::192.168.0.1 与::FFFF:192.168.0.1 就是两个典型的例子。注意在前 96 位中，压缩 0 位的方法依旧适用。

2.5.2.2 地址类型

IPv6 协议主要定义了三种地址类型：单播地址（Unicast Address）、组播地址（Multicast Address）和任播地址（Anycast Address）。与原来 IPv4 地址类型相比，新增了"任播地址"类型，取消了 IPv4 地址中的广播地址，因为 IPv6 中的广播功能是通过组播来完成的。

1. 单播地址

单播地址用来唯一标识一个接口，类似于 IPv4 中的单播地址。发送到单播地址的数据报文将被传送给此地址所标识的一个接口。

（1）全局单播地址。等同于 IPv4 中的公网地址，可以在 IPv6 Internet 上进行全局路由和访问。这种地址类型允许路由前缀的聚合，从而限制了全球路由表项的数量。

（2）本地单播地址。链路本地地址和唯一本地地址都属于本地单播地址。链路本地地址（FE80::/10）：仅用于单个链路（链路层不能跨 VLAN），不能在不同子网中路由。节点使用链路本地地址与同一个链路上的相邻节点进行通信。例如，在没有路由器的单链路 IPv6 网络上，主机使用链路本地地址与该链路上的其他主机进行通信。唯一本地地址（FC00::/7）：是本地全局的地址，它应用于本地通信，但不通过 Internet 路由，将其范围限制为组织的边界，目前已经被取消。

（3）兼容性地址。在 IPv6 的转换机制中还包括了一种通过 IPv4 路由接口以隧道方式动态传递 IPv6 包的技术，这样的 IPv6 节点会被分配一个在低 32 位中带有全球 IPv4 单播地址的 IPv6 全局单播地址。另有一种嵌入 IPv4 的 IPv6 地址，用于局域网内部，这类地址用于把 IPv4 节点当作 IPv6 节点。此外，还有一种称为"6to4"的 IPv6 地址，用于 Internet 中同时运行 IPv4 和 IPv6 的两个节点之间进行通信。

（4）特殊地址。包括未指定地址和环回地址。未指定地址（0:0:0:0:0:0:0:0 或 ::）仅用于表示某个地址不存在，它等价于 IPv4 未指定地址 0.0.0.0。未指定地址通常被用作初始化主机时，在主机未取得自己的地址以前，可在它发送的任何 IPv6 包的源地址字段放上未指定地址。它永远不会被指派给某个接口或用作目标地址。环回地址（0:0:0:0:0:0:0:1 或 ::1）用于标识环回接口，允许节点将数据包发送给自己。它等价于 IPv4 环回地址 127.0.0.1。发送到环回地址的数据包永远不会发送给某个链路，也永远不会通过 IPv6 路由器转发。

2. 组播地址

组播地址用来标识一组接口（通常这组接口属于不同的节点），类似于 IPv4 中的组播地址。发送到组播地址的数据报文被传送给此地址所标识的所有接口。IPv6 节点可以同时侦听多个组播地址，也可以随时加入或离开组播组。IPv6 组播地址的最明显特征就是最高的 8 位固定为 1111 1111。IPv6 地址很容易区分组播地址，因为它总是以 FF 开始的。

3. 任播地址

一个 IPv6 任播地址与组播地址一样也可以识别多个接口，对应一组接口的地址。大多数情况下，这些接口属于不同的节点。与组播地址不同的是，发送到任播地址的数据包被送到由该地址标识的其中一个接口。

通过合适的路由拓扑，目的地址为任播地址的数据包将被发送到单个接口（该地址识别的最近接口，最近接口定义的根据是路由距离最近），而组播地址用于一对多通信，发送到多个接口。一个任播地址不能用作 IPv6 数据包的源地址，也不能分配给 IPv6 主机，仅可以分配给 IPv6 路由器。

IP 协议的优势体现在以下几个方面：

（1）开放性。IP 协议由 IETF（互联网工程任务组）负责规范，使得 IP 协议具有了开放性的特点，该特点为 IP 协议的应用提供了广阔的空间。

（2）轻量级。各种轻量级 IP 协议栈的发布，为 IP 协议的推广应用奠定了坚实基础，可支持多种不同的应用场合。

（3）稳定性。在全球范围内 IP 协议得到广泛使用，这与其架构本身所具备的稳定性有着密不可分的关联。

（4）可扩展性。IPv6 协议有着大量的地址空间，物联网连接的所有设备都能够分配到一个相应的 IP 地址。

同时，IP 可以为网络设备之间提供通信，整个过程无须转换网关，也不需要配置中间协议。正是因为 IP 协议所具备的上述特点和优势，使其在物联网建设中发挥着不可替代的作用，也奠定了不可动摇的地位。

2.5.3　IPv6 数据报格式

IPv6 报文的整体结构分为 IPv6 基本报头、扩展报头和上层协议数据 3 部分。IPv6 基本报头是必选报文头部，长度固定为 40 Byte（字节），包含该报文的基本信息。扩展报头是可选报头，可能存在 0 个、1 个或多个，IPv6 协议通过扩展报头实现各种丰富的功能。上层协议数据是该 IPv6 报文携带的上层数据，可能是 ICMPv6 报文、TCP 报文、UDP 报文或其他可能报文。

IPv6 的基本报头结构如图 1-2-17 所示。

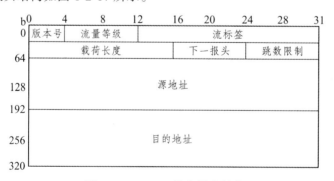

图 1-2-17　IPv6 基本报头结构

（1）版本号（Version）。用来表示 IP 数据报使用的是 IPv6 协议封装，占 4 位，对应值为 6（0110）。

（2）流量等级。占 8 位，主要用于 QoS（服务质量）控制。

（3）流标签（Flow Label）。IPv6 数据报中新增的一个字段，占 20 位，可用来标记报文的数据流类型，以使在网络层区分不同的报文。

（4）载荷长度（Payload Length）。指 IPv6 基本报头之后，报文分组其余部分的长度，以字节为单位。为了允许大于 64 KB 的负荷，如本字段的值为 0，则实际的报文分组长度将存放在逐个路段（Hop-by-Hop）选项中。

（5）下一报头（Next Header）。标识紧接在 IPv6 首部之后的下一报头的类型。下一报头字段使用与 IPv4 协议相同的值。

（6）跳数限制（Hop Limit）。转发报文分组的每个节点会将此值减 1，如果该字段的值减小到 0，则将此报文分组丢弃。

（7）源地址。报文分组起始发送者的地址，占 128 位。

（8）目的地址。报文分组预期接收者的地址，占 128 位。

在 IPv6 中，Internet 层选项信息存放在单独的报头中，位于报文分组的 IPv6 报头和传输层报头之间。现已定义了几种扩展报头，各由一个下一报头值来标识，包括逐个路段路由选择、分片、验证、隐私权和端到端（End-to-End）等选项报头，如图 1-2-18 所示。

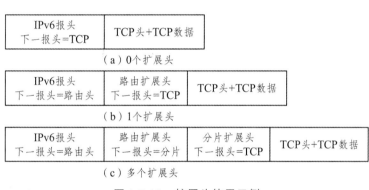

图 1-2-18　扩展头使用示例

2.5.4　IPv4 和 IPv6 共存局面

IPv6 不可能立刻替代 IPv4，因此在相当一段时间内 IPv4 和 IPv6 会共存在网络中。为了实现平稳的转换过程，使得对现有的使用者影响最小，就需要有良好的转换机制。IPv6 有一系列方案可以使过渡期的网络顺利地运行下去。在这里主要介绍隧道和双栈两种技术。

1. 隧道技术

隧道技术就是必要时将 IPv6 数据包作为数据封装在 IPv4 数据包里，使 IPv6 数据包能在已有的 IPv4 路由器上传输的技术。随着 IPv6 的发展，出现了一些被运行 IPv4 协议的骨干网络隔离开的局部 IPv6 网络，为了实现这些 IPv6 网络之间的通信，必须采用隧道技术。隧道对于源站点和目的站点是透明的，在隧道的入口处，路由器将 IPv6 的数据分组封装在 IPv4 中，该 IPv4 分组的源地址和目的地址分别是隧道入口和出口的 IPv4 地址，在隧道出口处，再将 IPv6 分组取出转发给目的站点。由于 IPv4 网络把 IPv6 数据当作无结构、无意义的数据传输，因此不提供帧自标示能力，所以只有在 IPv4 连接双方都同意时才能交换 IPv6 分组，否则收方会将

IPv6 分组当成 IPv4 分组而造成混乱。

隧道技术的优点在于隧道的透明性。IPv6 主机之间的通信可以忽略隧道的存在，隧道只起到物理通道的作用。隧道技术在 IPv4 向 IPv6 演进的初期应用非常广泛。但是，隧道技术不能实现 IPv4 主机和 IPv6 主机之间的通信。

2. IPv6/IPv4 双协议栈技术

双栈机制就是使 IPv6 网络节点具有一个 IPv4 栈和一个 IPv6 栈，同时支持 IPv4 和 IPv6 协议。IPv6 和 IPv4 是功能相近的网络层协议，两者都应用于相同的物理平台，并承载相同的传输层协议 TCP 或 UDP，如果一台主机同时支持 IPv6 和 IPv4 协议，那么该主机就可以和仅支持 IPv4 或 IPv6 协议的主机通信。

2.6 常用网络测试命令

在进行各类网络实验和网络故障排除时，经常需要用到相应的测试工具。网络测试工具基本上分为两类：专用测试工具和系统集成的测试命令。其中，专用测试工具虽然功能强大，但价格较为昂贵，主要用于对网络的专业测试。对于网络实验和平时的网络维护来说，只需要熟练掌握由系统（操作系统和网络设备）集成的一些测试命令，就可以判断网络的工作状态和常见的网络故障。我们以 Windows 7 版本为例，介绍一些常见命令的使用方法。

2.6.1 ping 命令

ping 是网络连通测试命令，是一种常见的网络程序。用这种程序可以测试端到端的连通性，即检查源端到目的端的网络是否通畅。ping 命令的原理很简单，就是通过源端计算机发送一些含有 Internet 控制信息协议（ICMP）的网络包，然后接收从目的端返回的这些包的响应，以校验与远程计算机或本地计算机的连接情况。对于每个发送网络包，ping 最多等待 1 s 并显示发送和接收网络包的数量，比较每个接收网络包和发送网络包，以校验其有效性。默认情况下，ping 发送 4 个网络包。由于该命令的包长非常小，所以在网上传递的速度非常快，可以快速地检测要去的站点是否可达，如果在一定的时间内收到响应，则程序返回从包发出到收到的时间间隔，这样根据时间间隔就可以统计网络的延迟。如果在一定时间间隔内没有收到网络包的响应，则认为包丢失，返回请求超时的结果。这样，如果用 ping 命令一次发送一定数量的包，然后检查收到相应包的数量，则可统计出端到端网络的丢包率，而丢包率是检验网络质量的重要参数。

1. 命令格式

ping 主机名

ping 域名

ping IP 地址

图 1-2-19　主机连通性测试

如图 1-2-19 所示，使用 ping 命令检查了 IP 地址 210.43.16.17 的计算机的连通性，共发送了 4 个测试数据包，正确接收到 4 个数据包，结果为连接正常。

从返回测试数据包可知，"bytes=32"表示测试中发送的数据包大小是 32 Byte，"time<1 ms"表示与对方主机往返一次所用的时间小于 1 ms，"TTL=127"表示到达目的服务器经过了一个节点（系统默认值为 128）。测试结果表明连接正常，没有丢失数据包，响应很快。对于局域网的连接，数据包丢失越少，往返时间越小，则越正常；如果数据包丢失率高，响应时间非常慢，或者各数据包不按次序到达，那么就需要检查网络环境。

如果 ping 命令失败了，其显示的出错信息是很有帮助的，可以指导下一步的测试计划。ping 命令的出错信息通常分为三种情况：

（1）unknown host（不知名主机）：表示该远程主机的名字不能被 DNS（域名服务器）转换成 IP 地址。网络故障可能为 DNS 有故障，或者其名字不正确，或者网络管理员的系统与远程主机之间的通信线路有故障。

（2）network unreachable（网络不能到达）：指本地系统没有到达远程系统的路由，可用 netstat-rn 检查路由表来确定路由配置情况。

（3）no answer（无响应）：远程系统没有响应。这种故障说明本地系统有一条到达远程主机的路由，但却接收不到它发给该远程主机的任何报文。这种故障可能是：远程主机没有工作，本地或远程主机网络配置不正确，本地或远程的路由器没有工作，通信线路有故障，或者远程主机存在路由选择问题。

（4）Request time out：如果在指定时间内没有收到应答网络包，则 ping 就认为该计算机不可达。网络包返回时间越短，Request time out 出现的次数越少，则意味着此计算机连接的网络稳定和速度快。

2. ping 命令的基本应用

一般情况下，用户可以通过使用 ping 命令来定位网络问题，或检验网络运行的情况。一般检测次序及分析如下：

1）ping 127.0.0.1

如果测试成功，表明网卡、TCP/IP 协议、IP 地址、子网掩码的设置正常。如果测试不成功，应依次检查前述选项。

2）ping 本机 IP 地址

如果测试不成功，则表示本地配置或安装存在问题，应当对网络设备和通信介质进行测试、检查并排除。

3）ping 局域网内其他 IP

如果测试成功，表明本地网络中的网卡和载体运行正确。但如果未收到回送应答，那么表示子网掩码不正确、网卡配置错误或电缆系统有问题。

4）ping 网关 IP

这个命令如果应答正确，表示局域网中的网关路由器正在运行并能够做出应答。

5）ping 远程 IP

如果收到正确应答，则表示成功地使用了缺省网关。对于拨号上网用户则表示能够成功的访问 Internet（但不排除 ISP 的 DNS 会有问题）。

6）ping localhost

local host 是系统的网络保留名，它是 127.0.0.1 的别名，每台计算机都应该能够将该名字转换成该地址。否则，则表示主机文件（/Windows/host）中存在问题。

7）ping www.yahoo.com（一个著名网站域名）

对此域名执行 ping 命令，计算机必须先将域名转换成 IP 地址，通常是通过 DNS 服务器。如果这里出现故障，则表示本机 DNS 服务器的 IP 地址配置不正确，或它所访问的 DNS 服务器有故障。

如果上面所列出的所有 ping 命令都能正常运行，那么计算机就能进行本地和远程通信了。但是，这些命令的成功并不表示用户所有的网络配置都没有问题。例如，某些子网掩码错误就可能无法用上面这些方法检测到。

3. ping 命令的常用参数选项

ping IP -t：连续对 IP 地址执行 ping 命令，直到被用户以【Ctrl+C】中断。

ping IP -l 2000：指定 ping 命令中的特定数据长度（此处为 2 000 B），而不是缺省的 32 字节。

ping IP -n 20：执行特定次数（此处是 20）的 ping 命令。

注意：随着防火墙功能在网络中的广泛使用，当用户 ping 其他主机或其他主机 ping 用户的主机而显示主机不可达时，不要草率地下结论，最好与对某台设置良好主机的 ping 结果进行对比。

2.6.2　ipconfig 命令

ipconfig 提供接口的基本配置信息。它对于检测 IP 地址、子网掩码和广播地址是很有用的。

ipconfig 程序采用 Windows 窗口的形式来显示 IP 协议的具体配置信息，如果 ipconfig 命令后面不跟任何参数直接运行，程序将会在窗口中显示网络适配器的物理地址、主机的 IP 地址、子网掩码以及默认网关等，还可以查看主机的相关信息，如：主机名、DNS 服务器、节点类型等。其中网络适配器的物理地址在检测网络错误时非常有用。

下面给出最常用的使用文法：

（1）ipconfig：当使用不带任何参数选项 ipconfig 命令时，显示主机每个已经配置了的接口的 IP 地址、子网掩码和缺省网关值，如图 1-2-20 所示。

图 1-2-20　运行 ipconfig 命令结果窗口

（2）ipconfig /all：当使用 all 选项时，ipconfig 能为 DNS 和 Windows 服务器显示它已配置且所有使用的附加信息，并且能够显示内置于本地网卡中的物理地址（MAC）。如果 IP 地址是从 DHCP 服务器租用的，ipconfig 将显示 DHCP 服务器分配的 IP 地址和租用地址预计失效的日期。图 1-2-21 所示为运行 ipconfig /all 命令的结果窗口。

图 1-2-21　运行 ipconfig /all 命令结果窗口

（3）ipconfig /release 和 ipconfig /renew：这两个附加选项，只能在向 DHCP 服务器租用 IP 地址的计算机上使用。如果输入 ipconfig/release，那么所有接口的租用 IP 地址便重新交付给

DHCP 服务器（归还 IP 地址）。如果输入 ipconfig /renew，那么本地计算机便设法与 DHCP 服务器取得联系，并租用一个 IP 地址。大多数情况下网卡将被重新赋予和以前相同的 IP 地址，如图 1-2-22 所示。

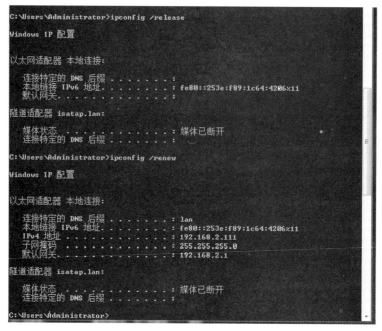

图 1-2-22　运行 ipconfig/release 和 ipconfig/renew 命令结果窗口

2.6.3　arp 命令（地址转换协议）

ARP（地址解析协议）是 TCP/IP 协议族中的一个重要协议，用于确定对应 IP 地址的网卡物理地址。

使用 arp 命令，能够查看本地计算机或另一台计算机的 ARP 高速缓存中的当前内容。此外，使用 arp 命令可以人工方式设置静态的网卡物理地址-IP 地址对，使用这种方式可以为缺省网关和本地服务器等常用主机进行本地静态配置，这有助于减少网络上的信息量。

按照缺省设置，ARP 高速缓存中的项目是动态的，每当向指定地点发送数据并且此时高速缓存中不存在当前项目时，ARP 便会自动添加该项目。

常用命令选项如下：

（1）arp-a：用于查看高速缓存中的所有项目，如图 1-2-23 所示。

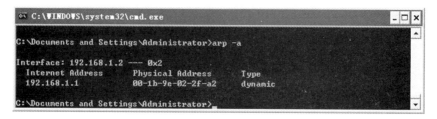

图 1-2-23　查看高速缓存中所有项目的结果窗口

（2）arp -a IP：如果有多个网卡，那么使用 arp -a 加上接口的 IP 地址，就可以只显示与该接口相关的 ARP 缓存项目。

（3）arp -s IP 物理地址：向 ARP 高速缓存中输入一个静态项目。该项目在计算机引导过程中将保持有效状态，或者在出现错误时，人工配置的物理地址将自动更新该项目。

（4）arp -d IP：使用本命令能够删除一个静态项目。

2.6.4　tracert 命令

tracert 是 TCP/IP 网络中的一个路由跟踪实用程序，用于确定 IP 数据包访问目标主机所经过的路径。通过 tracert 命令所显示的信息，既可以掌握一个数据包信息从本地主机到达目标主机所经过的路由，还可以了解网络阻塞发生在哪个环节，为网络管理和系统性能分析及优化提供依据。

发送一系列 ICMP（控制报文协议）数据包到目的地时，前 3 个数据包的 F 值设置为 1，以后每 3 个数据包为一组，都使 TTL 增加 1。因为路由器要将 TTL 值减 1，则第一个数据包只能到达第一个路由器，路由器就发送 ICMP 应答到源主机，通知 TTL 已超时。这就使得 tracert 命令可以在日志中记录第一个路由器的 IP 地址。然后 TTL 值为 2 的第二组数据包沿路由到达第二个路由器，TTL 也超时，另一个 ICMP 应答发送到源主机。这个过程一直继续下去，直到得到目的主机的回答，或者是 TTL 达到了最大值 30 为止。使用 tracert 的命令行语法如下：

tracert [-d] [-h maximum_hops] [-j host-list] [-w timeout] target_name

此格式中各选项的意义如下：

-d：指定 tracert 不要将 IP 地址解析为主机名。

-h：指定最大转接次数（实际上指定了最大的 TTL 值）。

-j：允许用户指定非严格源路由主机（和 ping 相同，最大值为 9）。

-w：指定超时值，以毫秒为单位。

target-name：即目标，可以是主机名或 IP 地址。

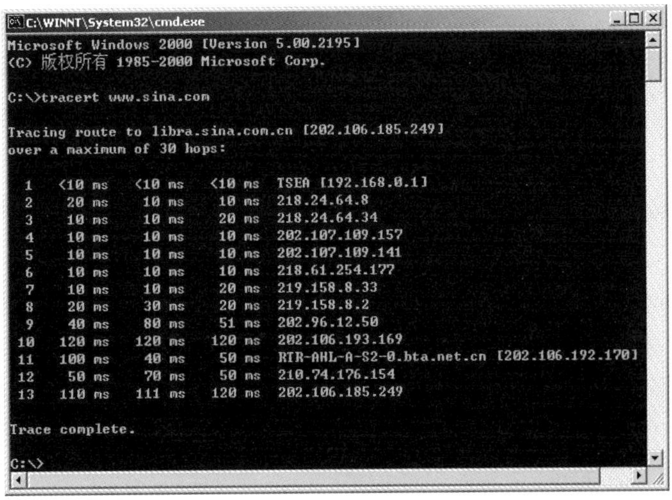

图 1-2-24　Tracert 目标网络结果窗口

图 1-2-24 中 tracert 命令显示出所经每一站路由器的反应时间、站点名称、IP 地址等重要信息，从中可判断哪个路由器最影响网络访问速度。tracert 最多可以展示 30 个"跳步（hops）"。

本章小结

人们在日常生活和工作学习中，都在不知不觉地遵守一定的约定，例如几个人聊天会围绕一个共同的话题，几个人玩游戏会遵守同一个规则。如果某个人对这个话题不了解或不按照游戏规则来玩游戏的话，那他便不能参与其中。同样的，计算机网络中计算机与计算机之间的交流也必须遵守一些事先约定好的规则，如果某台计算机不遵守这一规则，则该计算机就不能与其他计算机交流，用网络术语来说就是不能进行数据交换。为了使计算机之间能够顺利地进行交流，人们为其制定了相应的规则，即计算机网络的体系结构。

本章简要介绍了计算机网络协议诞生的过程，系统介绍了计算机网络体系结构的概念和内容，包括分层原理和网络协议，ISO 的开放式系统互联参考模型（OSI/RM），以及 OSI/RM 各层的功能及各层协议。同时，在介绍 TCP/IP 的基本概念和分层模型的基础上，对 OSI 与 TCP/IP 进行了比较。

通过对 IPv4 编址方法的学习，使读者对 IP 地址的格式及分类、网络掩码和子网的划分、网络地址和主机地址的计算有了更深一步的理解。最后介绍了 IPv6 的产生原因和发展历程，IPv6 协议的地址描述规则和类型，以及 IPv6 协议与 IPv4 协议共存的主要方式，为以后计算机网络规划打下了坚实的基础。

习 题

一、填空题

1. 传输层协议包括＿＿＿＿和＿＿＿＿，TFTP（简单文件传输协议）采用＿＿＿＿进行传输。

2. 根据国际标准，OSI 模型分为＿＿＿＿层，TCP/IP 模型分为＿＿＿＿层。

3. 对 IPv4 地址来说，＿＿＿＿类地址是组播地址。

4. ＿＿＿＿协议用于发现设备的硬件地址。

5. 10.254.255.19/255.255.255.248 的广播地址是＿＿＿＿。

6. 常用的 IP 地址有 A、B、C 三类，128.11.3.31 是一个＿＿＿＿类 IP 地址，其网络标识为＿＿＿＿，主机标识为＿＿＿＿。

7. IPv4 的数据报固定首部长度为＿＿＿＿字节，而 IPv6 的数据报固定首部长度为＿＿＿＿字节。

8. 数据封装在物理层称为＿＿＿＿，在链路层称为＿＿＿＿，在网络层称为＿＿＿＿，在传输层称为＿＿＿＿。

9. IP 地址的主机部分如果全为 1，则表示＿＿＿＿地址，IP 地址的主机部分若全为 0，则表示_____地址，127.0.0.1 被称作_____地址。

10. ping 命令是通过_____协议来实现的。

11. 一个 B 类网络，有 5 位掩码加入缺省掩码用来划分子网，每个子网最多_____台主机。

二、选择题

1. 网络流量控制一般是靠改变什么来实现的？（　　　）。

A. 发送窗口大小　　　B. 接收窗口大小　　　C. 网络吞吐量　　　D. 缓存容量

2. 双绞线由两个具有绝缘保护层的铜导线按一定密度互相绞在一起组成，这样可以（　　　）。

A. 降低成本　　　　　　　　　　　B. 降低信号干扰的程度

C. 提高传输速度　　　　　　　　　D. 无任何作用

3. 一个快速以太网交换机的端口速率为 100 Mb/s，若该端口可以支持全双工传输数据，那么该端口实际的传输带宽为（　　　）。

A. 100 Mb/s　　　　　B. 150 Mb/s　　　　　C. 200 Mb/s　　　　　D. 1 000 Mb/s

4. 高层互联是指传输层及其以上各层协议在不同的网络之间的互联。实现高层互联的设备是（　　　）。

A. 中继器　　　　　B. 网桥　　　　　C. 路由器　　　　　D. 网关

5. 无连接的服务是哪一层的服务？（　　　）。

A. 物理层　　　　　B. 数据链路层　　　　　C. 网络层　　　　　D. 高层

6. 在使用网络中，CSMA / CD 常采用哪种方式？（　　　）。

A. 1 坚持　　　　　B. P 坚持　　　　　C. 非坚持　　　　　D. 都不是

7. FTP 是 TCP/IP 协议簇的（　　　）协议。

A. 网络层　　　　　B. 运输层　　　　　C. 应用层　　　　　D. 网络接口层

8. 若两台主机在同一子网中，则两台主机的 IP 地址分别与它们的子网掩码相"与"的结果一定（　　　）。

A. 为全 0　　　　　B. 为全 1　　　　　C. 相同　　　　　D. 不同

9. 10 Mb/s 和 100 Mb/s 自适应系统是指（　　　）。

A. 既可工作在 10 Mb/s，也可工作在 100 Mb/s

B. 既工作在 10 Mb/s，同时也工作在 100 Mb/s

C. 端口之间 10 Mb/s 和 100 Mb/s 传输率的自动匹配功能

D. 以上都是

10. 下面哪些子网掩码常用作串口掩码？（　　　）

A. 255.255.255.192　　　　　　　　B. 255.255.255.224

C. 255.255.255.240　　　　　　　　D. 255.255.255.252

11. 下列地址哪些是可能出现在公网上的？（　　　）

A. 10.2.57.254　　　　　　　　　　B. 168.254.25.4

C. 172.26.45.52　　　　　　　　　　D. 192.168.6.5

三、简答题

1. 常用的 TCP/IP 应用层协议有哪些？

2. 简述 ARP 中将 IP 地址映射为 MAC 地址的运作过程。

3. UDP 和 TCP 最大的区别是什么？

4. 为何大多数通信网中的设备仅包含 OSI 模型中的下三层？

四、计算题

1. 若网络中 IP 地址为 131.55.223.75 的主机的子网掩码为 255.255.224.0，IP 地址为 131.55.213.73 的主机的子网掩码为 255.255.224.0，问这两台主机属于同一子网吗？为什么？

2. IP 地址为 192.72.20.111，属 A、B、C 中的哪类地址？子网掩码选为 255.255.255.224，是否有效？有效的 IP 地址范围是什么？

3. 168.1.88.10 是哪类 IP 地址？它的默认网络掩码是多少？如果对其进行子网划分，子网掩码是 255.255.240.0，请问有多少个子网？每个子网有多少个主机地址可以用？

第 3 章　局域网技术基础

局域网（Local Area Network，LAN）是将局部范围内的各种通信设备互联在一起实现相互间数据传输和资源共享的通信网络。

局域网的主要技术特点有：

（1）地理分布范较小，一般为数百米至数千米，可覆盖一幢大楼、一所校园或一个企业。它适用于公司、机关、校园等有限范围内的计算机联网的需求。

（2）数据传输速率高，一般为 0.1~100 Mb/s，目前已出现速率高达 1 000 Mb/s 的局域网。可交换各类数字和非数字（如语音、图像、视频等）信息。

（3）误码率（错误接收的码元数/传输的码元总数 ）低，一般在 10^{-11} 以下。这是因为局域网通常采用短距离基带传输，可以使用高质量的传输媒体，从而提高了数据传输质量。

（4）以 PC 机为主体，包括终端及各种外设，网中一般不设中央主机系统。

（5）一般包含 OSI 参考模型中的低三层功能，即涉及通信子网的内容。

局域网已经成为计算机网络中最常用的形式，所连接的计算机数量远比其他网络类型多。局域网之所以应用如此广泛，主要有两方面的原因：一是在经济方面，局域网技术成本低廉且简单实用；二是在访问局部性原理方面，不仅计算机与邻近计算机通信的可能性比与远离的计算机通信的可能性大（物理访问的局部性），而且计算机很有可能与同一台计算机重复通信（临时访问的局部性）。

3.1　局域网体系结构与标准

局域网的标准化工作，能使不同生产厂家的局域网产品之间有更好的兼容性，以适应各种不同型号计算机的组网需求，并有利于产品成本的降低。

国际上从事局域网标准化工作的机构主要有国际标准化组织 ISO、美国电气与电子工程师学会 IEEE 的 802 委员会、欧洲计算机制造商协会 ECMA. 美国国家标准局 NBS、美国电子工业协会 EIA. 美国国家标准化协会 ANSI 等。

IEEE（电子电气工程师协会）在 1980 年 2 月成立了局域网标准化委员会（IEEE 802 委员会），专门从事局域网的协议制定，为局域网制定的一系列标准，统称为 IEEE 802 标准。该标准已被国际标准化组织 ISO 采纳，作为局域网的国际标准系列，称为 ISO 802 标准。

由于在 IEEE 802 成立之前，已有采用了不同的传输介质和拓扑结构的局域网的存在，这些局域网采用不同的介质访问控制方式，各有特点和适用场合。IEEE 802 无法用统一的方法取代它们，只能允许其存在。因而为每种介质访问方式制定一个标准，从而形成了多种介质控制（Media Access Control，MAC）协议，具体的标准如表 1-3-1 所示。

表 1-3-1 IEEE 802 局域网系列主要标准

序号	标准	描　　述
1	IEEE 802.1	定义了局域网体系结构、网络互联、网络管理和性能测试
2	IEEE 802.2	定义了逻辑链路控制 LLC 子层功能与服务
3	IEEE 802.3	定义了 CSMA/CD 总线介质访问控制子层与物理层规范
4	IEEE 802.4	定义了令牌总线（Token Bus）介质访问控制子层与物理层规范
5	IEEE 802.5	定义了令牌环（Token Ring）介质访问控制子层与物理层规范
6	IEEE 802.6	定义了城域网 MAN 介质访问控制子层与物理层规范
7	IEEE 802.7	定义了宽带网络技术
8	IEEE 802.8	定义了光纤传输技术
9	IEEE 802.9	定义了综合语音与数据局域网（IVD LAN）技术
10	IEEE 802.10	定义了可互操作的局域网安全性规范（SILS）
11	IEEE 802.11	定义了无线局域网技术
12	IEEE 802.12	定义了优先级要求的访问控制方法
13	IEEE 802.13	未使用
14	IEEE 802.14	定义了交互式电视网
15	IEEE 802.15	定义了无线个人局域网（WPAN）的 MAC 子层和物理层规范
16	IEEE 802.16	定义了宽带无线访问网络

由于局域网只是通信网络，且不存在路由问题，所以不需要网络层，只需要物理层和数据链路层，如图 1-3-1 所示。但由于局域网种类繁多，接入和控制的方法也各不相同，所以为了使数据链路层不至于过于复杂，将其划分为两个子层：媒体访问控制子层（MAC）和逻辑链路控制子层（LLC）。

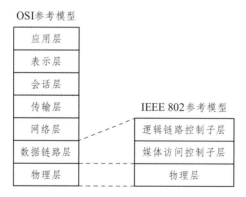

图 1-3-1　IEEE 802 与 OSI 参考模型的关系图

下面分别介绍一下局域网体系结构中每层各自的主要作用。

1. 物理层

局域网体系结构中的物理层和计算机网络 OSI 参考模型中物理层的功能一样，主要处理物理链路上传输的比特流，实现比特流的传输与接收、同步前序的产生和删除；建立、维护、撤销物理连接，处理机械、电气和过程的特性。

2. 媒体访问控制子层

MAC 子层负责介质访问控制机制的实现，即处理局域网中各站点对共享通信介质的争用问题，不同类型的局域网通常使用不同的媒体访问控制协议，另外 MAC 子层还涉及局域网中的物理寻址。

3. 逻辑链路控制子层

LLC 子层负责屏蔽掉 MAC 子层的不同实现，将其变成统一的 LLC 界面，从而向网络层提供一致的服务。LLC 子层在 IEEE 802.2 标准中定义，并且是 IEEE802.3、IEEE802.4 和 IEEE802.5 等标准的基础标准。而 MAC 子层协议则依赖于各标准自己规定的物理层。在 IEEE 802 系列标准中规定了无连接 LLC 和面向连接 LLC 两种类型的逻辑链路服务。

在无连接 LLC 的操作中，链路服务是一种数据报服务，信息帧在 LLC 实体间交换，无须在同等层实体间事先建立逻辑链路；对这种 LLC 帧既不确认，也无任何流量控制或差错恢复，支持点对点、多点和广播式通信。在面向连接 LLC 的操作中，提供服务访问点之间的虚电路服务，在任何信息帧交换前，在一对 LLC 实体间必须建立逻辑链路；在数据传送过程中，信息帧依次发送，并提供差错恢复和流量控制功能。

局域网体系结构中的 LLC 子层和 MAC 子层共同完成类似于 OSI 参考模型中数据链路层的功能，将数据组成帧进行传输，并对数据帧进行顺序控制、差错控制和流量控制，使不可靠的链路变为可靠的链路。

3.2 局域网传输介质和拓扑结构

决定局域网特性的三种主要技术要素包括用以传输数据的传输介质，用以连接各种设备的拓扑结构和用以共享资源的介质访问控制方法。这三种要素在很大程度上决定了传输数据的类型、网络的响应时间、吞吐率和利用率，以及网络应用等各种网络特性。其中最重要的是介质访问控制方法，它对网络特性有着十分重要的影响。下面先来介绍一下局域网的传输介质。

3.2.1 传输介质

局域网的传输介质分为有线传输介质和无线传输介质。典型的有线传输介质有双绞线、同轴电缆和光纤。

1. 双绞线

双绞线是局域网中最常用的铜介质传输线缆。双绞线由 4 对 8 根线组成，两两绞在一起，目的是为了降低来自线路自身的电磁干扰。双绞线分为可屏蔽双绞线（STP）和非屏蔽双绞线

（UTP），如图 1-3-2 所示。

（a）屏蔽

（b）非屏蔽

图 1-3-2　屏蔽和非屏蔽双绞线示意图

目前 EIA/TIA(电气工业协会／电信工业协会)为双绞线电缆定义了七类不同质量的型号，计算机网络综合布线使用第三、四、五、六类。这七种型号如下：

第一类（CAT-1）：主要用于传输语音数据。

第二类（CAT-2）：传输频率为 1 MHz，用于语音传输和最高传输速率 4 Mb/s 的数据传输，常见于使用 4 Mb/s 规范令牌传递协议的旧的令牌环。

第三类（CAT-3）：指目前在 ANSI 和 EIA/TIA568 标准中指定的电缆。该电缆的传输频率为 16 MHz，用于语音传输及最高传输速率为 10 Mb/s 的数据传输，主要用于 10BASE-T 网络，目前已基本淘汰。

第四类（CAT-4）：该类电缆的传输频率为 20 MHz，用于语音传输和最高传输速率 16 Mb/s 的数据传输，主要用于基于令牌的局域网和 10BASE-T/100BASE-T，目前很少用于网络布线。

第五类（CAT-5）：该类电缆增加了绕线密度，外套一种高质量的绝缘材料，传输频率为 100 MHz，用于语音传输和最高传输速率 100 Mb/s 的数据传输，主要用于 100BASE-T 和 10BASE-T 网络，这是最常用的以太网电缆。

超五类：与普通 5 类双绞线相比，超 5 类双绞线在传送信号时衰减更小，抗干扰能力更强。使用超 5 类双绞线时，设备的受干扰程度只有使用普通 5 类线受干扰程度的 1/4，并且该类双绞线的全部 4 对线都能实现全双工通信。目前来说，超 5 类双绞线主要用于千兆以太网。

第六类（CAT-6）：该类电缆的传输频率为 1～250 MHz，六类布线系统在 200 MHz 时综合衰减串扰比（PS-ACR）应该有较大的余量，它提供两倍于超五类的带宽。六类布线的传输性能远远高于超五类标准，最适用于传输速率高于 1 Gb/s 的应用。六类线与超五类线的一个重要的不同点在于：改善了串扰以及回波损耗方面的性能，对于新一代全双工的高速网络应用而言，优良的回波损耗性能是极重要的。六类标准中取消了基本链路模型，布线标准采用星形的拓扑结构，要求的布线距离为：永久链路的长度不能超过 90 m，信道长度不能超过 100 m。

超六类（CAT-6A）：超六类线是六类线的改进版本，同样是 ANSI/EIA/TIA-568B.2 和 ISO 6 类/E 级标准中规定的一种非屏蔽双绞线电缆，主要应用于千兆位网络中。传输频率与六类线一样，也是 200~250 MHz，最大传输速度也可达到 1 000 Mb/s，只是在串扰、衰减和信噪比等方面有较大改善。

第七类：该类线是 ISO 7 类/F 级标准中最新的一种双绞线，主要是为了适应万兆位以太网技术的应用和发展。但该类线不再是一种非屏蔽双绞线了，而是一种屏蔽双绞线，所以它的传输频率至少可达 500 MHz，是六类线和超六类线的两倍以上，传输速率可达 10 Gb/s。

2. 同轴电缆

由同轴的内外两条导线构成，内导线是一根金属线，外导线是一条网状空心圆柱导体，内外导线有一层绝缘材料，最外层是保护性塑料外套，如图 1-3-3 所示。金属屏蔽层能将磁场反射回中心导体，同时也使中心导体免受外界干扰，故同轴电缆比双绞线具有更高的带宽和更好的噪声抑制特性。

同轴电缆主要分为两种，一种是 50 Ω 电缆，仅能传输数字信号，由于多用于基带传输，也叫作基带同轴电缆；另一种是 75 Ω 电缆，能传输数字信号和模拟信号，即宽带同轴电缆。同轴电缆的带宽取决于电缆长度，1 km 的电缆可以达到 1~2 Gb/s 的数据传输速率。还可以使用更长的电缆，但是传输率会降低或使用中间放大器。目前，同轴电缆大量被光纤取代，但仍广泛应用于有线电视和某些局域网。

图 1-3-3　同轴电缆结构示意图

3. 光纤

光导纤维（光纤）是软而细的、利用内部全反射原理来传导光束的传输介质，有单模和多模之分，如图 1-3-4 所示。光纤为圆柱状，由 3 个同心部分组成——纤芯、包层和护套，每一路光纤包括两根，一根用于接收，一根用于发送。

单模光纤使用的光波长为 1 310 nm 或 1 550 nm，由于完全避免了模式色散，使得单模光纤的传输频带很宽，因而适用于大容量、长距离的光纤通信。

多模光纤允许多束光线穿过光纤，工作波长为 850 nm、1 300 nm。由于具有色散或相差，因此这种光纤的传输性能较差，频带较窄，传输容量也比较小，距离比较短。

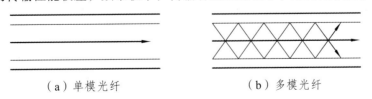

（a）单模光纤　　　　　　　　　（b）多模光纤

图 1-3-4　光纤的种类

与同轴电缆比较，光纤可提供极宽的频带且功率损耗小、传输距离长（2 km 以上）、传输速率高（可达每秒数千兆位）、抗干扰性强（不会受到电子监听），是构建安全性网络的理想选择。

在计算机网络中，无线传输可以突破有线网的限制，利用空间电磁波实现站点之间的通信，可为广大用户提供移动通信。最常用的无线传输介质有无线电波、微波和红外线。利用无线局域网络，机器可以通过发射机和接收机连接，不用敷设缆线就可以把网络搭建起来。

3.2.2 拓扑结构

对于局域网拓扑结构的选择，要先考虑采用何种媒体访问控制方法，因为特定的媒体访问控制方法一般仅适用于特定的网络拓扑结构；再考虑性能、可靠性、成本、扩充灵活性、实现的难易程度及传输媒体的长度等因素。

局域网常用的拓扑结构有总线型、环形、星形三种。

1. 总线型拓扑结构

总线型拓扑结构所有的接点都直接连在一条作为公共传输介质的总线上，如图 1-3-5 所示。总线通常采用同轴电缆作为传输介质，所有接点都可以通过总线发送或接收数据，但一段时间内只允许一个接点利用总线发送数据。当一个接点利用总线以"传播"方式发送信号时，其他接点都可以"收听"到所有发送的信号。

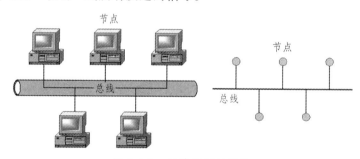

图 1-3-5　总线型拓扑结构

总线型拓扑结构的优点：结构简单，实现容易，易于安装和维护，可靠性较好，价格低。

总线型拓扑结构的缺点：传输介质故障难以排除，并且由于所有接点都直接连接在总线上，因此主干线的任何一处故障都会导致整个网络的瘫痪。

2. 环形拓扑结构

环形拓扑结构是由连接成封闭回路的网络节点组成的。在环形结构中，每个节点与它相邻两个节点连接，最终构成一个环，如图 1-3-6 所示。环中数据沿着一个方向绕环逐站传输，多个节点共享一条环通路。

环形拓扑结构的优点：电缆长度短，只需要将各节点逐次相连；由于光纤的传输速率很高，十分适合于环形拓扑的单方面传输；所有站点都能公平访问网络的其他部分，网络性能稳定。

环形拓扑结构的缺点：节点故障会引起全网故障；节点的加入和撤出过程复杂；介质访

问控制协议采用令牌传递的方式，在负载很轻时信道利用率相对较低。

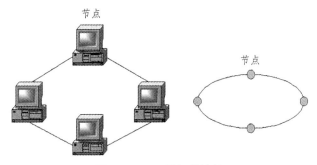

图 1-3-6　环形拓扑结构

3. 星形拓扑结构

星形拓扑结构由一个中央接点和一系列通过点到点连接到中央接点的末端接点组成，如图 1-3-7 所示。各接点以中央接点为中心相连接，各接点与中央接点以点对点的方式连接。任何两接点之间的数据通信都要经过中央接点，中央接点集中执行通信控制策略，完成各接点间通信连接的建立、维护和拆除。

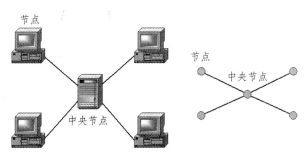

图 1-3-7　星形拓扑结构

星形网络的优点是：管理方便，可扩充性强，结构简单，组网容易；利用中央接点可方便地提供和重新配置网络连接，且单个连接点的故障只影响一个设备，不会影响全网，容易检测和隔离，便于维护。

星形拓扑结构的缺点：每个站点直接都与中央接点相连，需要大量的电缆，因此费用较高；如果中央接点产生故障，则全网不能工作，因此对中央接点的可靠性和冗余度要求很高。

3.3　介质访问控制技术

在局域网上，一条传输介质上常连有多台计算机，如总线型和环形局域网，这些计算机共享使用一条传输介质，而该条传输介质在某一时间内只能被一台计算机所使用，那么如何决定由哪台计算机使用呢？这就需要有一个应共同遵守的方法或原则来控制、协调各计算机对传输介质的访问，这种方法就是协议，又称为介质访问控制方法。目前，在局域网中常用的传输介质访问方法有：载波侦听多路访问/冲突检测（CSMA/CD）、令牌环和令牌总线等。

3.3.1 载波侦听多路访问/冲突检测（CSMA/CD）

CSMA／CD 是 IEEE 802.3 的核心协议，是一种用户访问总线时间不确定的随机竞争总线的方法，适用于办公自动化等对数据传输实时性要求不严格的应用环境。

1. 载波监听（先听后发）

使用 CSMA/CD 协议时，总线上各个节点都在监听总线，即检测总线上是否有别的节点发送数据。如果发现总线是空闲的，即没有检测到有信号正在传送，便可立即发送数据；如果监听到总线忙，即检测到总线上有数据正在传送，这时节点要继续等待，直到监听到总线空闲时才能将数据发送出去，或等待一个随机时间，再重新监听总线，一直到总线空闲时再发送数据。载波监听也称作先听后发。

2. 冲突检测

当两个或两个以上的节点监听到总线空闲，同时开始发送数据时，就会发生碰撞冲突。另外，传输延迟可能会使第一个节点发送的数据还没有到达目标节点时，另一个要发送数据的节点就已经监听到总线空闲，并开始发送数据，这也会导致冲突的产生。两个发生冲突的帧被破坏，被破坏的帧继续传输变得毫无意义，而且信道无法被其他站点使用，这对于有限的信道来讲，也是很大的浪费。如果每个发送节点边发送边监听，并在监听到冲突之后立即停止发送，就可以提高信道的利用率。当节点检测到总线上发生冲突时，就立即取消传输数据，随后发送一个短的干扰信号（阻塞信息），告诉网络上的所有节点总线已经发生了冲突。在阻塞信号发送后，等待一个随机时间，再将要发的数据发送一次。如果还有冲突，则重复监听、等待和重传操作。图 1-3-8 所示显示了采用 CSMA/CD 发送数据的工作流程。

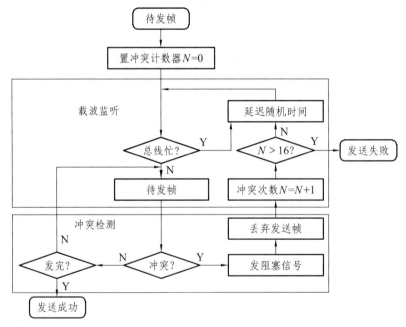

图 1-3-8　CSMA/CD 发送数据的工作流程

CSMA/CD 采用用户访问总线时间不确定的随机竞争方式，有结构简单、轻负载时延小等特点，但当网络通信负载增大时，由于冲突增多，网络吞吐率下降、传输延时增长，网络性能会明显下降。

3.3.2　令牌环

令牌环技术是 1969 年由 IBM 提出来的，它适用于环形网络，并已成为流行的环访问技术。这种介质访问技术的基础是令牌。令牌是一种特殊的帧，用于控制网络节点的发送权，只有持有令牌的节点才能发送数据，而令牌沿环逐站传递，如图 1-3-9 所示。

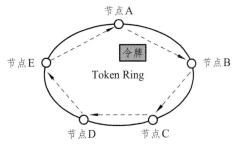

图 1-3-9　令牌环工作原理图

由于发送节点在获得发送权后就将令牌置为"忙"，在环路上不会再有令牌出现，其他节点也不可能再得到令牌，保证环路上某一时刻只有一个节点发送数据，因此令牌环技术不存在争用现象，它是一种典型的无争用型介质访问控制方式。

令牌环方式的优点是环中节点访问延迟确定；适用于重负载环境；支持优先级服务。缺点是控制电路较复杂，令牌容易丢失；环维护工作复杂，实现比较困难。

3.3.3　令牌总线

IEEE802.4 定义了令牌总线（Toking　Bus）访问控制协议。它类似于令牌环，但其采用总线型拓扑结构，因此它既具有 CSMA/CD 结构简单、轻负载下延时小的优点，又具有令牌环重负载时效率高、公平访问和传输距离较远的优点，同时还具有传送时间固定、可设置优先级等优点。

令牌总线的工作原理如图 1-3-10 所示，将网上各站按照一定的顺序形成一个逻辑环，每个站在环中均有一个指定的逻辑位置，它由三个地址决定：本站地址 TS、先行站地址 PS 和后继站地址 NS。末站的后继站就是首站，保证首末端相连。在令牌总线中也有一个令牌，只有令牌持有者才能控制总线，具有发送信息帧的权利。它可以发送一帧或多帧数据，当该站信息发送完毕或分配的时间到时，它就将令牌传递到逻辑环中的下一站，从而使这个站具有信息发送权。

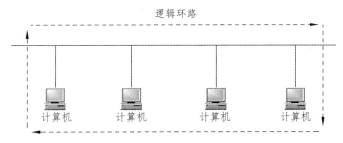

图 1-3-10　令牌总线工作原理图

3.4 MAC 地址

前面讲述了局域网在组网上使用的是 IEEE802 参考模型，从下至上分为物理层、媒体接入控制层（MAC）、逻辑链路控制层（LLC），其中 MAC 的一个重要功能就是完成局域网中的物理寻址。标识网络中的一台计算机，至少有三种方法，即域名地址、IP 地址和 MAC 地址，分别对应应用层、网络层、物理层。网络管理一般就是在网络层针对 IP 地址进行管理，但由于一台计算机的 IP 地址可以由用户自行设定，管理起来相对困难，而 MAC 地址一般不可更改，所以把 IP 地址同 MAC 地址组合到一起管理就成为常见的管理方式。

3.4.1 MAC 地址的定义和结构

MAC 地址也叫作物理地址、硬件地址，由网络设备制造商生产时烧录在网卡（Network Interface Card）的 EPROM（一种闪存芯片，通常可以通过程序擦写）中。IP 地址与 MAC 地址在计算机里都是以二进制表示的，IP 地址是 32 位的，而 MAC 地址则是 48 位的。

MAC 地址的长度为 48 位（6 个字节），通常表示为 12 个十六进制数，可表示 $2^{46} \approx 70$ 万亿个地址（有 2 位用于特殊用途）。其中，高 22 位称为机构唯一标识符 OUI，由 IEEE 统一分配给设备生产厂商，如 3Com 公司的 OUI=02608C；低 24 位称为扩展标识符 EI，由厂商自行分配给所生产的每一块网卡或设备的网络接口。MAC 地址组成如图 1-3-11 所示。

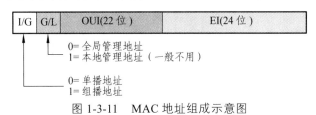

图 1-3-11　MAC 地址组成示意图

MAC 地址有三种类型：

（1）单播地址（I/G = 0）：拥有单播地址的帧将发送给网络中唯一一个由单播地址指定的站点，即点对点传输。

（2）多播地址（I/G = 1）：拥有多播地址的帧将发送给网络中由组播地址指定的一组站点，即点对多点传输。

（3）广播地址（全 1 地址，FF-FF-FF-FF-FF-FF）：拥有广播地址的帧将发送给网络中所有的站点，即广播传输。

举个例子，00-28-BC-DE-3A-20 就是一个 MAC 地址，其中前 6 位十六进制数 00-28-BC 代表网络硬件制造商的编号，它由 IEEE（电气与电子工程师协会）分配，而后 6 位十六进制数 DE-3A-20 代表制造商所制造的某个网络产品（如网卡）的系列号。只要不更改 MAC 地址，MAC 地址在世界就是唯一的。形象地说，MAC 地址就如同身份证上的身份证号码，具有唯一性。

3.4.2 MAC 地址的通信过程

接下来以图 1-3-12 为例说明一下 MAC 地址通信过程。

首先，主机 A 通过本机的 Hosts 表、Windows 系统或 DNS 系统将主机 B 的计算机名转换为 IP 地址。然后，主机 A 用自己的 IP 地址与子网掩码计算出自己所处的网段，并比较目的主机 B 的 IP 地址与自己的子网掩码，发现主机 B 与自己处于相同的网段。最后，主机 A 在自己的 ARP 缓存中查找主机 B 的 MAC 地址，如果能找到，就直接进行数据链路层封装并通过网卡将封装好的以太数据帧发送到物理线路上去；如果 ARP 缓存表中没有主机 B 的 MAC 地址，主机 A 将启动 ARP 协议，通过在本地网络上的 ARP 广播来查询主机 B 的 MAC 地址，获得主机 B 的 MAC 地址后写入 ARP 缓存表，进行数据链路层封装并发送数据。

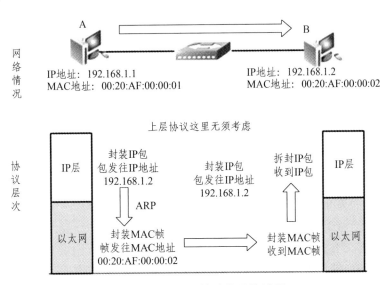

图 1-3-12　MAC 地址的通信过程

3.5　以太网技术

3.5.1　以太网的发展历史及现状

　　以太网（Ethernet）技术的最初开发来自施乐帕洛阿尔托研究中心（PARC）的许多高级技术项目中的一个。人们通常认为以太网发明于 1973 年，当年罗伯特·梅特卡夫（Robert Metcalfe）给他所在的 PARC 的老板写了一篇有关以太网潜力的备忘录。但是梅特卡夫本人认为以太网是之后几年才出现的。在 1976 年，梅特卡夫和他的助手发表了一篇名为《以太网：局域计算机网络的分布式包交换技术》的文章。1977 年底，梅特卡夫和他的合作者获得了"具有冲突检测的多点数据通信系统"的专利。多点数据通信系统被称为 CSMA/CD（带冲突检测的载波侦听多路访问），这标志着以太网的诞生。1979 年，梅特卡夫为了开发个人计算机和局域网而离开了 PARC，成立了 3Com 公司。3Com 与迪吉多、英特尔和施乐进行合作，希望与它们一起将以太网标准化、规范化。这个通用的以太网标准于 1980 年 9 月 30 日发布。当时业界有两个流行的非公有网络标准，即令牌环网和 ARCNET 网，它们在以太网大潮的冲击下很快被取代。

随着以太网技术的不断更新，以及带宽的不断提升，如今以太网在很多情况下都成了局域网的代名词。

3.5.2 以太网的分类

1. 标准以太网

最初的以太网只有 10 Mb/s 的吞吐量，使用的是带有冲突检测的载波侦听多路访问（Carrier Sense Multiple Access/Collision Detection，CSMA/CD）的访问控制方法。这种早期的 10 Mb/s 以太网被称为标准以太网。以太网可以使用粗同轴电缆、细同轴电缆、非屏蔽双绞线、屏蔽双绞线和光纤等多种传输介质进行连接，并且在 IEEE 802.3 标准中，为不同的传输介质制定了不同的物理层标准。在这些标准中，前面的数字表示传输速度，单位符号是 Mb/s；最后的一个数字表示单段网线长度（基准单位是 100 m）；Base 表示"基带"，Broad 代表"宽带"。

10Base-5 使用直径为 0.4 in（1 in≈2.54 cm）、阻抗为 50 Ω 粗同轴电缆，也称粗缆以太网。其最大网段长度为 500 m，采用基带传输方法，拓扑结构为总线型。10Base-5 组网主要硬件设备有：粗同轴电缆、带有 AUI 插口的以太网卡、中继器、收发器、收发器电缆、终结器等。其遵循的以太网标准为 802.3 协议。

10Base-2 使用直径为 0.2 in、阻抗为 50 Ω 细铜轴电缆，也称细缆以太网，其最大网段长度为 185 m，采用基带传输方法，拓扑结构为总线型。10Base-2 组网主要硬件设备有：细铜轴电缆、带有 BNC 插口的以太网卡、中继器、T 型连接器、终结器等。其遵循的以太网标准为 802.3a 协议。

10Base-T 使用双绞线，最大网段长度为 100 m，拓扑结构为星形。10Base-T 组网主要硬件设备有：3 类或 5 类非屏蔽双绞线、带有 RJ45 插口的以太网卡、集线器、交换机、RJ-45 插头等。其遵循的以太网标准为 802.3i 协议。

1Base-5 使用双绞线，最大网段长度为 500 m，传输速度为 1 Mb/s，遵循的以太网标准为 802.3i 协议。

10Base-F 使用光纤传输介质，传输速率为 10 Mb/s，遵循的以太网标准为 802.3j 协议。

2. 快速以太网

随着网络的发展，传统的标准以太网技术已难以满足日益增长的网络数据流量需求。在 1993 年 10 月以前，对于要求 10 Mb/s 以上数据流量的 LAN 应用，只有光纤分布式数据接口（FDDI）可供选择，但它是一种价格非常昂贵的、基于 100 Mb/s 光缆的 LAN 设备。1993 年 10 月，Grand Junction 公司推出了世界上第一台快速以太网集线器 Fastch10/100 和网络接口卡 FastNIC100，快速以太网技术正式得以应用。随后 Intel、SynOptics、3Com、BayNetworks 等公司相继推出自己的快速以太网装置。与此同时，IEEE802 工程组亦对 100 Mb/s 以太网的各种标准，如 100Base-TX、100Base-T4、MII、中继器、全双工等标准进行了研究。1995 年 3 月，IEEE 宣布了 IEEE 802.3u 100Base-T 快速以太网标准（Fast Ethernet），标志着快速以太网时代的到来。

快速以太网与原来在 100 Mb/s 带宽下工作的 FDDI 相比具有许多优点，最主要的优点体现在快速以太网技术可以有效地保障用户在布线基础设施上的投资，它支持 3、4、5 类双绞线以及光纤的连接，能有效地利用现有的设施。快速以太网的不足其实也是以太网技术的不足，那就是快速以太网仍是基于 CSMA/CD 技术，当网络负载较重时，会造成效率的降低，这当然可以使用交换技术来弥补。100 Mb/s 快速以太网标准又分为 100Base-TX、100Base-FX、100Base-T4 三个子类。

100Base-TX：使用 5 类非屏蔽（UTP）或 1 类屏蔽双绞线（STP）作为传输介质，其中 5 类 UTP 是目前使用最为广泛的介质。同时规定 5 类 UTP 电缆采用 RJ-45 连接头，而 1 类 STP 电缆采用 9 芯 D 型（DB-9）连接器。100 Mb/s 传输速率是通过加快发送信号（提高 10 倍）、使用高质双绞线以及缩短电缆长度实现的。它使用与以太网完全相同的协议标准，但是物理层却采用 4B/5B 编码方案。处理速率高达 125 MHz，最大网段长度为 100 m，支持全双工的数据传输。

100Base-FX：是一种使用光缆的快速以太网技术。可使用单模和多模光纤（62.5 μn 和 125 μm），多模光纤连接的最大距离为 550 m，单模光纤连接的最大距离为 3 000 m；在传输中使用 4B/5B 编码方式，信号频率为 125 MHz；它使用 MIC/FDDI 连接器、ST 连接器或 SC 连接器；它的最大网段长度为 150 m、412 m、2 000 m 甚至 10 000 m，这与所使用的光纤类型和工作模式有关；它支持全双工的数据传输。100Base-FX 特别适合有电气干扰、距离连接较远或保密要求高等情况下的使用。

100Base-T4：是一种可使用 3、4、5 类无屏蔽双绞线或屏蔽双绞线的快速以太网技术。100Base-T4 使用 4 对双绞线，其中的 3 对用于在 33 MHz 的频率上传输数据，每一对均工作在半双工模式；第 4 对用于 CSMA/CD 冲突检测。在传输中使用 8B/6T 编码方式，信号频率为 25 MHz，符合 EIA586 结构化布线标准。它使用与 10Base-T 相同的 RJ45 连接器，最大网段长度为 100 m。

3. 千兆以太网

千兆以太网技术作为新的高速以太网技术，给用户带来了提高核心网络带宽的有效解决方案，同时继承了传统以太技术价格便宜的优点。千兆以太网技术仍然是以太技术，它采用了与 10 M 以太网相同的帧格式、帧结构、网络协议、全/半双工工作方式、流控模式以及布线系统。由于该技术不改变传统以太网的桌面应用、操作系统，因此可与 10 M 或 100 M 以太网很好地配合工作。升级到千兆以太网不必改变网络应用程序、网管部件和网络操作系统，能够最大限度地保护投资。此外，IEEE 标准将支持最大距离为 550 m 的多模光纤、最大距离为 70 000 m 的单模光纤和最大距离为 100 m 的铜轴电缆。千兆以太网弥补了 802.3 以太网/快速以太网标准的不足。

4. 万兆以太网

万兆以太网规范包含在 IEEE 802.3 标准的补充标准 IEEE 802.3ae 中，它扩展了 IEEE 802.3 协议和 MAC 规范，使其支持 10 Gb/s 的传输速率。除此之外，通过 WAN 界面子层（WAN Interface Sublayer, WIS），万兆以太网也能被调整为较低的传输速率，如 9.584 640 Gb/s

（OC-192），这就允许万兆以太网设备与同步光纤网络（SONET）STS-192c 传输格式相兼容。

3.5.3 以太网帧格式

目前，有 4 种不同格式的以太网帧在使用，它们分别是：

Ethernet Ⅱ：即 DIX2.0，这是富士施乐公司、数字设备公司和英特尔公司在 1982 年制定的以太网标准帧格式。

Ethernet 802.3 raw：这是诺威尔有限公司在 1983 年公布的专用以太网标准帧格式。

Ethernet 802.3 SAP：这是 IEEE 在 1985 年公布的 Ethernet 802.3 的 SAP 版本以太网帧格式。

Ethernet 802.3 SNAP：这是 IEEE 在 1985 年公布的 Ethernet 802.3 的 SNAP 版本以太网帧格式。

在每种格式的以太网帧的开始处都有 64 b（8 B）的前导字符，如图 1-3-13 所示。其中，前 7 B 称为前同步码（Preamble），每一字节的内容都是十六进制数 0xAA；最后 1 B 为帧起始标志符 0xAB，它标志着以太网帧的开始。前导字符的作用是使接收节点进行同步并做好接收数据帧的准备。除此之外，不同格式的以太网帧各字段的定义各不相同，彼此也不兼容。下面以 Ethernet Ⅱ 类型以太网帧为例，简要说明一下以太网帧格式。

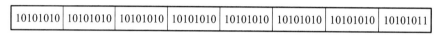

| 10101010 | 10101010 | 10101010 | 10101010 | 10101010 | 10101010 | 10101010 | 10101011 |

图 1-3-13 以太网帧前导字符

从图 1-3-14 可以看出，Ethernet Ⅱ 类型以太网帧的最小长度为 64 B（6+6+2+46+4），最大长度为 1 518 B（6+6+2+1 500+4）。其中前 12 B 分别标识出发送数据帧的源节点 MAC 地址和接收数据帧的目标节点 MAC 地址。注：ISL 封装后可达 1 548 B，802.1Q 封装后可达 1 522 B。

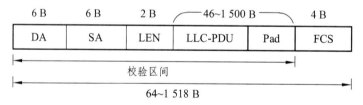

图 1-3-14 Ethernet Ⅱ 类型以太网帧结构

接下来的 2 B 标识出以太网帧所携带的上层数据类型，如十六进制数 0x0800 代表 IP 协议数据，十六进制数 0x809B 代表 AppleTalk 协议数据，十六进制数 0x8138 代表 Novell 类型协议数据等。

在不定长的数据字段后是 4 B 的帧校验序列（Frame Check Sequence，FCS），采用 32 b CRC 循环冗余校验对从"目标 MAC 地址"字段到"数据"字段的数据进行校验。

3.6 交换式局域网

在过去二十多年中，个人计算机（PC）的应用越来越广泛，虽然计算机的处理速度提高了百万倍，但是网络数据传输速率只提高了上千倍。在数据仓库、在线学习、虚拟现实、3D 图形与高清图像这类应用中，人们需要有更高带宽的局域网。传统局域网技术建立在"共享介质"基础上，虽然能保证每个节点都能够"公平"地使用公共传输介质，但是每个节点平均能分配到的带宽随着节点数的不断增加而急剧减少。同时网络通信负荷加重时，冲突和重发现象将大量发生，网络效率将会下降，网络传输延迟将会增长，网络服务质量将会下降。

因此，人们将"共享介质方式"改为了"交换方式"，促进了交换式局域网技术的发展。交换式局域网的核心设备是局域网交换机，可以在多个端口之间建立多个并发连接。

3.6.1 交换式局域网的基本结构和特点

交换式局域网是指以数据链路层的帧为数据交换单位，以以太网交换机为基础构成的网络。典型的交换式局域网是交换以太网（Switched Ethernet），它的核心部件是以太网交换机。以太网交换机可以有多个端口，每个端口可以单独与一个节点连接，也可以与一个共享介质式的以太网集线器（Hub）连接，如图 1-3-15 所示。

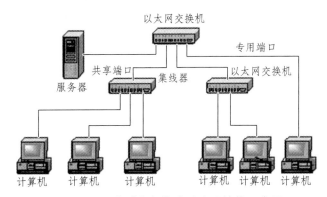

图 1-3-15　典型的交换式以太网结构示意图

对于传统的共享介质以太网来说，当连接在 Hub 中的一个节点发送数据时，它使用广播方式将数据传送到 Hub 的每个端口。因此，共享介质以太网的每个时间片内只允许有一个节点占用公用通信信道。

交换式局域网从根本上改变了"共享介质"的工作方式，它可以通过以太网交换机支持交换机端口之间的多个并发连接，实现多节点之间数据的并发传输。因此，交换式局域网可以增加网络带宽，改善局域网的性能与服务质量。

交换式局域网的特点如下：

（1）允许多对站点同时通信，每个站点可以独占传输通道和带宽。

（2）灵活的接口速率。

（3）增强了网络可扩充性和延展性。

（4）易于管理，便于调整网络负载的分布，能有效地利用网络带宽。

（5）交换以太网与以太网、快速以太网完全兼容，它们能够实现无缝连接。

（6）可互联不同标准的局域网，具有自动转换数据帧格式的功能。

3.6.2 交换机的主要功能

以太网交换机的主要功能包括 MAC 地址学习、帧的转发、通信过滤和避免回路。通过学习、老化、泛洪、选择性转发、过滤 5 个基本操作来完成上述功能。

学习：交换机 MAC 地址表包含 MAC 地址和其对应的端口。每一个帧进入交换机时，交换机审查源 MAC 地址，进行查找，如果 MAC 地址表中没包含这个 MAC 地址，交换机创建一个新的条目，包括源 MAC 地址和接收的端口。以后如果有去往这个 MAC 地址的帧，交换机则往对应的端口进行转发。

老化：交换机中的 MAC 地址条目有一个生存时间。每学到一个 MAC 地址条目，都附加一个时间值。随着时间的流逝，该数值一直减小，当数值减小到 0 时，清除该 MAC 地址条目。如果有包含该 MAC 地址的新帧到达，则刷新 MAC 地址的老化时间值。

泛洪：交换机根据收到数据帧中的源 MAC 地址建立该地址同交换机端口的映射，并将其写入 MAC 地址表中。交换机将数据帧中的目的 MAC 地址同已建立的 MAC 地址表进行比较，以决定由哪个端口进行转发。如数据帧中的目的 MAC 地址不在 MAC 地址表中，交换机则向除接收端口以外的所有端口广播该数据帧。

选择性转发：交换机根据帧的目的 MAC 地址进行转发。当交换机收到某个数据帧时，交换机在 MAC 地址表中查找该数据帧的目的 MAC 地址，如果交换机已经学到这个 MAC 地址，数据帧将被转发到该 MAC 地址的对应的端口，而不用泛洪到所有的端口。

过滤：在某些情况下，收到的帧不会被转发，这个过程被称为帧过滤。出现帧过滤有三种情况：一种情况是交换机不转发帧到接收到的端口；另一种情况是，如果一个帧的 CRC 校验失败，帧也会被丢弃；还有一种情况是安全方面的考虑，可以阻止交换机转发特定的 MAC 地址到特定的端口。

3.6.3 交换机数据帧转发过程

以太网交换机实现数据帧的单点转发是通过 MAC 地址的学习和维护更新机制来实现的。下面通过一个具体的案例来详细地讲解一下具体的转发流程。

交换机初始时的 MAC 地址表是空的，如图 1-3-16 所示。

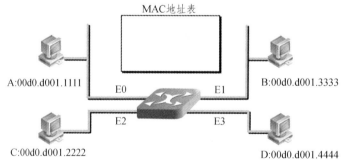

图 1-3-16　初始化 MAC 地址表

工作站 A 向工作站 C 发送数据帧,交换机缓存工作站 A 的 MAC 地址到 MAC 地址表中。由于在 MAC 地址表中没有 C 的 MAC 地址,交换机向除了 E0 接口之外的所有其他接口泛洪(flooding)这个数据帧,如图 1-3-17 所示。工作站 C 回应一个帧给工作站 A,交换机从端口 E2 学习到工作站 C 的 MAC 地址,如图 1-3-18 所示。

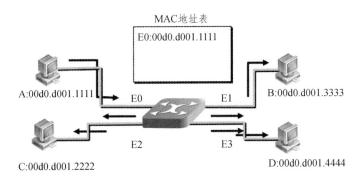

图 1-3-17　工作站 A 向工作站 C 发送帧

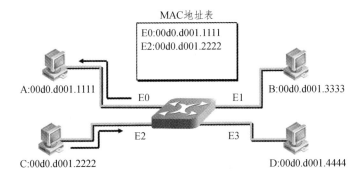

图 1-3-18　工作站 C 向工作站 A 回送帧

重复上述步骤,MAC 地址表不断加入新的 MAC 地址与端口对应信息,直到 MAC 地址表记录完成为止,如图 1-3-19 所示。当下一次工作站 A 再发送一个帧(frame)给工作站 C 的时候,目标地址已经知道,便不再泛洪发送,直接从 E2 端口发送出去。如果发送的是广播帧和组播帧,则向所有端口进行转发。

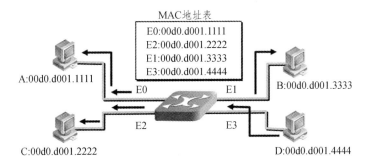

图 1-3-19　MAC 地址表完整获取图

3.6.4　局域网交换机的特点

作为局域网的主连设备，以太网交换机成为应用普及最快的网络设备之一。交换机在同一时刻可以进行多个端口对之间的数据传输，每一个端口都可视为独立的网段，连接在其上的网络设备独自享有全部的带宽，无须同其他设备竞争使用。也就是说，交换机的每一个端口所连接的网段都是一个独立的冲突域。但是交换机所连接的设备仍然在同一个广播域内，交换机不隔绝广播（唯一的例外是在配有 VLAN 的环境中）。

如果交换机的全部端口都具有相同的数据传输速率，这种交换机称为对称交换机。但是在客户机-服务器网络中，服务器的数据传输量通常要远高于工作站。此外，如果网络比较复杂，由于下层网络共享一个上传端口，也要求上传端口具有较高的数据传输速率。很多厂商为了适应这种需求，开发了包含两类传输速率端口的交换机，这种交换机被称为非对称交换机。

从传输介质和传输速率上来看，局域网交换机可以分为以太网交换机、快速以太网交换机、千兆位以太网交换机、FDDI 交换机、ATM 交换机和令牌环交换机等多种，这些交换机分别适用于以太网、快速以太网、FDDI、ATM、令牌环等环境。

按照最广泛的普通分类法，局域网交换机可以分为工作组交换机（信息点少于 100）、部门级交换机（信息点少于 300）和企业级交换机（信息点在 500 以上）3 类。

根据架构特点，人们还将局域网交换机分为机架式、带扩展槽固定配置式、不带扩展槽固定配置式 3 种产品。

在目前多使用的局域网交换机中，交换机通常采用以下 3 种方式进行数据交换：直通式、存储转发、碎片隔离。

1．直通式（Cut-Through）

采用直通交换方式的以太网交换机可以理解为在各端口间是纵横交叉的线路矩阵电话交换机。它在输入端口检测到一个数据包时，检查该包的包头，获取包的目的地址，启动内部的动态查找表转换成相应的输出端口，在输入与输出交叉处接通，把数据包直通到相应的端口，实现交换功能。由于它只检查数据包的包头（通常只检查 14 B），不需要存储，所以切入方式具有延迟小、交换速度快的优点。

它的缺点主要有 3 个方面：① 因为数据包内容并没有被以太网交换机保存下来，所以无法检查所传送的数据包是否有误，不能提供错误检测能力；② 由于没有缓存，不能将具有不同速率的输入、输出端口直接接通，而且容易丢包；③ 当以太网交换机的端口增加时，交换矩阵变得越来越复杂，实现起来就越困难。

2．存储转发（Store-and-Forward）

存储转发是指以太网交换机的控制器将输入端口到来的数据包缓存起来，先检查数据包是否正确，并过滤掉冲突包错误；确定包正确后，再取出目的地址，通过查找表找到想要发送的输出端口地址，然后将该包发送出去。正因如此，存储转发方式在数据处理时延时大，这是其不足，但是该方式可以对进入交换机的数据包进行错误检测，并且能支持不同速度端口间的转换，保持高速端口和低速端口间的协同工作，可有效地改善网络性能。

3. 碎片隔离式（Fragment Free）

这是介于直通式和存储转发式之间的一种解决方案。它在转发前先检查数据包的长度是否够 64 B（512 b），如果小于 64 B，说明是假包（或称残帧），则丢弃该包；如果大于 64 B，则发送该包。该方式的数据处理速度比存储转发方式快，但比直通式慢，但由于能够避免残帧的转发，所以被广泛应用于低档交换机中。

3.7　生成树协议

在由交换机构成的交换网络中通常设计有冗余链路和设备，这种设计的目的是防止一个点的失败导致整个网络功能的丢失。虽然冗余设计可能消除单点失败的问题，但也导致了交换回路的产生，它会产生广播风暴、同一帧的多份拷贝和不稳定的 MAC 地址表等问题。

因此，在交换网络中必须有一个机制来阻止回路的产生，而生成树协议（Spanning Tree Protocol，STP）的作用正在于此。STP 是根据 IEEE 802.1D 标准建立的，用于在局域网中消除数据链路层物理环路的协议。运行该协议的设备通过彼此交互信息发现网络中的环路，并有选择的对某些端口进行阻塞，最终将环路网络结构修剪成无环路的树形网络结构，从而防止报文在环路网络中不断增生和无限循环，避免设备由于重复接收相同的报文所造成的报文处理能力下降的问题发生。

3.7.1　生成树协议的基本概念

生成树协议主要包括桥 ID. 根桥、指定桥、根路径开销、桥优先级、根端口、指定端口、端口优先级和路径开销 9 个部分。接下来我们来分别介绍一下各部分的功能和作用。

桥 ID（Bridge Identifier）：桥 ID 是桥的优先级和其 MAC 地址的综合数值，其中桥优先级是一个可以设定的参数。桥 ID 越低，则桥的优先级越高，这样可以增加其成为根桥的可能性。

根桥（Root Bridge）：具有最小桥 ID 的交换机是根桥。一般将环路中所有交换机中性能最好的一台设置为根桥交换机，以保证能够提供最好的网络性能和足够的可靠性。

指定桥（Designated Bridge）：在每个网段中，到根桥的路径开销最低的桥将成为指定桥，数据包将通过它转发到该网段。当所有的交换机具有相同的根路径开销时，具有最低的桥 ID 的交换机会被选为指定桥。

根路径开销（Root Path Cost）：一台交换机的根路径开销是根端口的路径开销与数据包经过的所有交换机的根路径开销之和。根桥的根路径开销是零。

桥优先级（Bridge Priority）：是一个用户可以设定的参数，数值范围为 0~32 768。设定的值越小，优先级越高。交换机的桥优先级越高，才越有可能成为根桥。

根端口（Root Port）：非根桥的交换机上离根桥最近的端口，负责与根桥进行通信，这个端口到根桥的路径开销最低。当多个端口具有相同的到根桥的路径开销时，具有最高端口优先级的端口会成为根端口。

指定端口（Designated Port）：指定桥上向本交换机转发数据的端口。

端口优先级（Port Priority）：数值范围为 0~255，值越小，端口的优先级就越高。端口的优先级越高，才越有可能成为根端口。

路径开销（Path Cost）：STP 协议用于选择链路的参考值。STP 协议通过计算路径开销，选择较为"强壮"的链路，阻塞多余的链路，将网络修剪成无环路的树形网络结构。

STP 采用的协议报文是 BPDU（Bridge Protocol Data Unit，桥协议数据单元），也称为配置消息，其包含了足够的信息来保证设备完成生成树的计算。STP 是通过在设备之间传递 BPDU 来确定网络的拓扑结构。要实现生成树的功能，交换机之间传递 BPDU 报文实现信息交互，所有支持 STP 协议的交换机都会接收并处理收到的报文，该报文在数据区里携带了用于生成树计算的所有有用信息。标准生成树的 BPDU 帧格式及字段说明如图 1-3-20 所示。

2	1	1	1	8	4
Protocol Identifier	Version	Message Type	Flag	Root ID	Root Path Cost
Bridge ID	Port ID	Message Age	Max Age	Hello Time	Forward Delay
8	2	2	2	2	2

图 1-3-20　BPDU 帧格式及字段说明

Protocol Identifier：协议标识，发送些配置 BPDU 的交换机所认为的根交换机的标识。

Version：协议版本。

Message type：BPDU 类型。

Flag：标志位。

Root ID：根桥 ID，由 2 B 的优先级和 6 B MAC 地址构成。

Root Path Cost：根路径开销，从发送此配置 BPDU 的交换机到达根交换机的最短路径总开销。

Bridge ID：桥 ID，表示发送 BPDU 的桥的 ID，由 2 B 优先级和 6 B MAC 地址构成。

Port ID：端口 ID，标识发出 BPDU 的端口。

Message Age：BPDU 生存时间。

Max Age：当前 BPDU 的老化时间，即端口保存 BPDU 的最长时间。

Hello Time：根桥发送 BPDU 的周期。

Forward Delay：表示在拓扑改变后，交换机在发送数据包前维持监听和学习状态的时间。

3.7.2　生成树协议计算原则

生成树算法分为 4 个步骤：选择根桥（Root Bridge）、选举根端口（Root Ports）、选择指定端口（Designated Ports）和确定阻塞端口。

1. 选择根桥

根桥由 BID（Bridge ID）来确定（BID=2 B 的网桥优先级+网桥的 MAC 地址构成，优先级默认为 32 768），具备最小 BID 的交换机成为根桥。

2. 选举根端口

根端口选举原则是确定非根桥到根桥最小开销的端口。一般情况下，接口带宽越大则开销值越小，选举原则主要有 3 个：

（1）比较 Root Path Cost（根路径开销），值越小，优先级越高。

（2）端口上行交换机的 Bridge ID（桥 ID），值越小，越先级越高。

（3）端口上行端口的 Port Identifier（端口标识，端口标识由 1 B 优先级+1 B 端口号构成），值越小，越先级越高。

3. 选择指定端口

为每个网段选出一个指定端口（Designated Port），指定端口为每个网段转发往根交换机方向的数据，且转发由根交换机方向发往该网段的数据。选举原则主要有 3 个：

（1）比较 Root Path Cost（根路径开销），值越小，优先级越高。

（2）端口所属 Bridge ID，值越小，优先级越高。

（3）端口的 Port ID，值越小，优先级越高。

4. 确定阻塞端口

环路中剩下的端口成为阻塞端口（Alternate Port）。当指定端口有问题，就启用阻塞端口。

3.7.3 生成树协议的状态

运行生成树协议的交换机上的端口，总是处于图 1-3-21 所示的 4 个状态中的一个。

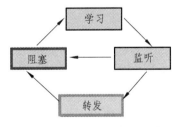

图 1-3-21 STP 的端口状态

阻塞：所有端口以阻塞状态启动以防止回路。由生成树确定哪个端口转换到转发状态，处于阻塞状态的端口不转发数据但可接收 BPDU。

监听：不转发数据，检测 BPDU（临时状态）。

学习：不转发数据，学习 MAC 地址表（临时状态）。

转发：端口能转发和接收数据。

在正常操作期间，端口处于转发或阻塞状态。当设备识别到网络拓扑结构发生变化时，交换机自动进行状态转换，在这期间端口暂时处于监听和学习状态。

实际上，在真正使用交换机时还可能出现一种特殊的端口状态——Disable 状态。这是由于端口故障或错误的交换机配置而导致数据冲突造成的死锁状态。如果并非端口故障的原因，可以通过重启交换机来解决这一问题。

当网络拓扑结构发生改变时，生成树协议重新计算，以生成新的生成树结构。当所有交换机的端口状态变为转发或阻塞时，意味着重新计算完毕，这种状态称为会聚（Convergence）。

在网络拓扑结构改变期间，设备直到生成树会聚完成才能进行通信，这可能会对某些应用产生影响，因此一般认为在一个运行有生成树协议的良好的交换网络里面，最好不要超过七层。此外，可以通过一些特殊的交换机技术缩短会聚的时间。

本章小结

传统局域网是分组广播式网络，所有工作站都连接到共享的传输介质上。共享信道的分配技术是局域网的核心技术，而这一技术又与网络的拓扑结构和传输介质有关。

本章首先介绍了局域网有关的国际标准、传输介质和拓扑结构，然后讲解了介质访问控制技术的基本原理和方法。接下来阐述了以太网交换机的工作原理，包括源地址学习和目的地址查找转发两个方面。同时还讲述了为了保证网络的可靠性，采取冗余拓扑网络而引发的环路（loop）问题。最后通过网络结构的改变和 STP 协议，解决了广播风暴、帧的重复复制、交换机 MAC 地址表的不稳定等问题。

通过对本章内容的学习，应重点掌握交换机的工作原理和过程，理解 MAC 地址及以太网帧格式，熟记局域网传输介质和拓扑结构，了解环路的危害以及交换机避免环路的方式。

习 题

一、填空题

1. 目前网络设备的 MAC 地址由＿＿＿＿位二进制数字构成，IP 地址由＿＿＿＿位二进制数字构成。

2. 计算机网络按介质访问控制方法可分为 ＿＿＿＿、＿＿＿＿、＿＿＿＿等。

3. 以太网的介质访问控制常采用 CSMA/CD 算法，即发送站要进行监听。若线路空闲，则发送，在发送过程中，若发生冲突，则等待一个＿＿＿＿时间片后再尝试；若线路忙，则继续＿＿＿＿，直到线路空闲。以太网应遵循的标准是＿＿＿＿。

4. 常见网卡接口类型有＿＿＿＿、＿＿＿＿、＿＿＿＿，用于接双绞线的接口是＿＿＿＿。常见网卡总线类型有＿＿＿＿、＿＿＿＿等，用于插主板上白色插槽的是＿＿＿＿。

5. 局域网常用的拓外结构有总线型、星形和＿＿＿＿三种。著名的以太网（Ethernet）就是采用其中的_____结构。

6. 在启用 STP 协议环境中，BPDU（桥接协议数据单元）缺省情况下每隔_____发送一次，STP 收敛时间大约为_____。

二、选择题

1. 目前，我国应用最为广泛的 LAN 标准是基于（　　）的以太网标准。

A. IEEE 802.1　　　　　　　　　B. IEEE 802.2

C. IEEE 802.3　　　　　　　　　D. IEEE 802.5

2. 下列关于 802.1Q 标签头的错误叙述是（　　）。

A. 802.1Q 标签头长度为 4 B

B. 802.1Q 标签头包含了标签协议标识和标签控制信息

C. 802.1Q 标签头的标签协议标识部分包含了一个固定的值 0x8200

D. 802.1Q 标签头的标签控制信息部分包含的 VLAN Identifier（VLAN ID）是一个 12 b 的域

3. 在以太网中是根据（　　）地址来区分不同的设备的。

A. IP 地址　　　　　　　　　　　B. MAC 地址

C. IPX 地址　　　　　　　　　　D. LLC 地址

4. 为什么说共享介质的以太网存在一定的安全隐患？（　　）

A. 一个冲突域内的所有主机都能够看到其他人发送的数据帧,即使目的 MAC 地址并非自己

B. 所有的用户都在同一网段

C. 一些拥有较高权限的用户可以查找到网段内的其他用户，获得敏感数据

D. 共享介质的以太网容易产生冲突问题，导致帧报文丢失

5. 以太网交换机一个端口在接收到数据帧时，如果没有在 MAC 地址表中查找到目的 MAC 地址，通常应（　　）。

A. 把以太网帧复制到所有端口

B. 把以太网帧单点传送到特定端口

C. 把以太网帧发送到除本端口以外的所有端口

D. 丢弃该帧

6. 在使用网络中，CSMA/CD 常采用哪种方式？（　　）

A. 1 坚持　　　　　　　　　　　B. P 坚持

C. 非坚持　　　　　　　　　　　D. 都不是

7. 下面关于以太网的描述哪一个是正确的？（　　）

A. 网络中有一个控制中心，用于控制所有节点的发送和接收

B. 所有节点可以同时发送和接收数据

C. 两个节点相互通信时，第三个节点不检测总线上的信号

D. 数据是以广播方式发送的

8. 生成树协议（STP）的主要作用是（　　）。

A. 防止桥接环路　　　　　　　　　　　B. 防止路由环路

C. 防止速率过慢　　　　　　　　　　　D. 防止黑客入侵

三、简答题

1. 简述 CSMA/CD 的工作原理。
2. 交换机如何处理广播包?如何处理单播包?
3. 列举二层冗余带来的问题有哪些。
4. 解决环路的方式有哪些? 各自的特点是什么?
5. 简述 STP 生成树算法选取过程。

4.1 VLAN 的基本概念和原理

4.1.1 VLAN 产生的原因

传统的局域网使用的是集线器，集线器只有一根总线，即一个冲突域，如图 1-4-1 所示。所以传统的局域网是一个扁平的网络，一个局域网属于同一个冲突域。任何一台主机发出的报文都会被同一冲突域中的所有其他机器接收到。虽然采用了 CSMA/CD 的冲突检测机制，但是这仅仅降低了冲突的可能，而不能杜绝冲突的产生。

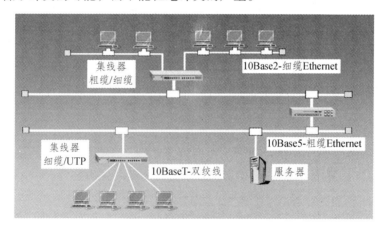

图 1-4-1 基于集线器的传统局域网

后来，组网时使用网桥（二层交换机）代替集线器（HUB），每个端口可以看成是一根单独的总线，冲突域缩小到每个端口，使得网络发送单播报文的效率大大提高，极大地提高了二层网络的性能，但是网络中所有端口仍然处于同一个广播域，如图 1-4-2 所示。根据网桥的二层网络工作原理，所有数据帧的转发都是依据 MAC 地址和端口的映射表，在目的 MAC 未知的情况下，网桥将采取泛洪的机制来保证数据的交付。所以，未知目的帧都将引起网桥在传递报文的时候要向所有其他端口复制，发送到网络的各个角落。随着网络规模的扩大，网络中的复制报文越来越多，这些报文占用的网络资源也越来越多，严重影响网络性能，甚至引起广播风暴。

那么广播信息会频繁出现吗？答案是肯定的，实际上广播帧会非常频繁地出现。利用 TCP/IP 协议栈通信时，除了前面出现的 ARP 外，还有可能需要发出 DHCP（动态主机配置协议）、RIP（路由信息协议）等很多其他类型的广播信息。

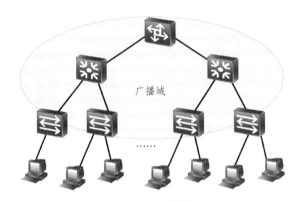

图 1-4-2　广播域

ARP 广播，是在需要与其他主机通信时发出的。当客户机请求 DHCP 服务器分配 IP 地址时，就必须发出 DHCP 的广播。而使用 RIP 作为路由协议时，每隔 30 s 路由器都会对邻近的其他路由器广播一次路由信息。RIP 以外的其他路由协议使用多播传输路由信息，这也会被交换机转发（Flooding）。除了 TCP/IP 以外，NetBEUI、IPX 和 Apple Talk 等协议也经常需要用到广播。例如在 Windows 下双击打开"网络计算机"图标时就会发出广播（多播）信息。

如果整个网络只有一个广播域，那么一旦发出广播信息，就会传遍整个网络，并且对网络中的主机带来额外的负担。因此，在设计 LAN 时，需要注意应有效地分割广播域。

以前常通过路由器对 LAN 进行分段。图 1-4-3 中用路由器替换图 1-4-2 中的中心节点交换机，使得广播报文的发送范围大大减小。这种方案解决了广播风暴的问题，但是路由器是在网络层上分段将网络隔离，网络规划复杂，组网方式不灵活，并且大大增加了管理维护的难度。

同时，通常情况下路由器上不会有太多的网络接口，其数目多在 1～4 个。随着宽带连接的普及，宽带路由器（或者叫 IP 共享器）变得较为常见，但是需要注意的是，它们上面虽然带着多个连接 LAN 一侧的网络接口，但那实际上是路由器内置的交换机，并不能分割广播域。

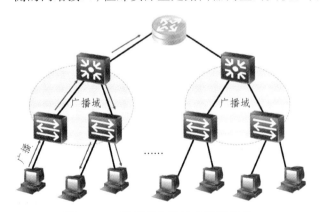

图 1-4-3　基于路由器的广播域划分

作为替代的 LAN 分段方法，虚拟局域网（VLAN）被引入到网络解决方案中来，用于解决大型的二层网络环境面临的问题。通过利用 VLAN，我们可以灵活设计广播域的构成，提高网络设计的自由度。

4.1.2　VLAN 的定义和作用

IEEE 于 1999 年颁布了用于标准化 VLAN 实现方案的 802.1Q 协议标准草案。VLAN(Virtual Local Area Network，虚拟局域网) 是一种通过将局域网内的设备逻辑位置而不是物理位置划分成一个个网段从而实现虚拟工作组的技术。每一个 VLAN 的帧都有一个明确的标识符，使用隐含标记(例如传统的基于端口的端口号)或显式标记(例如 802.1Q 定义的 VLAN 标记头)，指明发送这个帧的工作站是属于哪一个 VLAN。

VLAN 是一个逻辑的广播域，可以跨越多个物理的 LAN 网段。VLAN 可以根据功能、项目组或应用来划分，而不用考虑用户的物理位置。每个交换机的端口只能属于一个 VLAN，一个 VLAN 的端口共享广播，而不同 VLAN 的端口不能共享广播，这可以改善网络的性能和安全性。在交换网络中，VLAN 提供了 "区段化" 和 "灵活性"，如图 1-4-4 所示。利用 VLAN 技术，可以通过将某些端口划归一组，来将相应的用户（如同部门的协作人员或产品团队）归入一个小组，以便共享某些相同的网络应用程序。

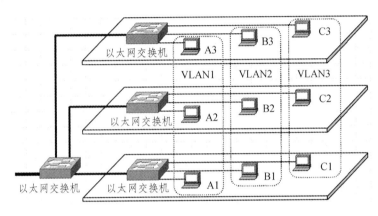

图 1-4-4　VLAN 的灵活性

VLAN 可以存在于一个单独的交换机上，也可以存在于很多互联的交换机上。VLAN 可以包括一个大楼内的站点，也可以包括多个大楼内的站点，甚至还可以跨广域网（WAN）。

4.1.3　VLAN 的优点

虚拟局域网将一组位于不同物理网段上的用户在逻辑上划分到一个局域网内，在功能和操作上与传统 LAN 基本相同，可以提供一定范围内终端系统的互联。VLAN 与传统的 LAN 相比，具有以下优势：

1. 限制广播包，提高带宽的利用率

VLAN 有效地解决了广播风暴带来的性能下降问题。一个 VLAN 形成一个小的广播域，同一个 VLAN 成员都在由所属 VLAN 确定的广播域内。当一个数据包没有路由时，交换机只会将此数据包发送到所有属于该 VLAN 的其他端口，而不是所有的交换机的端口，这样就将数据包限制到了一个 VLAN 内，而不是整个广播域，节省了带宽。当然，如果想实现 VLAN

间的互通，要通过三层路由。

2. 创建虚拟工作组，超越传统网络的工作方式

使用 VLAN 的另一个目的就是建立虚拟工作站模型。当企业级的 VLAN 建成之后，某一部门或分支机构的职员可以在虚拟工作组模式下共享同一个"局域网"。当部门内的某一个成员移动到另一个网络位置时，他所使用的工作站不需要做任何改动。相反，一个用户不用移动他的工作站就可以调整到另一个部门去，网络管理者只需要在控制台上进行简单的操作就可以了。

VLAN 的这种功能使人们设想的动态网络组织结构成了为可能，并在一定程度上大大推动了交叉工作组的形成。这就引出了虚拟工作组的定义。对一个公司而言，经常会针对某一个具体的开发项目临时组建一个由各部门的技术人员组成的工作组，他们可能分别来自经营部、网络部、技术服务部等。有了 VLAN，小组内的成员便不用再集中到一个办公室了，他们只要坐在自己的计算机旁就可以了解到其他合作者的工作情况。VLAN 为我们带来了巨大的灵活性，当有实际需要时，一个虚拟工作组可以应运而生；当项目结束后，虚拟工作组又可以随之消失。这样，无论是对用户还是对网络管理者来说，VLAN 都十分具有吸引力。

3. 减少移动和改变的代价

即所说的动态管理网络，也就是当一个用户从一个位置移动到另一个位置时，其网络属性不需要重新配置，而是动态的完成。借助 VLAN 技术，能将不同地点、不同网络、不同用户组合在一起，形成一个虚拟的网络环境，就像使用本地 VLAN 一样方便、灵活、有效。VLAN可以降低移动或变更工作站地理位置的管理费用，特别是一些业务情况有经常性变动的公司使用了 VLAN 后，这部分管理费用会大大降低。

4. 增强通信的安全性

VLAN 能使含有敏感数据的用户组与网络的其余部分隔离,从而降低泄露机密信息的可能性。不同 VLAN 内的报文在传输时是相互隔离的，即一个 VLAN 内的用户不能和其他 VLAN 内的用户直接通信，如果不同 VLAN 要进行通信，则需要通过路由器或三层交换机等三层设备完成。

5. 增强网络的健壮性

当网络规模增大时，部分网络出现问题往往会影响整个网络。引入 VLAN 之后，可以将一些网络故障限制在一个 VLAN 之内，使网络抵御风险的能力增强。

4.1.4　VLAN 的分类

划分 VLAN 成员的方法一般有 4 种：基于端口的 VLAN、基于 MAC 地址的 VLAN、基于协议的 VLAN 和基于子网的 VLAN。

1. 基于端口的 VLAN

这种划分 VLAN 的方法是根据以太网交换机的端口来进行，比如交换机的 1~4 端口为VLANA，5~17 端口为 VLANB，18~24 端口为 VLANC。当然，这些属于同一 VLAN 的端口

可以不连续，如何配置由管理员自行决定。

图 1-4-5 中端口 1 和端口 7 被指定属于 VLAN5，端口 2 和端口 10 被指定属于 VLAN10。主机 A 和主机 C 连接在端口 1、7 上，因此它们就属于 VLAN5；同理，主机 B 和主机 D 属于 VLAN10。

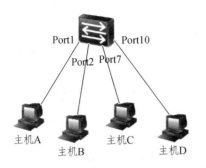

VLAN表

端口	所属VLAN
Port1	VLAN5
Port2	VLAN10
……	……
Port7	VLAN5
……	……
Port10	VLAN10

图 1-4-5　基于端口的 VLAN 的划分

如果有多个交换机的话，可以指定不同交换机的端口为同一 VLAN。例如，可以指定交换机 1 的 1~6 端口和交换机 2 的 1~4 端口为同一 VLAN，即同一 VLAN 可以跨越数个以太网交换机。根据端口划分是目前定义 VLAN 的最常用的方法，这种划分方法的优点在于定义 VLAN 成员时非常简单，只要将所有的端口都指定一下就可以了。其缺点是如果某一 VLAN 的用户离开了原来的端口，到了一个新的交换机的某个端口，那么就必须重新定义。

以交换机端口来划分 VLAN 成员，其配置过程简单明了。从目前来看，这种划分 VLAN 的方式仍然是最常用的一种方式。

2. 基于 MAC 地址的 VLAN

这种划分 VLAN 的方法是根据每个主机的 MAC 地址来进行的，即所有主机都根据其 MAC 地址来配置属于哪个 VLAN。交换机中会维护一张 VLAN 映射表，表中记录了 MAC 地址和 VLAN 的对应关系，如图 1-4-6 所示。这种划分 VLAN 方法的最大优点就是当用户物理位置移动时，即从一个交换机换到其他的交换机，VLAN 不用重新配置。所以，可以认为这种根据 MAC 地址的划分方法是基于用户的 VLAN。

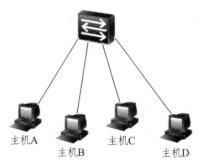

VLAN表

MAC地址	所属VLAN
MAC A	VLAN5
MAC B	VLAN10
MAC C	VLAN5
MAC D	VLAN10

图 1-4-6　基于 MAC 地址的 VLAN 划分

这种方法的缺点是初始化时，所有的用户都必须进行配置，如果用户很多，配置的工作量是很大的。此外这种划分的方法也导致了交换机执行效率的降低，因为在每一个交换机的端口都可能存在很多个 VLAN 组的成员，这样就无法限制广播包。另外，对于使用便携式计算机的用户来说，他们的网卡可能经常更换，这样 VLAN 就必须不停地重新配置。

3. 基于协议的 VLAN

这种情况是根据二层数据帧中的协议字段进行 VLAN 的划分。通过二层数据中的协议字段，可以判断出上层运行的网络协议，如 IP 协议或者 IPX 协议。如果一个物理网络中既有 IP 协议又有 IPX 协议运行的时候，可以采用这种 VLAN 的划分方法，如图 1-4-7 所示。

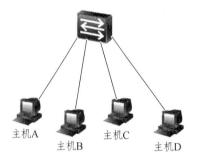

图 1-4-7　基于协议的 VLAN 划分

这种类型的 VLAN 在实际应用中较少。

4. 基于子网的 VLAN

基于 IP 子网的 VLAN 根据报文中的 IP 地址决定报文属于哪个 VLAN，即同一个 IP 子网的所有报文属于同一个 VLAN。这样，可以将同一个 IP 子网中的用户划分在一个 VLAN 内。图 1-4-8 表明了交换机如何根据 IP 地址来划分 VLAN。主机 A、主机 C 都属于 IP 子网 1.1.1.0，根据 VLAN 表的定义，它们属于 VLAN5；同理，主机 B、主机 D 属于 VLAN10。如果主机 C 修改了自己的 IP 地址，变成 1.1.2.9，那么主机 C 就不再属于 VLAN5，而属于 VLAN10。

图 1-4-8　基于子网的 VLAN 划分

利用 IP 子网定义 VLAN 主要的优势是这种方式可以按传输协议划分网段。这对于希望针对具体应用的服务来组织用户的网络管理者来说是非常方便的。同时，用户可以在网络内部自由移动而不用重新配置自己的工作站，尤其是对使用 TCP/IP 的用户而言。

这种方法的缺点是效率低下，因为检查每一个数据包的网络层地址是很费时的。同时由于一个端口也可能存在多个 VLAN 的成员，对广播报文也无法有效抑制。

5. IP 组播作为 VLAN

IP 组播实际上也是一种 VLAN 的定义，即认为一个组播组就是一个 VLAN，这种划分的方法将 VLAN 扩大到了广域网，因此这种方法具有更大的灵活性，而且也很容易通过路由器进行扩展。当然这种方法不适合局域网，主要是效率不高，对于局域网的组播，可以采用 IGMP 协议和 GMRP 协议。

6. 基于组合策略划分 VLAN

基于组合策略划分 VLAN 即上述各种 VLAN 划分方式的组合。

4.1.5　VLAN 标准

目前已提出的 VLAN 标准有两种。一种是思科公司在 1995 年提出的 ISL（交换链路内）协议，它支持实现跨多个交换机的 VLAN。该协议使用 10 b 寻址技术，数据包只传送到那些具有相同 10 b 地址的交换机和链路上，由此来进行逻辑分组，控制交换机和路由器之间广播和传输的流量。另一种就是 802.1Q，是 IEEE 执行委员会于 1996 年制定的一种 VLAN 互操作性标准。此处仅对 802.1Q 标准进行介绍。

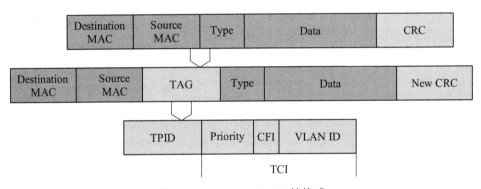

图 1-4-9　802.1Q VLAN 帧格式

IEEE 802.1Q 协议提供了在一根线缆上承载多个 VLAN 数据的标准方法，其帧格式如图 1-4-9 所示。802.1Q 的 VLAN 帧格式就是在原来以太网帧的源 MAC（Source MAC）地址之后加入了 4 B 的 TAG Header（标记头），主要包括 2 B 的标签协议标识（TPID）和 2 B 的标签控制信息（TCI）。

（1）TPID（Tag Protocol Identifier）：该部分为 2 B，而且值固定为 0x8100，表明此帧承载的是 LEEE 802.1Q 的 TAG 信息。

（2）TCI（Tag Control Information）：包括用户优先级（Priority）、规范格式指示（CFI）、VLAN 标识（VLAN ID）。

用户优先级（3 b）：可以有 8 种优先级，范围内 0~7，0 是最低优先级，7 是最高优先级。

规范格式指示（1 b）：指示 MAC 数据域的 MAC 地址是否为规范格式。CFI=0 表示为规范格式，CFI=1 表示为非规范格式。它被用在令牌环/源路由 FDDI 介质访问方法中来指示封装帧中所带地址的比特次序信息。

VLAN 标识（12 b）：这是一个 12 b 的域，指明 VLAN 的 ID，一共 4 096 个。在 4 096 个可能的 VLAN ID 中，VID = 0 用于识别帧优先级，VID=4 095（FFF）作为预留值，所以 VLAN 配置的最大可能值为 4 094。每个支持 802.1Q 协议的交换机发送出来的数据包都会包含这个域，以指明自己属于哪一个 VLAN。

在一个交换网络环境中，以太网的帧有两种格式：一种是没有加上这 4 B 标志的帧，称为未标记的帧(ungtagged frame)，另一种是加上了这 4 B 标志的帧，称为带有标记的帧(tagged frame)。

4.1.6 交换机的链路类型

图 1-4-10 中有两台交换机，并且配置了多个 VLAN。主机和交换机之间的链路是接入链路（Access link），交换机之间的链路是干道链路（Trunk link）。对于主机来说，它是不需要知道 VLAN 的存在的。主机发出的报文都是标准以太网的报文。交换机接收到这样的报文之后，根据配置规则（如端口信息）判断出报文所属 VLAN 再进行处理。如果报文需要通过另外一台交换机转发，则该报文必须通过干道链路传输到另外一台交换机上。为了保证其他交换机能正确处理报文的 VLAN 信息，在干道链路上发送的报文都带上了 VLAN 标记。而在交换机最终确定报文发送端口并将报文发送给主机之前，必须将 VLAN 的标记从待发送报文中删除，这样主机接收到的报文都是不带 VLAN 标记的以太网帧。

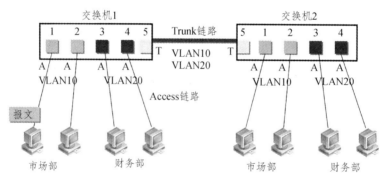

图 1-4-10　VLAN 工作原理图

需要重点注意的是，在接入链路的这一侧，连接接入链路的交换机端口称为接入端口（Access port），帧在接入链路上转发不带 VLAN 标记。交换机的接入端口接收到以太网帧后，按照端口所在 VLAN 加上 VLAN 标记，然后再进行转发，帧从接入端口发送出去时，帧中的 VLAN 标记被剥离。在干道链路这一侧，连接干道链路的交换机端口称为干道端口（Trunk port），帧在干道链路上转发带 VLAN 标记，因此允许多个 VLAN 的帧在干道链路上转发。交换机的干道端口接收到以太网帧后，需要判断该干道端口是否允许帧中 VLAN ID 对应的 VLAN 通过。若允许，则进行转发；否则要直接丢弃该帧。帧从干道端口发送出去时，VLAN 标记一般会被保留。

所以，一般情况下，干道链路上传送的都是带有 VLAN 信息的数据帧，接入链路上传送的都是标准的以太网帧。这样做的最终结果是：网络中配置的 VLAN 可以被所有的交换机正确处理，而主机不需要了解 VLAN 信息。

4.1.7 VLAN 间路由

据统计，尽管大约有 80% 的通信流量发生在 VLAN 内，但仍然有大约 20% 的通信流量要跨越不同的 VLAN。目前，解决 VLAN 之间的通信主要采用路由器技术。这样 VLAN 内部的流量仍然通过原来的 VLAN 内部的二层网络进行，而从一个 VLAN 到另外一个 VLAN 的通信流量，通过路由在三层上进行转发，转发到目的网络后，再通过二层交换网络把报文最终发送给目的主机。

由于路由器对以太网上的广播报文采取不转发的策略，因此中间配置的路由器仍然不会改变划分 VLAN 所达到的广播隔离的目的。为了实现 VLAN 间的互通，常用的 VLAN 路由有三种方式：普通路由、单臂路由和三层交换路由。下面就详细介绍这三种 VLAN 路由方式。

1. 普通路由

普通路由的方式是指从每一个需要进行互通的 VLAN 中单独建立一个到路由器的物理连接，每一个 VLAN 都要独占一个交换机端口和一个路由器的端口，如图 1-4-11 所示。

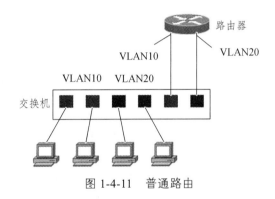

图 1-4-11 普通路由

在这样的配置下，路由器上的路由接口和物理接口是一对一的对应关系，路由器在进行 VLAN 间路由的时候就要把报文从一个路由接口转发到另一个路由接口上，同时也是从一个物理接口转发到其他的物理接口上。

采用这种方式需要多个路由器的物理接口，其扩展性受到限制，灵活性差。每增加一个新的 VLAN，都需要消耗路由器和交换机的端口，而且还需要重新布设一条网线。路由器通常不会带有太多 LAN 接口的，新建 VLAN 时，为了对应增加 VLAN 所需的端口，就必须将路由器升级成带有多个 LAN 接口的高端产品，这部分成本还有重新布线所带来的开销，都使得这种接线法一般不会被采用。

2. 单臂路由

单臂路由是指在路由器的一个接口上通过配置子接口（或逻辑接口，并不存在真正物理接口）的方式，实现原来相互隔离的不同 VLAN 之间的互联互通。

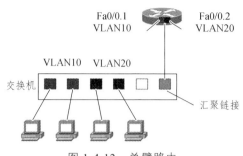

Fa0/0.1 VLAN10 Fa0/0.2 VLAN20

VLAN10 VLAN20

交换机

汇聚链接

图 1-4-12　单臂路由

在图 1-4-12 中，将用于连接路由器的交换机端口设为汇聚链接，而路由器上的端口也必须支持汇聚链路，双方用于汇聚链路的协议自然也必须相同。接着在路由器上定义对应各个 VLAN 的"子接口"，尽管实际与交换机连接的物理端口只有一个，但在理论上我们可以把它分割为多个虚拟端口。VLAN 将交换机从逻辑上分割成了多台，因而用于 VLAN 间路由的路由器，也必须拥有分别对应各个 VLAN 的虚拟接口。

在这样的配置下，路由器上的路由接口和物理接口是多对一的对应关系，路由器在进行 VLAN 间路由的时候把报文从一个路由接口上转发到另一个路由接口上，但从物理接口上看是从一个物理接口上转发回同一个物理接口上去，但是 VLAN 标记在转发后被替换为目标网络的标记。

在通常的情况下，VLAN 间路由的流量不足以达到链路的线速度，使用路由子接口的配置，可以提高链路的带宽利用率，节省端口资源，简化管理。与前面的方法相比，这种方法扩展性要强得多，也不需要担心升级 LAN 接口数不足的路由器或是重新布线。

3. 三层交换机实现 VLAN 间路由

用路由器进行 VLAN 间路由时，随着 VLAN 之间流量的不断增加，很可能导致路由器处理信息量过大而出现网络瓶颈。为了解决上述问题，三层交换机应运而生。

三层交换机是通过每一个 VLAN 对应一个 IP 网段来实现 VLAN 之间的路由，如图 1-4-13 所示。基本上它和使用汇聚链路连接路由器与交换机时的情形相同。三层交换机是在原来交换机的基础上增加一个功能模块，因此三层交换机是由一个二层交换结构再加上一个路由模块组成的。路由模块完成运行路由协议、建立路由表、完成 IP 分组转发等功能。二层交换结构完成建立转发表、转发 MAC 帧、进行 VLAN 划分等功能。路由模块和二层交换结构之间通过背板总线进行数据传输。

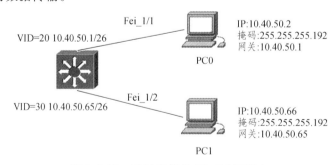

Fei_1/1

VID=20 10.40.50.1/26

IP:10.40.50.2
掩码:255.255.255.192
网关:10.40.50.1

PC0

Fei_1/2

VID=30 10.40.50.65/26

IP:10.40.50.66
掩码:255.255.255.192
网关:10.40.50.65

PC1

图 1-4-13　三层交换机 VLAN 间路由

三层交换机方法不仅可以替代路由器物理设备，节省成本，同时还解决了单臂路由带来的带宽瓶颈问题，在网络组网过程中一般选用这种方法。

4.2 VTP 协议

VTP（VLAN Trunking Protocol，VLAN 中继协议/虚拟局域网干道协议），是思科的私有协议。假设网络中有 M 个交换机，共划分了 N 个 VLAN，为了保证网络正常工作，需要在每个交换机上都创建 N 个 VLAN，则共 $M×N$ 个 VLAN。随着 M 和 N 的增大，完成这项任务的工作将会枯燥而繁重，而 VTP 协议可以帮助我们减少这些工作。

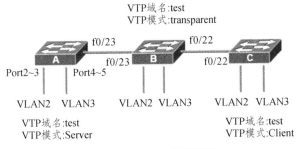

图 1-4-14 VTP 管理运行

管理员在网络中设置一个或者多个 VTP 服务器（Server），其余交换机配置成 VTP 客户机（Client）。在 Server 上创建和修改 VLAN 后，VTP 协议会将这些修改通告其他交换机，这些交换机同步更新 VLAN 信息（VLANID 和 VLAN Name），如图 1-4-14 所示。VTP 使得 VLAN 的管理更加自动化了。

4.2.1 VTP 协议工作原理

VTP 是一个 OSI 参考模型第二层的通信协议，主要用于管理在同一个域的网络范围内的 VLAN 的建立、删除和重命名。在同一 VTP 域内，当一台 VTP 服务器更新 VLAN 配置后，该服务器会立即向所有中继发送 VTP 消息。在中继另一端与此相邻的交换机会处理收到的消息并更新它们的 VLAN 数据库，然后它们再给它们的邻居发送 VTP 消息。该进程在相邻交换机之间被不断转发，直到所有交换机收到 VTP 消息并更新他们的 VLAN 数据库。VTP 服务器和客户机每 5 分钟也会周期性地发送 VTP 消息，VTP 服务器和客户机同时处理所接收到的 VTP 消息，并基于这些消息更新其 VTP 数据库。

VTP 域，也称为 VLAN 管理域，由一个以上共享 VTP 域名的相互接连的交换机组成。要使用 VTP，就必须为每台交换机指定 VTP 域名，且 VTP 信息只能在 VTP 域内保持。一台交换机属于并且只属于一个 VTP 域。域内的交换机必须是相邻的，这意味着 VTP 域内的所有交换机形成了一颗相互连接的树。同时，在所有的交换机之间，必须启用中继。

缺省情况下，CATALYST 交换机（思科公司的交换机产品）处于 VTP 服务器模式，并且不属于任何管理域，直到交换机通过中继链路接收了关于一个域的通告，或者在交换机上配置了一个 VLAN 管理域,交换机才能在 VTP 服务器上把创建或者更改 VLAN 的消息通告给本管理域内的其他交换机。如果在 VTP 服务器上进行了 VLAN 配置变更,所做的修改会传播到 VTP 域内的所有交换机上。

4.2.2　VTP 的运行模式

VTP 模式有 3 种,分别是:服务器模式、客户机模式和透明模式。

服务器模式(SERVER 缺省):提供 VTP 消息和监听 VTP 消息,可以添加、修改和删除 VLAN。所有的 VTP 信息都被通告给本域中的其他交换机,而且,所有这些 VTP 信息都是被其他交换机同步接收的。

客户机模式(CLIENT):提供 VTP 消息和监听 VTP 消息,但不允许管理员添加、修改或删除 VLAN。当服务器端建立了新的 VLAN,同步过来之后,客户端的端口还是要手动分配的。

透明模式(TRANSPARENT):不提供 VTP 消息,不学习 VTP 消息,只转发 VTP 消息。它不收到自己的 VLAN 表里,只是传给下面的交换机,自己不会被改变;可以添加、删除和更改 VLAN,只在本地有效。

服务器模式和客户机模式在发送和监听 VTP 消息方面没有差别,二者的根本区别是服务器上可以配置 VLAN,客户机上不能配置 VLAN。三种运行模式的比较如表 1-4-1 所示。

表 1-4-1　三种模式的比较

特性	服务器模式	客户端模式	透明模式
提供 VTP 消息	√	√	×
监听 VTP 消息	√	√	×
修改 VLAN	√	×	√(本地有效)
保存 VLAN	√	×	√(本地有效)

4.2.3　VTP 的消息类型

VTP 域里的交换机依靠相互传递 VTP 信息来保持自己的 VLAN 信息与 VTP 域里其他交换机的一致性,这些 VTP 消息是通过通告传递的。VTP 的通告类型有如下两种,一种是来自客户机的请求,由客户机在启动时发出,用以获取信息;另一种是来自服务器模式的交换机对客户端模式交换机请求的响应。

VTP 的信息类型有如下三种:

1. 汇总通告消息(Summary Advertisements)

在默认情况下,Catalyst 交换机会每 5 分钟发送一条汇总通告消息。汇总通告消息会通知临近 Catalyst 交换机当前的 VTP 域名和配置修订号。当交换机收到汇总通告消息数据包时,交换机就会将数据包中的 VTP 域名与自己的 VTP 域名进行比较。如果名称不同,交换机就会忽略这个数据包;如果名称相同,交换机就会将自己的配置修订号与数据包的修订号进行比较。如果自己的配置修订号大于等于数据包的修订号，数据包也会被忽略；如果自己的配置修订号比较小，那么交换机就会发送通告请求消息。

2. 子集通告消息（Subset Advertisements）

如果在 VTP 服务器上增加、删除或者修改了 VLAN，"配置修改编号"就会增加，交换机会先发送汇总通告，然后发送一个或多个子集通告。挂起或激活某个 VLAN，改变 VLAN 的名称或者 MTU（最大传输单元），都会触发子集通告。

子集通告中包括 VLAN 列表和相应的 VLAN 信息。如果有多个 VLAN，为了通告所有的信息，可能需要发送多个子集通告。

3. 通告请求消息（Request Advertisements）

在下列情况下，交换机需要发送 VTP 通告请求消息：
（1）交换机重启。
（2）VTP 域名被修改。
（3）交换机收到一条 VTP 汇总通告消息，且该消息的配置修订号高于其自身的修订号。

在收到通告请求消息之后，VTP 设备就会发送一条汇总通告消息。在此之后，再发送一条或多条子集通告消息。

4.2.4 VTP 基本配置命令

switch（config）#vtp domaindomain_name   //创建 VTP 域，域名必须相同，
                                                //长度为 1 到 32 字符

switch（config）#vtp server | client | transparent //配置 VTP 模式

switch（config）#vtp password   password   //配置 VTP 口令，密码必须一致，
                                                //长度 8~64 个字符

switch（config）#vtp pruning   //配置 VTP 修剪

switchport trunk pruning vlan remove vlan-id   //从可修剪列表中去除某 VLAN

switchport trunk pruning remove 2-4，6，8   //例（去除 VLAN2、3、4、6、8）

switch（config）#vtp version 2   //配置 VTP 的版本

switch#show vlan   //查看 VLAN 信息

4.3 链路聚合（Link Aggregation）技术

随着数据业务量的增长和对服务质量要求的提高，高可用性已成为高性能网络最重要的特征之一。网络的高可用性是指系统以有限的代价换取最大运行时间，将故障引起的服务中断损失降到最低。具有高可用性的网络系统一方面需要尽量减少硬件或软件故障，另一方面必须对重要资源做相应备份。一旦检测到故障即将出现，系统能迅速将受影响的任务转移到

备份资源上以继续提供服务。

在传统技术中，常用更换高速率的接口板或支持高速率接口板的设备的方式来增加带宽，但这种方案需要付出高额的费用，而且不够灵活。采用链路聚合技术可以在不进行硬件升级的条件下，通过将多个物理接口捆绑为一个逻辑接口，来达到增加链路带宽的目的。在实现增大带宽目的的同时，链路聚合采用备份链路的机制，可以有效地提高设备之间链路的可靠性。

4.3.1　链路聚合的基本概念

链路聚合（Link Aggregation），是指将多个物理端口捆绑在一起，成为一个逻辑端口，以实现出入流量在各成员端口中的负荷分担，交换机根据用户配置的端口负荷分担策略决定报文从哪一个成员端口发送到对端的交换机。当交换机检测到其中一个成员端口的链路发生故障时，就停止在此端口上发送报文，并根据负荷分担策略在剩下链路中重新计算报文发送的端口，故障端口恢复后重新计算报文发送端口，如图 1-4-15 所示。链路聚合在增加链路带宽、实现链路传输弹性和冗余等方面是一项很重要的技术。

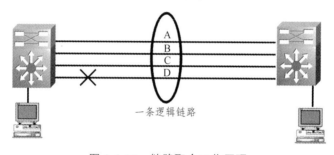

图 1-4-15　链路聚合工作原理

通过链路聚合技术，逻辑链路的带宽增加了大约 n-1 倍，这里 n 为聚合的路数。另外，聚合后的可靠性大大提高，因为链路聚合中的成员互相动态备份，当某一链路中断时，其他成员能够迅速接替其工作。与生成树协议不同，链路聚合启用备份的过程对聚合之外是不可见的，而且启用备份过程只在聚合链路内，与其他链路无关，切换可在数毫秒内完成。除此之外，链路聚合可以实现负载均衡。因为通过链路聚合连接在一起的两个（或多个）交换机（或其他网络设备），通过内部控制并按照一定算法也可以合理地将数据分配在被聚合连接的设备上，实现链路级的负载分担功能。

此外，链路聚合不需重新布线，也无须考虑千兆网传输距离极限的问题，可以捆绑任何相关的端口，也可以随时取消设置，这样提供了很高的灵活性。

4.3.2　链路聚合的条件和方式

在一个聚合端口中要实现链路聚合，成员端口的所有参数必须一致，这些参数包括：传输速率、双工模式、成员端口以及链路聚合组的模式等。成员端口可以是二层也可是三层。

链路聚合总共有两种模式：手动负载均衡模式与链路聚合控制协议（LACP）模式。

1. 手动负载均衡模式

在此模式下，Eth-Trunk 的建立，成员接口的加入由手工配置。该模式下的所有活动链路都参与数据的转发，平均分担流量。如果某条活动链路出现故障，则自动在剩余的活动链路中平均分担流量。该模式适用于既需要大量的带宽，又不支持 LACP 协议的两直连设备之间。负载均衡可以基于 MAC 地址与 IP 地址进行。

2. LACP 模式

在 LACP 模式中，链路两端的设备相互发送 LACP 报文，协商聚合参数，协商完成后，两台设备确定活动接口和非活动接口。在 LACP 模式中，需要手动创建一个 Eth-Trunk 端口，并添加成员口。该模式也叫作 M∶N 模式，M 代表活动成员链路，用于在负载均衡模式中转发数据；N 代表非活动链路，用于冗余备份。如果一条活动链路发生故障，该链路传输的数据被切换到一条优先级最高的备份链路上，这条备份链路转变为活动状态。

两种链路聚合模式的主要区别是：在 LACP 模式中，一些链路充当备份链路；在手动负载均衡模式中，所有的成员口都处于转发状态。

4.3.3 链路聚合的基本配置命令

ZXR10（config）#interface <smartgroup-name>　　　　//创建 Trunk 组
#smartgroup <smartgroup-id> mode {passive|active|on}　　//绑定端口到 Trunk 组，并设置
//端口聚合模式（聚合模式设置为 on 时端口运行静态 Trunk，参与聚合的两端都需要设置为 on
//模式。聚合模式设置为 active 或 passive 时端口运行 LACP，active 指端口为主动协商模式，
//passive 指端口为被动协商模式）
　　　#smartgroup load-balance <mode>　　　//配置 SmartGroup 的负载均衡
ZXR10（config）#show lacp 2 internal　　//查看 Trunk 组 2 中成员端口的聚合状态（当 Agg
//State 为 selected，Port State 为 0x3d 时，表示端口聚合成功。）

4.4　PVLAN（Private-VLAN）技术

PVLAN 即私有 VLAN，也称专用虚拟局域网。PVLAN 采用两层 VLAN 隔离技术，只有上层 VLAN 全局可见，下层 VLAN 相互隔离。如果将交换机或 IP DSLAM 设备的每个端口划为一个（下层）VLAN，则实现了所有端口的隔离，所以称为专用虚拟局域网。

4.4.1　VLAN 应用的局限性

在 LEEE802.1Q 定义的 VLAN 帧格式中，VLAN ID 是 12 b，也就是最大可以支持 4 096个 VLAN。在实际的应用中，这只能满足企业网用户的需求，对于运营级别的单位，明显存在 VLAN ID 缺乏的问题。随着网络的迅速发展，用户对于网络数据通信的安全性提出了更高的要求，诸如防范黑客攻击、控制病毒传播等，都要求保证网络用户通信的相对安全性。传

统的解决方法是给每个客户分配一个 VLAN 和相关的 IP 子网，通过使用 VLAN，每个客户从第二层被隔离开，可以防止任何恶意的行为和 Ethernet 的信息探听。然而相对于企业网用户来说，这种分配具有较多的 VLAN 和 IP 子网，使管理变得复杂，具有一定局限。这些局限主要有下述几方面：

（1）VLAN 的限制：交换机固有的 VLAN 数目的限制。

（2）复杂的 STP：对于每个 VLAN，每个相关的 Spanning Tree 的拓扑都需要管理。

（3）P 地址的紧缺：IP 子网的划分势必会造成一些 IP 地址的浪费。

（4）路由的限制：每个子网都需要相应的默认网关的配置。

因此，在不能更改 VLAN 帧格式来扩充 VLAN 数量的前提下，应采用有效的方法来解决这个问题。

4.4.2 PVLAN 实现原理

交换机根据应用，要求各个端口互相隔离，即给每个端口划分一个 VLAN。与此同时，由于上层设备的 VLAN 数量有限，不允许该交换机将 VLAN 透传上来，即交换机上行端口要设为 Access 方式。但是在交换机上一个 Access 端口只能属于一个 VLAN，如何才能让带有不同 VLAN ID 的数据报文发送到同一个 Access 端口呢？

这时候就需要使用交换机的 PVLAN 功能。在 PVLAN 中，交换机端口有 3 种类型，Isolated Port（隔离端口）、Community Port（公共端口）和 Promiscuous Port（混合端口）。它们分别对应不同的 VLAN 类型，Isolated Port 属 Isolated PVLAN，Community Port 属于 Community PVLAN，而代表一个 Private VLAN 整体的是 Primary VLAN。前面两类 VLAN 需要和它绑定在一起，同时它还包括 Promiscuous Port。在 Isolated PVLAN 中，Isolated Port 之间不能交换流量，其只能与 Promiscuous Port 进行通信；在 Community PVLAN 中，Community Port 不仅可以和 Promiscuous Port 通信，而且彼此也可以交换流量。Promiscuous Port 与路由器或第 3 层交换机接口相连，它收到的流量可以发往 Isolated Port 和 Community Port。

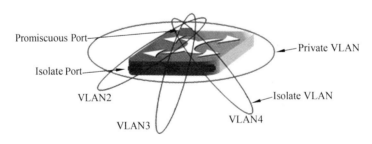

图 1-4-16　PVLAN 实现原理

PVLAN 的实现原理如图 1-4-16 所示。PVLAN 采用二层 VLAN 的结构，在一台以太网交换机上存在一个或者多个 PVLAN。一个 PVLAN 可以包括多个 Isolate Port 和上行 Promiscuous Port，这样对上层交换机来说，可以认为下层交换机中只有几个 PVLAN，而不必关心 PVLAN 中的端口实际所属的 VLAN，从而简化了配置，节省了 VLAN 资源。一个 PVLAN 中包含的所有的 Isolate Port 处在同一个子网中，节省了子网数目和 IP 地址资源。PVLAN 提供了灵活的配置方式，如果用户希望实现二层报文的隔离，可以采用为每个用户提供一个 Isolate Port 的方式，每个 VLAN 中只包含该用户连接的端口和上行端口；如果希望实现用户之间二层报文的互通，可以将用户连接的端口从 PVLAN 中删除，然后把这些端口划入同一个 VLAN 中。

4.4.3 PVLAN 适用场合和使用规则

如图 1-4-17 所示，根据 LEEE 802.1Q 的设置，三幢大楼内部的用户为了划分广播域，必然会产生较多的 VLAN。这些 VLAN 在经过 Trunk 透传之后，核心交换机上必然存在 9 个 VLAN，也必须为这些 VLAN 逐一设置网关。在采用 PVLAN 之后，每幢大楼实际上向上只透传 1 个 VLAN，那么核心交换机只需要管理 3 个 VLAN，因此也只需要设置 3 个网关。同时，大楼内的各个端口的用户还是处于隔离状态，也就是说，大楼内的每个端口是一个广播域。这种方法有效地扩展了 VLAN 的数量，而又不影响用户的使用。

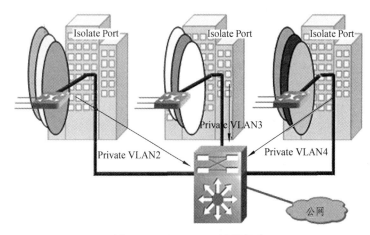

图 1-4-17　PVLAN 适用场合

在使用过程中要注意以下规则：

（1）一个 Primary PVLAN 当中只能有 1 个 Promiscuous Port。

（2）一个 Primary PVLAN 当中至少有 1 个 Secondary PVLAN，但是没有上限。

（3）一个 Primary PVLAN 当中只能有 1 个 Isolated PVLAN，可以有多个 Community PVLAN。

（4）不同 Primary PVLAN 之间的任何端口都不能互相通信（这里"互相通信"是指二层连通性）。

（5）Isolated Port 只能与 Promiscuous Port 通信，除此之外不能与任何其他端口通信。

（6）Community Port 可以和 Promiscuous Port 通信，也可以和同一 Community PVLAN 中的其他物理端口进行通信，除此之外不能和其他端口通信。

（7）创建 PVLAN 前，需要配置 VTP 模式为 Transparent（透明的），在配置 PVLAN 后，将不能再把模式转变为 Server 和 Client。

（8）在配置 PVLAN 时，不使用 VLAN1，VLAN1002~VLAN1005。

（9）三层的 VLAN 接口只能分配给主 VLAN。

（10）不能在 PVLAN 中配置 EtherChannel（端口聚合）。

（11）假如交换机上一个端口为 SPAN 的目的端口，这个端口会在配置 PVLAN 后失效。

（12）PVLAN 的端口可以作为 SPAN 的源端口。

（13）假如在 PVLAN 中删除了一个 VLAN，那么属于该 VLAN 的端口将失效。

4.4.4 SuperVLAN 配置命令

（1）创建 SuperVLAN，并进入 SuperVLAN 配置模式（全局模式下）：

interface {supervlan <supervlan-id>|<supervlan-name>}

（2）将 VLAN 绑定到指定的 SuperVLAN（VLAN 模式下）：

supervlan <supervlan-id>

（3）打开/关闭 SuperVLAN 中各个子 VLAN 之间的路由功能（SuperVLAN 模式下）：

inter-subvlan-routing {enable|disable}

（4）显示 SuperVLAN 的配置信息（除用户模式外所有模式）：

show supervlan [<supervlan-id>]

4.5 QinQ 技术

4.5.1 QinQ 简介

QinQ 又称 VLAN 嵌套，是对基于 IEEE 802.1Q 封装的隧道协议的形象称呼。QinQ 技术是在原有 VLAN 标签（内层标签）之外再增加一个 VLAN 标签（外层标签），外层标签可以将内层标签屏蔽起来。QinQ 不需要协议的支持，通过它可以实现简单的 L2PVN（二层虚拟专用网），特别适合以三层交换机为骨干的小型局域网。

VLAN 最初是一种虚拟工作组的概念，是在同一个交换机上面实现不同工作组之间的隔离，共享一个交换机设备，VLAN 内的所有用户是可相互通信的。VLAN 数量有一个上限（4 096个），对于单个 L2 交换机来说，也许完全够用，但是对于一个庞大的 L2 网络，或者完全部署 VLAN 透传的 L2 城域接入网来说，就显得捉襟见肘。而 QinQ 正是为解决 VLAN 局限而提出来的。

QinQ 协议对此的解决方案是：向用户提供一个唯一的公网 VLAN ID，将用户私网 VLAN Tag 封装在这个新的公网 VLAN ID 中，并依靠它在公网网络中进行传播，用户的私网 VLAN ID 在公网中被屏蔽。这样大大节省了运营提供商紧缺的 VLAN ID 资源，使得 VLAN 数量增加到 4 094×4 094 个，扩展了 VLAN 空间。所以，QinQ 技术又被形象地称为 VLAN 隧道。

随着以太网的发展以及精细化运作的要求，QinQ 的双层标签又有了进一步的使用场景。它的内外层标签可以代表不同的信息，如内层标签代表用户，外层标签代表业务。另外，QinQ 报文带着两层 TAG 穿越公网时，内层 Tag 透明传送，也是一种简单、实用的 VPN（虚拟专用网络）技术。因此它又可以作为核心 MPLS VPN 在以太网 VPN 的延伸，最终形成端到端的 VPN 技术。

4.5.2 QinQ 报文格式

QinQ 报文有固定的格式，就是在 802.1Q 的标签之上再加一层 802.1Q 标签，QinQ 报文比 802.1Q 报文多 4 B，如图 1-4-18 所示。

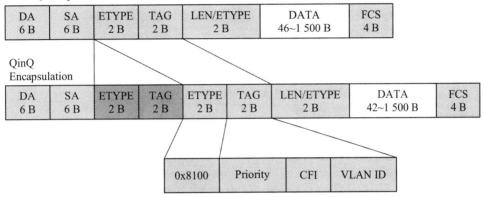

图 1-4-18　QinQ 帧格式

图 1-4-18 中每个字段的含义如表 1-4-2 所示。

表 1-4-2　各字段功能说明

字段	长度	含　义
Destination Address（DA）	6 B	目的 MAC 地址
Source Address（SA）	6 B	源 MAC 地址
Type	2 B	长度为 2 B，表示帧类型。取值为 0x8100 时表示 802.1Q TAG 帧。如果不支持 802.1Q 的设备收到这样的帧，会将其丢弃。对于内层 VLAN TAG，该值设置为 0x8100。对于外层 VLAN TAG，有下列几种类型 0x8100：思科路由器使用 0x88A8，Extreme Networks 交换机使用 0x9100；Juniper 路由器使用 0x9200；Several 路由器使用
Priority	3 b	PRIORITY，长度为 3 b，表示帧的优先级，取值范围为 0~7，值越大优先级越高。用于当交换机阻塞时，优先发送优先级高的数据包
CFI	1 b	表示 MAC 地址是否是经典格式。CFI 为 0 表示经典格式，CFI 为 1 表示非经典格式。用于区分以太网帧、FDDI 帧和令牌环网帧。在以太网中，CFI 的值为 0
VLAN ID	12 b	VLAN ID，长度为 12 b，表示该帧所属的 VLAN。在 VRP 中，可配置的 VLAN ID 取值范围为 1~4 094
Length/Type	2 B	指后续数据的字节长度，但不包括 CRC 检验码
Data	42~1 500 B	负载（可能包含填充位）
CRC	4 B	用于帧内后续字节差错的循环冗余检验（也称为 FCS 或帧检验序列）

4.5.3 QinQ 工作原理

QinQ 技术的原理如下：在 Ingress 侧，对于收到的 Ethernet 报文，无论是 Tagged 报文还是 UnTagged 报文，都在 MAC 地址之后打上新的 VLAN 标签，一般称之为外层 VLAN 或者公网 VLAN（类似于 MPLS VPN 中的外层标签）；而在 Egress 侧，则将这外层 VLAN 标签去除，再从相应的端口中发送出去，然后交由后续交换机或其他设备处理。

QinQ 的工作原理示意图如图 1-4-19 所示。

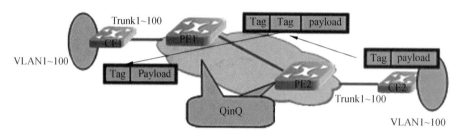

图 1-4-19   QinQ 工作原理

（1）由于 CE1 的出端口是 Trunk 端口，所以用户发往 PE1 的报文均携带用户私网的 VLAN TAG（范围是 1 ~ 100），报文为一个带有 TAG 的报文。

（2）进入 PE1 后，由于入端口做了 QinQ 的映射配置，并且该端口缺省 VLAN 是 3，所以 PE1 不会理会用户私网的 VLAN TAG，而是将分配的公网 VLAN3 的 TAG 强行插入到用户报文里。

（3）在骨干网，报文沿着 Trunk VLAN3 的端口传播，用户私网的 TAG 在骨干上将保持透明状态，直至到达网络边缘设备 PE2。

（4）PE2 发现与 CE2 相连的端口是 VLAN 3 的接入端口，按照传统 802.1Q 协议，将会剥掉 VLAN 3 的 TAG 头，恢复成用户的原始报文，然后发送给 CE2。

4.6 Super VLAN 技术

4.6.1 Super VLAN 的产生

在 LAN Switch（局域网交换机）网络中，VLAN 技术以其对广播域的灵活控制（可跨物理设备）以及部署方便而得到了广泛的应用。但是在一般的三层交换机中，通常是采用一个 VLAN 对应一个三层接口的方式来实现广播域之间互通的，这在某些情况下导致了对 IP 地址的较大浪费。下面以图 1-4-20 所示 VLAN 划分为例，进行问题分析。

表 1-4-3 列出了图 1-4-20 中地址的划分情况。VLAN21 预计未来要有 10 个主机，给其分配一个掩码长 28 b 的子网——1.1.1.0 /28。网段内子网号 1.1.1.0 和子网定向广播地址 1.1.1.15 不能用作主机地址，1.1.1.1 作为子网缺省网关（Gateway）地址也不可作为主机地址，剩下地址范围 1.1.1.2 ~ 1.1.1.14 可以被主机使用，这部分地址共有 13 个（$2^{32-28} - 3 = 13$）。这样，尽管 VLAN 21 只需要 10 个地址就可以满足需求了，但是按照子网划分却要分给它 13 个地址。

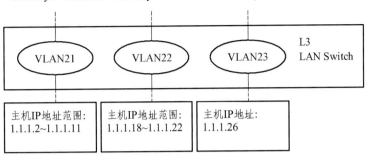

图 1-4-20　普通 VLAN 网络示意图

表 1-4-3　普通 VLAN 主机地址划分示例

VLAN	IP 子网	网关地址	可用主机数	支持客户机数	实际主机数
21	1.1.1.0/28	1.1.1.1	14	13	10
22	1.1.1.16/29	1.1.1.17	6	5	5
23	1.1.1.24/30	1.1.1.25	2	1	1

以此类推，VLAN22 预计未来有 5 个主机地址需求，至少需要分配一个 29 b 掩码的子网（1.1.1.16 /29）才能满足要求。VLAN 23 只有 1 个主机，则占用子网 1.1.1.24 /30。

这 3 个 VLAN 总共需要 10+5+1 = 16 个地址，按照普通 VLAN 的编址方式，即使最优化的方案也需要占用 28 个地址（$2^{32-28} + 2^{32-29} + 2^{32-30}$），地址浪费了将近一半。

而且，如果 VLAN 21 后来并没有增长到 10 台主机，而只增长到了 3 台主机，本来用一个掩码长为 29 b 的子网就够用了，但之前却分了一个子网掩码长为 28 b 的子网，多出来的地址都因不能再被其他 VLAN 使用而被浪费掉了。

同时，这种划分也给后续的网络升级带来了很大不便。假设 VLAN23 的客户在一段时间后需要增加 2 台主机，又不愿意改变已经分配的 IP 地址，而在 1.1.1.24 后面的地址已经分配给了其他主机的情况下，只能额外再给其分配一个 29 b 掩码的子网和一个新的 VLAN。这样 VLAN23 的客户只有 3 台主机，却被迫分配了两个子网，不在同一个 VLAN 中，造成管理上的极大不便。

由此可以看出，被诸如子网号、子网定向广播地址、子网缺省网关地址消耗掉的 IP 地址数量是相当可观的。同时，这种地址分配的固有约束也严重降低了编址的灵活性，使许多闲置地址被浪费。为了解决这一问题，Super VLAN（也称 VLAN Aggregation，即 VLAN 聚合）应运而生。

4.6.2　Super VLAN 的基本概念

Super VLAN 技术针对上述缺陷做了改进，它引入 Super-VLAN（Vlan 聚合）和 Sub-VLAN（子 Vlan）的概念。一个 Super-VLAN 可以包含一个或多个保持着不同广播域的 Sub-VLAN。Sub-VLAN 不再占用一个独立的子网网段。在同一个 Super-VLAN 中，无论主机属于哪一个

Sub-VLAN，它的 IP 地址都在 Super-VLAN 对应的子网网段内。

这样，通过 Sub-VLAN 间共用同一个三层接口，既减少了一部分子网号、子网缺省网关地址和子网定向广播地址的消耗，又实现了不同广播域使用同一子网网段地址，消除了子网差异，增加了编址的灵活性，减少了闲置地址浪费。在保证了各个 Sub-VLAN 作为一个独立广播域实现了广播隔离的同时，也将从前使用普通 VLAN 浪费掉的 IP 地址节省了下来。

下面仍以图 1-4-20 的例子进行说明。假设用户需求不变，仍是 VLAN21 预计有 10 台主机，VLAN22 预计有 5 台主机，VLAN23 预计有 1 台主机。按照 Super VLAN 的实现方式，令 VLAN2 为 Super-VLAN，分配子网 1.1.1.0/24，子网缺省网关地址为 1.1.1.1，子网定向广播地址为 1.1.1.255，如图 1-4-21 所示。则 sub-VLAN——VLAN21、VLAN22、VLAN23 的地址划分如表 1-4-4 所示。

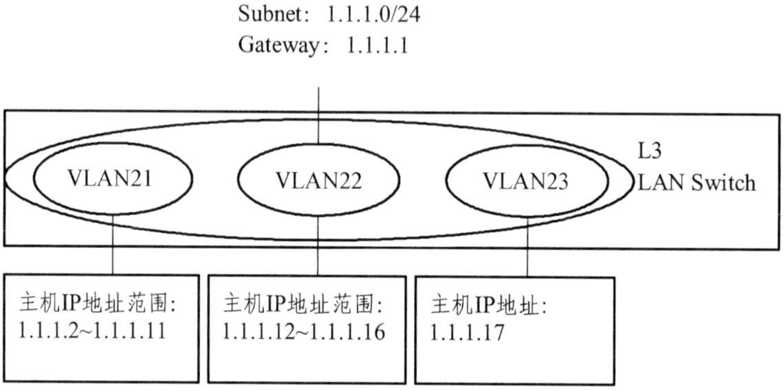

图 1-4-21　Super VLAN 实现示意图

表 1-4-4　Super VLAN 主机地址划分示例

VLAN	IP 子网	网关地址	可用主机数	客户机地址范围
21	1.1.1.0/24	1.1.1.1	10	.2~.11
22	1.1.1.0/24	1.1.1.1	5	.12~.16
23	1.1.1.0/24	1.1.1.1	1	.17

从表 1-4-4 中我们可以看到，VLAN 21、VLAN 22、VLAN 23 共用同一个子网号 1.1.1.0、子网缺省网关地址 1.1.1.1 和子网定向广播地址 1.1.1.255。这样，普通 VLAN 实现方式中用到的 1.1.1.16、1.1.1.24 这样的子网号（1.1.1.0 仍被作为子网号占用）和 1.1.1.17、1.1.1.25 这样的子网缺省网关（1.1.1.1 仍作为子网缺省网关被占用），以及 1.1.1.15、1.1.1.23、1.1.1.27 这样的子网定向广播地址就都可以用来作为主机 IP 地址使用了。

Super VLAN 的实现中，各 Sub-VLAN 间的界限也不再是从前的子网界限了，它们可以根据其各自主机的需求数目在 Super-VLAN 对应子网内灵活划分地址范围。例如，原来在分配给 VLAN 21 的子网 1.1.1.0/28 中的 1.1.1.12 ~ 1.1.1.14 这 3 个地址是被闲置浪费掉的，用 Super VLAN 来实现后，就可以把这些地址划分给 VLAN22。如果 VLAN21 最终只用了 3 个地址，那么剩下的地址还可以分配给其他的 Sub-VLAN。

这样，3 个 VLAN 一共需要 16 个地址，实际上在这个子网里就刚好分配了 16 个地址给它们。这 16 个主机地址加上子网号、子网缺省网关、子网定向广播地址，一共用去了 19 个

IP 地址，网段内仍剩余 237 个地址可以被任意 Sub-VLAN 内的主机使用。

4.6.3 Super-VLAN 和 Sub-VLAN

在 Super VLAN 中，引入了 Super-VLAN 和 Sub-VLAN 的概念。这是两种与以往的 VLAN 不同的 VLAN 类型。

Super-VLAN 和通常意义上的 VLAN 不同，它只建立三层接口，而不包含物理端口。因此，可以把它看作一个逻辑的三层概念——若干 Sub-VLAN 的集合。它与一般没有物理端口的 VLAN 不同的是，它的三层虚接口的 UP（开启、运行）状态不依赖于其自身物理端口的 UP，而是只要它所含 Sub-VLAN 中存在 UP 状态的物理端口。

Sub-VLAN 则只包含物理端口，但不能建立三层 VLAN 虚接口。它与外部的三层交换是靠 Super-VLAN 的三层虚接口来实现的。

每一个普通 VLAN 都有一个三层逻辑接口和若干物理端口，而 Super VLAN 把这两部分剥离开来：Sub-VLAN 只映射若干物理端口，负责保留各自独立的广播域；而用一个 Super-VLAN 来实现所有 Sub-VLAN 共享同一个三层接口的需求，使不同 Sub-VLAN 内的主机可以共用同一个 Super-VLAN 的网关，在 Super-VLAN 对应的子网里分配地址，然后再通过建立 Super-VLAN 和 Sub-VLAN 间的映射关系，把三层逻辑接口和物理端口这两部分有机地结合起来，并用 ARP Proxy（ARD 代理）来实现 Sub-VLAN 间的三层互访，从而在实现普通 VLAN 功能的同时，达到节省 IP 地址的目的。

本章小结

VLAN 又称虚拟局域网，是指在交换局域网的基础上，采用网络管理软件构建的可跨越不同网段、不同网络的端到端的逻辑网络。一个 VLAN 组成一个逻辑子网，即一个逻辑广播域，它可以覆盖多个网络设备，允许处于不同地理位置的网络用户加入一个逻辑子网中。VLAN 技术工作在 OSI 参考模型的第二层和第三层。VLAN 之间的通信是通过第三层的路由器来完成的。

本章主要介绍了 VLAN 的基本概念和工作原理，以及 802.1Q 协议。在 VLAN 技术应用方面，重点介绍了 VTP 协议的工作原理和运行模式，链路聚合技术的基本原理，PVLAN 的作用及其配置，QinQ 的常见组网方式和配置步骤，以及 Super VLAN 的应用场景和配置。

通过对本章内容的学习，应重点掌握 VLAN 的概念及作用、VTP 协议的工作原理、链路聚合技术的作用和方式，理解 Private-VLAN 的作用及其配置、QinQ 协议及其配置以及 Super VLAN 的作用和配置，了解交换机的 VLAN 接口类型、VLAN 标签协议 802.1Q。

习 题

一、填空题

1. 多个 VLAN 需要穿过多个交换机，互联交换机端口需要 Tagged（打标签），从这方面看，交换机的端口类型分为_____和_____。

2. Access Port 是可以承载_____个 VLAN 的端口，Tagged Port 是可以承载_____个 VLAN 的端口。

3. VLAN TAG 占用的字节数是_____；VLAN ID 的范围是从_____至_____。

4. 采用 VLAN 技术的主要目的是控制广播范围，防止广播风暴产生，提高网络的安全性。划分 VLAN 的方法主要有基于_____、_____、_____、_____四种。

二、选择题

1. 一个包含有多厂商设备的交换网络中，其 VLAN Trunk 的标记一般应选（　　　）。

A. IEEE 802.1q   B. ISL   C. VLT   D. IEEE 802.3

2. 下列关于 802.1Q 标签头的错误叙述是（　　　）。

A. 802.1Q 标签头长度为 4 B

B. 802.1Q 标签头包含了标签协议标识和标签控制信息

C. 802.1Q 标签头的标签协议标识部分包含了一个固定的值 0x8200

D. 802.1Q 标签头的标签控制信息部分包含的 VLAN ID 是一个 12 b 的域

3. 一个 VLAN 可以看作是一个（　　　）。

A. 冲突域   B. 广播域   C. 管理域   D. 阻塞域

4. IEEE 802.1Q 的标记报头嵌入以太网报文头部时，按照 IEEE802.1Q 标准，标记实际上嵌在（　　　）。

A. 不固定   B. 源 MAC 地址和目标 MAC 地址前

C. 源 MAC 地址和目标 MAC 地址后   D. 源 MAC 地址和目标 MAC 地址中间

5. 对于引入 VLAN 的二层交换机，下列说法不正确的是（　　　）。

A. 任何一个帧都不能从自己所属的 VLAN 被转发到其他 VLAN 中

B. 每一个 VLAN 都是一个独立的广播域

C. 每一个用户都不能从网络上的任一点毫无控制地直接访问另一点的网络或监听整个网络上的帧

D. VLAN 隔离了广播域，但并没有隔离各个 VLAN 之间的任何流量

三、简答题

1. 一个 HUB 的所有端口属于同一个广播域吗？属于同一个冲突域吗？属于同一个交换机吗？

2. 能够在一条链路上承载多 VLAN 的链路叫作什么链路？该链路上的数据和只能承载单个 VLAN 的链路上的数据有什么不同？

3. 802.1Q 协议是在原数据帧中插入了多少字节的标签？

4. PVLAN 的哪些端口彼此之间可以通信？

5. QinQ 最主要的作用是什么？

6. 简述 Super VLAN 技术的工作原理。

早在 20 世纪 70 年代，人们就已经开始对路由技术展开了讨论，但是直到 20 世纪 80 年代路由技术才逐渐进入商业化的应用。路由技术之所以在一开始没有被广泛使用主要原因是因为之前的网络结构都非常简单，不需要路由的功能。到了 20 世纪 90 年代，由于局域网技术发展成熟，常见的以太网、令牌环和 FDDI，广域网有 DDN、X.25、帧中继、ATM 等高速网络分别从不同方面满足用户的需求，但是这些网络的物理介质和通信协议都是不相同的，彼此之间不能够直接相互通信，使网络的发展受到了限制。

为了将两个或两个以上具有独立自治能力的、异构的计算机网络连接起来，实现数据流通，扩大资源共享的范围，或者容纳更多的用户，这个时候就需要用到协议转换或者隧道技术，其大都是利用 TCP/IP 协议作为统一标准，而路由器就是一种利用协议转换技术将异种网进行互联的设备。

路由器通常位于网络层，因而路由技术也是与网络层相关的一门技术。路由技术简单来说就是对网络上众多的信息进行转发与交换的一门技术，通过互联网络将信息从源地址传送到目的地址。路由技术这几年来取得了快速的发展，特别是第五代路由器的出现，满足了人们对数据、语音和图像等综合应用的需求，逐渐被大多数家庭网络所选择并且被广泛使用。

5.1　路由器的定义和作用

路由器是工作在网络层的重要网络设备，构成了基于 TCP/IP 协议的 Internet 的主节点。工作在 Internet 上的路由器也称为 IP 网关，一方面，它屏蔽了下层网络的技术细节，能够跨越不同的物理网络类型（DDN、FDDI、Ethernet 等），使各类网络进行了统一，这种一致性使全球范围用户之间的通信成为可能；另一方面，路由器在逻辑上将整个互联网络分割成一个个逻辑上独立的网络单位，使网络具有一定的逻辑结构。同时路由器还负责对 IP 包进行灵活的路由选择，把数据逐段向目的地转发，使全球范围用户之间的通信成为现实。

路由器的核心作用是通过在不同网络之间转发数据单元来实现网络互联。为实现在不同网络间转发数据单元的功能，路由器必须具备一些条件。首先，路由器上多个三层接口要连接在不同的网络上，每个三层接口应连接到一个逻辑网段。其次，路由器是根据目的网络地址进行数据转发的，所以协议应至少向上实现到网络层。最后，路由器必须具有存储、路由交换、路由选择功能。

下面我们来具体说明一下路由器的主要功能。

1. 存储功能

路由器中可能有多种内存，不同内存其作用也不相同。

RAM（随机存取存储器）：存储路由表信息，快速转换缓存，运行配置。

ROM（只读存储器）：永久存储启动诊断代码及设备当前运行的命令。

NVRAM（非易失性随机访问存储器）：存储设备启动配置文件。

FLASH（闪存）：保存一个设备完整网络系统软件镜像。

通常来说路由器内存越大越好，但是与 CPU 能力类似，内存同样不直接反映路由器性能与能力。因为高效的算法与优秀的软件可以大大节约内存。

2. 路由功能（寻径功能）

一个网络中的计算机要给另一个网络中的计算机发送分组时，首先将分组送给同一个网络中用于网络之间连接的路由器，路由器根据目的地址信息，选择合适的路由，将该分组传递到目的网络用于网络之间连接的路由器中，然后通过目的网络中内部使用的路由选择协议，该分组最后被递交给目的计算机。

3. 交换功能

路由器的交换功能与以太网交换机执行的交换功能不同，路由器的交换功能是指在网络之间转发分组数据的过程，涉及从接收接口收到数据帧，解封装，对数据包做相应处理，根据目的网络查找路由表，决定转发接口，做新的数据链路层封装等过程。

4. 隔离广播、指定访问规则

路由器阻止广播的通过，并且可以设置访问控制列表（ACL）对流量进行控制。

5. 异种网络互联

支持不同的数据链路层协议，能够连接异种网络。

6. 子网间的速率匹配

路由器有多个接口，不同接口具有不同的速率，路由器能够利用缓存及流控协议进行速率适配。

5.2 路由器的工作原理

路由器工作在 OSI 模型的第三层，提供了路由与转发两种重要机制。路由机制负责路由器控制层面的工作，决定数据包从源端到目的端所经过的路由路径，还能通过运行动态路由协议或其他方法来学习和维护网络拓扑结构知识的机制，产生和维护路由表。转发机制负责路由器数据层面的工作，将路由器输入端的数据包移送至适当的路由器输出端（在路由器内部进行），即从路由器一个接口接收，然后选择合适接口转发，其间做帧的解封装与封装，并对包做相应处理。

每个路由器中都有一个路由表和转发表（FIB）：路由表用来决策路由，转发表用来转发分组。路由表保存路由信息（IP 地址/IP 子网、下一跳、路由度量、超时等），通常由路由协议和路由管理模块维护；转发表是基于路由生成的，路由器实际转发时会使用转发表（只包括 IP 地址/IP 子网和下一跳/出接口）；转发表中每条转发项都指明分组到某个网段或者某个主机时应该通过路由器的哪个物理接口发送，然后就可以到达该路径的下一个路由器，或者不再经过别的路由器而传送到直接相连的网络中的目的主机。

下面通过表 1-5-1 来重点介绍一下路由表的组成和作用。

表 1-5-1　路由表的组成部分

Destination	Mask	GW	Interface	Owner	Pri	Metric
10.0.0.0	255.255.255.0	10.0.0.1	fei_0/1	direct	0	0
10.0.0.1	255.255.255.255	10.0.0.1	fei_0/1	address	0	0
8.0.0.0	255.0.0.0	120.0.0.2	Serial0	RIP	100	3
9.0.0.0	255.0.0.0	20.0.0.2	Ethernet0	OSPF	120	10

（1）目的地址（Destination）：用来标识 IP 包的目的地址或目的网络。

（2）网络掩码（Mask）：与目的地址一起来标识目的主机或路由器所在网段的地址。

（3）下一跳地址（GW）：与之相连的路由器的端口地址。

（4）发送的物理端口（Interface）：学习到该路由条目的接口，也是数据包离开路由器去往目的地将经过的接口。

（5）路由信息的来源（Owner）：表示该路由信息是怎样学习到的，主要有直连路由、静态路由和动态路由三种形式。

（6）路由优先级（Pri）：决定了来自不同路由表源端的路由信息的优先权。

（7）度量值（Metric）：度量值用于表示每条可能路由的代价，度量值最小的路由就是最佳路由（在不同的动态路由协议中数值含义不同）。

5.3　IP 通信流程

接下来分析一下源主机如果要发送数据给目的主机，它们的网络通信数据流程是如何进行的。

如图 1-5-1 所示，源主机有如下的网络通信数据流程：

首先通过某种方法将对端主机的主机名转换为 IP 地址，然后判断与对端是否处于同一网段。判断的方法为：用自己的 IP 地址与子网掩码计算出自己所处的网段，再比较目的主机 B 的 IP 地址，判断是否与自己处于同一网段。如果对端主机与自己处于同一网段，则检查 ARP 表是否有对端主机的 MAC 地址，如有就直接做数据链路层封装（目的 MAC 为对端 MAC 地址）；如没有则通过 ARP 获得对端主机 MAC 地址并封装。最后通过物理层发送数据。

如果对端主机与自己处于不同网段，则检查 ARP 表是否有缺省网关的 MAC 地址，如有就直接做数据链路层封装（目的 MAC 为对端 MAC 地址）；如没有则通过 ARP 获得缺省网关 MAC 地址并封装。最后通过物理层发送数据。如果对端主机与自己处于不同网段，并且本主机没有配置缺省网关，则通信终止，返回错误信息。

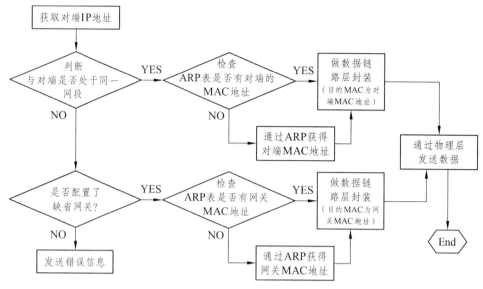

图 1-5-1　IP 通信流程图

下面通过一个具体的例子，来说明不同网络之间的通信流程。假设图 1-5-2 中，路由器 A 中有一台主机 A 想要和路由器 B 中一台主机 B 通信，而路由器 A 中的主机网段是 10.168.1.0/8，路由器 B 中的主机网段是 172.16.1.0/16。

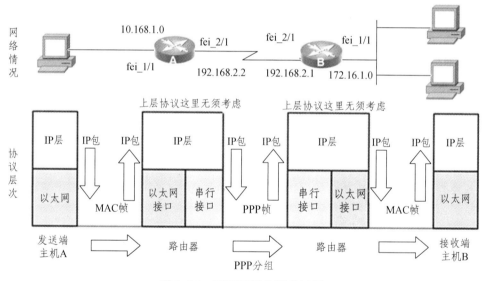

图 1-5-2　不同网段的通信过程

主机 A 通过本机的 Hosts 表或 Windows 系统或 DNS 系统先将主机 B 的计算机名转换为 IP 地址，然后用自己的 IP 地址与子网掩码计算出自己所处的网段，并比较目的主机 B 的 IP 地址，发现其与自己处于不同的网段。于是主机 A 便将此数据包发送给自己的缺省网关，即路由器 A 的本地接口。主机 A 在自己的 ARP 缓存中查找缺省网关的 MAC 地址，如果能找到，就直接做数据链路层封装并通过网卡将封装好的以太数据帧发送到物理线路上去；如果 ARP 缓存表中没有缺省网关的 MAC 地址，主机 A 将启动 ARP 协议，通过在本地网络上的 ARP

广播来查询缺省网关的 MAC 地址，获得缺省网关的 MAC 地址后写入 ARP 缓存表，然后进行数据链路层封装并发送数据。

数据帧到达路由器 B 的接收接口后，首先解封装，变成 IP 数据包，然后对 IP 数据包进行处理，根据目的 IP 地址查找路由表，决定转发接口后做适应转发接口数据链路层协议的帧的封装，并发送到目的主机。在整个通信过程中，数据报文的源 IP、目的 IP 以及 IP 层向上的内容不会改变。

这种通信方式是基于 hop by hop（逐跳）的方式，数据包到达某路由器后根据路由表中的路由信息决定转发的出口和下一跳设备的地址，数据包被转发以后就不再受这台路由器的控制。数据包每到达一台路由器都是依靠当前所在的路由器的路由表中的信息做转发决定的，所以这种方式被称为 hop by hop 的方式。数据包能否被正确转发至目的主机取决于整条路径上所有的路由器是否都具备正确的路由信息。

5.4 路由器的结构和基本配置

5.4.1 路由器的结构（以 ZXR10 1800 为例）

ZXR10 1800 智能集成多业务路由器如图 1-5-3 所示，正面提供 1 个管理用的 Console 口、1 个 AUX 管理口、2 个 10/100BASE-TX 端口和 2 个 USB2.0 接口。除了接口外，系统指示灯也位于设备的正前方，具体如下：

PWR 灯（绿色）：电源指示灯，点亮时设备上电，电源正常。

RUN 灯（绿色）：运行指示灯，点亮时系统运行正常。

ALM 灯（红色）：告警指示灯，点亮时表示系统故障。

FAN 灯（绿色）：风扇状态指示灯，点亮时风扇运行正常。

图 1-5-3 ZXR10 1800 前面板

5.4.2 配置方法

ZXR10 1800 路由器可以通过多种方式进行配置，包括带外方式和带内方式。

1. 带外方式

Console 口：直接和 PC 的串口相连，进行本地管理和配置。

AUX 口：通过与 modem 的连接，进行远程的管理和控制。

2. 带内方式

Telnet 远程登录：通过网络远程登录到路由器，进行配置。

修改配置文件：将路由器的配置文件，通过 TFTP 的方式下载（Download）到终端上，进行编辑和修改，之后在上载（Upload）到路由器上。

网管软件：通过网管软件对路由器进行管理和配置。

5.4.3 配置步骤（以串口配置法为例）

（1）打开超级终端，输入连接的名称，如"ZXR10"，并选择一个图标，如图 1-5-4 所示。

图 1-5-4 ZXR10 串口配置图 1

（2）点击"确定"按钮，出现如图 1-5-5 所示的界面。在"连接时使用"后选择"COM 1"。

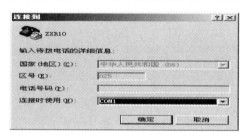

图 1-5-5 ZXR10 串口配置图 2

（3）点击"确定"按钮，出现 COM 口属性设置界面，如图 1-5-6 所示。

COM 口的属性设置：每秒位数（波特率）为"115200"，数据位为"8"，奇偶校验为"无"，停止位为"1"，数据流控制为"无"。

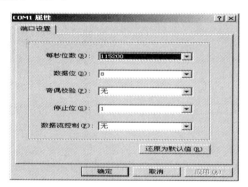

图 1-5-6 ZXR10 串口配置图 3

（4）点击"确定"按钮完成设置，按回车键后出现"ZXR10>"进入用户模式，如图 1-5-7 所示。

图 1-5-7 路由器用户模式

（5）在用户模式下输入 enable 命令和相应口令后，即可进入特权模式，如下所示：

ZXR10>enable

Password:（输入的密码不在屏幕上显示，密码为 zxr10）

ZXR10#

（6）在特权模式下输入 configure terminal 命令进入全局配置模式，如下所示：

ZXR10# configure terminal

Enter configuration commands，one par line，End with Ctrl-Z。

ZXR10（config）#

本章小结

路由器是连接因特网中各局域网、广域网的设备，它会根据信道的情况自动选择和设定最佳路径，按前后顺序发送信号。目前路由器已经广泛应用于各行各业，各种不同档次的产品已成为实现各种骨干网内部连接、骨干网间互联和骨干网与互联网互联互通业务的主力军。路由和交换机之间的主要区别就是交换机工作在 OSI 参考模型第二层（数据链路层），而路由工作在第三层，即网络层。

本章主要介绍了路由器的作用和工作原理，详细分析了路由器的通信过程、基本配置和硬件结构。同学们需要重点掌握路由器的工作原理和路由器的硬件组成，学会分析路由表，能够对路由器进行基本的配置。

习 题

一、填空题

1. 静态路由在路由表中的产生方式（owner）为_____，路由优先级为_____，其 Metric 值为_____。

2. 在网络层上实现网络互联的设备是_____。

3. 在 ZXR10-G/E 系列上配置 Telnet 时，必须首先配置 _____ 和_____。

4. 在路由器上配置 VLAN 子接口，封装形式为_____，封装形式后面必须要指明的参数是_____。

二、选择题

1. 以下哪项不是 IP 路由器应具备的主要功能？（   ）。

A. 转发所收到的 IP 数据报　　　　　　B. 为需要转发的 IP 数据报选择最佳路径

C. 分析 IP 数据报所携带的 TCP 内容　　D. 维护路由表信息

2. ZXR10-G 系列路由交换机收到一个数据包时，如何决定是进行路由处理还是进行交换处理？（   ）。

A. 根据数据包的目的 IP 地址来判断，目的 IP 地址和自己的 IP 接口属于同一网段的，进行交换，否则进行路由。

B. 根据数据包的目的 IP 地址来判断，目的 IP 地址和自己的 IP 接口属于同一网段的，进行路由，否则进行交换。

C. 根据数据包的目的 MAC 地址来判断，目的 MAC 地址和自己的 IP 接口 MAC 地址相同的，进行交换，否则进行路由。

D. 根据数据包的目的 MAC 地址来判断，目的 MAC 地址和自己的 IP 接口 MAC 地址相同的，进行路由，否则进行交换。

3. 报文经过路由器路由转发后，以下说法哪个是正确的？（   ）。

A. 报文的源 MAC、目的 MAC 会改变

B. 报文的源 IP、目的 IP 会改变

C. 报文不会有任何改变

D. 报文的源 MAC、目的 MAC、源 IP、目的 IP 都会改变

4. 路由器的主要功能不包括（   ）。

A. 速率适配　　B. 子网协议转换　　　C. 七层协议转换　　　D. 报文分片与重组

5. ZXR10 路由器在转发数据包到非直连网段的过程中，依靠下列哪一个选项来寻找下一跳地址？（   ）

A. 帧头　　　　　　B. IP 报文头部　　　　C. SSAP 字段　　　　　D. DSAP 字段

6. 使用超级终端对 2×R10 1800 进行配置，COM 口的每秒位数（波特率）应是（   ）。

A. 2400　　　　　　B. 9600　　　　　　C. 19200　　　　　D. 115200

三、简答题

1. 路由器的组成部分和主要功能是什么？

2. 路由表是如何建立的？

3. 路由器需要进行什么配置才能允许远程登录？

4. 如何进行密码恢复？

5. 当路由器因为版本文件损坏而无法正常启动时，应该如何解决？

第6章 路由协议原理与配置

路由器提供了将异构网互联的机制，实现将一个数据包从一个网络发送到另一个网络的功能。而路由就是指导 IP 数据包发送的路径信息。路由协议通过在路由器之间共享路由信息来实现路由。路由信息在相邻路由器之间传递，确保所有路由器知道到相邻路由器的路径。路由协议创建了路由表，描述了网络拓扑结构，同时路由协议与路由器协同工作，执行路由选择和数据包转发功能。

6.1 路由协议的基本概念

目前的 Internet 就是由成千上万个 IP 子网通过路由器互联起来的国际性网络。在这种以路由为基础的网络中，路由器不仅负责对 IP 分组的转发，还要负责与别的路由器进行联络，共同确定网络中的路由选择和维护路由表。这就涉及路由器的两个基本动作：路径选择和数据转发。路径选择即判定到达目的地的最佳路线，由路由选择算法来实现。数据转发即沿最佳路径传送信息分组。它们分别有各自的协议——路由选择协议（Routing Protocol）和路由转发协议（routed protocol）。

路由选择协议：路由选择算法通过将收集到的不同信息填入路由表中，让路由器根据路由表了解到目的网络与下一站（Next hop）的关系。路由表通过互通信息机制进行更新维护来正确反映网络的拓扑变化，并由路由器根据量度来决定最佳路径。像路由信息协议（RIP）、开放式最短路径优先协议（OSPF）和边界网关协议（BGP）等都是路由选择协议。

路由转发协议：通过查找路由表，路由器根据相应表项将分组发送到下一站点（路由机或主机），如果遇到不知道如何发送分组的情况，通常路由器会将其丢弃。如果目的网络直接与路由器相连，路由器就直接把分组送到相应的端口上。

通常人们所说的路由协议是指路由选择协议。在路由的工作原理中，路由选择协议和路由转发协议既是相互配合又是相互独立的，理解好它们的概念对学习网络知识至关重要。

6.1.1 路由协议的分类

路由协议的分类方式如下：

1. 通过构建路由表的实施行为分类

从维护与管理的角度可分为静态路由和动态路由，静态路由是由网络管理员在系统安装时根据网络的配置情况预先设定，网络结构发生变化后由网络管理员手工修改路由，不会产生额外的网络开销，适用于小型网络，或为链路做测试用。动态路由是随网络运行情况的变化而变化，路由器使用动态路由协议（RIP、OSPF、EIGRP 等）动态的公告自己的路由表，并学习邻居路由器的路由表，这种方法会产生额外的网络链路开销，但维护成本低，不易出错，适合大型网络。

2. 根据路由协议的算法与特性分类

根据路由协议算法与特性可以将路由协议分为距离矢量路由协议（Distance Vector）与链路状态路由协议（Link State）。距离矢量路由协议基于 Bellman-Ford 算法，规定了距离与方向，在动态告知邻居其路由表时，不会关心链路的实时状态，只是单纯公告自己的路由表。典型的距离矢量路由协议有 RIP、IGRP（思科公司私有协议）、EIGRP。链路状态路由协议基于图论中非常著名的 Dijkstra 算法，即最短优先路径（Shortest Path First，SPF）算法，它能反应网络的拓扑结构，关心链路状态、链路类型以及链路成本，具备收敛速度快、事件驱动更新、层次性设计、确保无路由环路等特性，典型的距离矢量路由协议有 OSPF、IS-IS。

在距离矢量路由协议中，路由器将部分或全部的路由表传递给与其相邻的路由器；而在链路状态路由协议中，路由器将链路状态信息传递给在同一区域内的所有路由器。

对于小型网络，采用基于距离矢量算法的路由协议易于配置和管理，且应用较为广泛；但在面对大型网络时，不但其固有的环路问题变得很难解决，所占用的带宽也迅速增长，以至于网络无法承受。因此对于大型网络，采用链路状态算法的 IS-IS 和 OSPF 较为有效，并且得到了广泛的应用。IS-IS 与 OSPF 在质量和性能上的差别并不大，但 OSPF 更适用于 IP，较 IS-IS 更具有活力。IETF 始终致力于 OSPF 的改进工作，其修改节奏要比 IS-IS 快得多。这使得 OSPF 正在成为一种应用广泛的路由协议。现在，不论是传统的路由器设计，还是即将成为标准的 MPLS（多协议标记交换），均将 OSPF 视为必不可少的路由协议。

3. 通过路由协议的作用范围分类

根据路由器在自治系统（AS）中的位置，可将路由协议分为内部网关协议（Interior Gateway Protocol，IGP）和外部网关协议（External Gateway Protocol，EGP，也叫作域间路由协议）。IGP 工作在自治系统内部，用于自治系统内部交换路由信息；EGP 工作在自治系统之间，用于交换自治系统之间的路由信息。自治系统是指处于一个通信管理机构控制下的路由器和各种网络组建群，通常管理员对该群具备完全的管理能力。内部网关路由协议包括：RIP-1，RIP-2，IGRP，EIGRP，IS-IS 和 OSPF；外部网关路由协议包括：BGP 和 BGP-4。

总的来说，OSPF、RIP 都是自治系统内部的路由协议，适合于单一的自治系统使用，并不适合整个互联网。因为各自治系统有自己的利益，不愿意提供自身网络的详细路由信息。为了保证各自治系统利益，标准化组织制定了自治系统间的路由协议 BGP。

BGP 处理各自治系统之间的路由传递，其特点是有丰富的路由策略，这是 RIP、OSPF 等协议无法做到的，因为它们需要全局的信息计算路由表。BGP 通过自治系统边界的路由器加上一定的策略，选择过滤路由，把 RIP、OSPF、BGP 等的路由发送到对方。全局范围的、广泛的互联网是 BGP 处理多个自治系统间的路由的实例。BGP 的出现，引起了互联网的重大变革，它把多个自治系统有机地连接起来，使其真正成为全球范围内的网络。其副作用是互联网的路由信息剧增，现在互联网的路由信息大概是 60 000 条，这还是经过聚合后的数字。配置 BGP 需要对用户需求、网络现状和 BGP 协议非常了解，还需要非常谨慎，BGP 运行在相对核心的地位，一旦出错，其造成的损失可能会很大。

6.1.2 路由的优先级

一台路由器上可以同时运行多个路由协议，不同的路由协议都有自己的标准来衡量路由的好坏，并且每个路由协议都把自己认为是最好的路由送到路由表中。这样使得一个同样的目的地址，可能有多条分别由不同路由选择协议学习来的不同的路由。虽然每个路由选择协议都有自己的度量值，但是不同协议间的度量值含义不同，也没有可比性。路由器必须选择其中一个路由协议计算出来的最佳路径作为转发路径加入路由表中。

实际的应用中，路由器选择路由协议的依据就是路由优先级。给不同的路由协议赋予不同的路由优先级，数值小的优先级高。当有到达同一个目的地址的多条路由时，可以根据优先级的大小，选择其中一个优先级数值最小的作为最优路由，并将这条路由写进路由表中。各种路由选择协议的缺省优先级如表 1-6-1 所示。

表 1-6-1　路由选择协议优先级

路由选择协议	优先级
直连路由（Direct）	0
静态路由（Static）	1
外部 BGP（EBGP）协议	20
OSPF 协议	110
RIP v1，v2 协议	120
IS-IS 协议	115
内部 BGP（IBGP）协议	200
Special（内部处理使用）	225

路由优先级数值范围为 0~255。缺省路由优先级赋值原则为：直连路由具有最高优先级；人工设置的路由条目优先级高于动态学习到的路由条目；度量值算法复杂的路由协议优先级高于度量值算法简单的路由协议。

这样，各路由协议（包括静态路由）都被赋予了一个管理距离。当存在多个路由信息源时，具有较小管理距离数值的路由协议发现的路由将成为最优路由，并被加入路由表中。例如，OSPF 路由协议和 RIP 路由协议都发现了一条去往同一个目的地的路由，因为 OSPF 的优先级 110 比 RIP 的优先级 120 高，路由器将会优先选择由 OSPF 协议发现的路由，并将其放入路由表中。

对不同路由协议的路由优先级的赋值是各个设备厂商自行决定的，没有统一标准。所以有可能不同厂商的设备上路由优先级是不同的，并且通过配置可以修改缺省路由优先级。

6.1.3 最长匹配原则

在路由器中，路由查找遵循的是最长匹配原则。所谓的最长匹配就是当路由器收到一个 IP 数据包时，会将数据包的目的 IP 地址与自己本地路由表中的表项进行逐位查找，直到找到匹配度最长的条目。

如图 1-6-1 所示，对于数据包目的 IP 地址 192.168.2.1 来说，在路由表中，匹配成功的是条目 2 和条目 3，条目 1 由于不匹配舍去。同时根据最长匹配原则，由于条目 2 匹配到了 24 位，条目 3 匹配到了 16 位，因此，数据包选用路由条目 2 提供的信息进行转发。

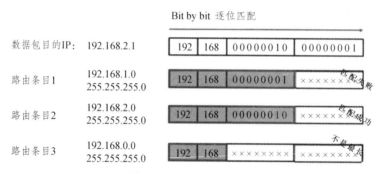

图 1-6-1　最长匹配原则

需要注意的是，在路由器进行路由检查过程中，不同的前缀（网络号+掩码，缺一不可），在路由表中属于不同的路由；相同的前缀，通过不同的协议获取，先比较优先级，后比较度量值。默认采用最长匹配原则，匹配则转发；不匹配则找默认路由，默认路由也没有，则丢弃。

路由器的行为是逐跳的，到目标网络的路径上的每个路由器都必须有关于目的地的路由；数据是双向的，考虑流量的时候，要关注流量的往返情况。

6.2　路由协议原理

路由技术是网络技术的重要组成部分，属于 OSI 模型的第三层。根据路由信息产生的方式和特点，路由可以被分为直连路由、静态路由、缺省路由和动态路由等。

6.2.1　直连路由

路由器接口上配置的网段地址会自动出现在路由表中并与接口关联，这样的路由叫作直连路由。直连路由是由链路层协议发现的，一般指去往路由器的接口地址所在网段的路径，该路径信息不需要网络管理员维护，也不需要路由器通过某种算法进行计算获得，只要该接口处于活动状态（Active），路由器就会把通向该网段的路由信息填写到路由表中去，直连路由无法使路由器获取与其不直接相连的路由信息。

当路由器的接口配置了网络协议地址并状态正常时，即物理连接正常，并且可以正常检测到数据链路层协议的 keep alive 信息时，接口上配置的网段地址自动出现在路由表中并与接口关联。其中产生方式（Owner）为直连（direct），路由优先级为 0，拥有最高路由优先级。其 Metric 值为 0，表示拥有最小 Metric 值，如图 1-6-2 中所示。

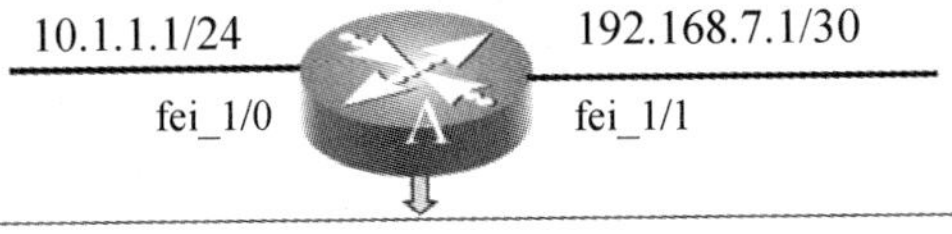

```
                10.1.1.1/24                192.168.7.1/30
                 fei_1/0                     fei_1/1

 IPv4 Routing  Table:
 Dest          Mask            Gw            Interface   Owner     pri   Metric

 10.1.1.0      255.255.255.0   10.1.1.1      fei_1/0     direct    0     0
 10.1.1.1      255.255.255.255 10.1.1.1      fei_1/0     address   0     0
 192.168.7.0   255.255.255.252 192.168.7.1   fei_1/1     direct    0     0
 192.168.7.1   255.255.255.255 192.168.7.1   fei_1/1     address   0     0
 ZXR10#
```

图 1-6-2　直连路由表

直连路由会随接口的状态变化在路由表中自动变化，当接口的物理层与数据链路层状态正常时，此直连路由会自动出现在路由表中，当路由器检测到此接口关掉后此条路由会自动消失。

6.2.2　静态路由

静态路由是由系统管理员根据网络拓扑，使用命令在路由器上配置的路由信息。这些静态路由信息指导报文发送，静态路由方式也不需要路由器进行计算，但是它完全依赖于系统管理员。当网络规模较大或网络拓扑经常发生改变时，网络管理员需要做的工作将会非常复杂并且容易产生错误，所以只适于网络传输状态比较简单的环境。

1. 静态路由的优点

（1）静态路由无须进行路由交换，因此节省了网络的带宽、路由器的内存和提高了 CPU 的利用率。

（2）静态路由具有更高的安全性。在使用静态路由的网络中，所有要连到网络上的路由器都需在邻接路由器上设置其相应的路由，因此在某种程度上提高了网络的安全性。

（3）有的情况下必须使用静态路由，如 DDR（按需拨号路由）、使用 NAT（网络地址转换）技术的网络环境。

2. 静态路由的缺点

（1）管理者必须真正理解网络的拓扑并正确配置路由。

（2）网络的扩展性能差。如果要在网络上增加一个网络，管理者必须在所有路由器上加一条路由。

（3）配置烦琐。特别是当需要跨越几台路由器通信时，其路由配置更为复杂。

3. 静态路由的配置步骤

路由器直连的网络是可以直接到达的，到达这些网络的数据包可以由路由器直接转发；而与路由器并非直连的网络，就需要进行相应的配置，使路由器掌握一条到达远程网络的可转发路径。简单网络的静态路由配置过程共有 3 步：

（1）为网络中的每个数据链路确定子网或网络地址。

（2）为每台路由器标识所有非直连的数据链路。

（3）为每台路由器写出关于每个非直连地址的路由语句，即

Router（config）#ip route 目标地址 子网掩码 下一跳地址

示例：Router（config）#ip route 172.16.1.0 255.255.255.0 172.16.2.2

配置 IPv4 静态路由还可以选择另一种命令，这种命令用出站接口代替下一跳地址，通过出站接口可以到达目标网络。

示例：Router（config）#ip route 172.16.1.0 255.255.255.0 s0/1

第三种配置选择是联合使用出站接口和下一跳地址，即下一跳地址加上指定的出站接口。如果出站接口失效，即使下一跳地址通过代替路由递归可达，路由依然会被删除。这样可以把与下一跳地址关联的出站接口查询减到最小，同时使相应的路由表项不再是直连网络，而是距离为 1 的静态路由。

示例：Router（config）#ip route 172.16.1.0 255.255.255.0 s0/1 172.16.2.2

配置完成之后，静态路由在路由表中产生方式（Owner）为静态（static），路由优先级为 1，其 Metric 值为 0，如图 1-6-3 所示。

```
R1#conf t
R1(config)#ip route 172.16.1.0 255.255.255.0 172.16.2.2

00:20:15: RT: add 172.16.1.0/24 via 172.16.2.2, static metric [1/0]

R1#show ip route
Codes: C - connected, S - static, I - IGRP, R - RIP, M - mobile, B - BGP
       D - EIGRP, EX - EIGRP external, O - OSPF, IA - OSPF inter area
       N1 - OSPF NSSA external type 1, N2 - OSPF NSSA external type 2
       E1 - OSPF external type 1, E2 - OSPF external type 2, E - EGP
       i - IS-IS, L1 - IS-IS level-1, L2 - IS-IS level-2, ia - IS-IS inter area
       * - candidate default, U - per-user static route, o - ODR
       P - periodic downloaded static route

Gateway of last resort is not set

     172.16.0.0/24 is subnetted, 3 subnets
S       172.16.1.0 [1/0] via 172.16.2.2
C       172.16.2.0 is directly connected, Serial0/0/0
C       172.16.3.0 is directly connected, FastEthernet0/0
R1#
```

图 1-6-3　静态路由表

出现以下情况时，我们需要对以前配置的静态路由进行修改：目的网络不再存在，此时应删除相应的静态路由；拓扑发生变化，所有中间地址或送出接口必须相应进行修改。修改时必须将现有的静态路由删除，然后重新配置一条。删除静态路由时，使用 no ip route 命令删除静态路由，例如：no ip route 192.168.2.0 255.255.255.0 172.16.2.2。

4. 浮动静态路由

浮动静态路由与其他静态路由不同，路由表中的其他路由总是优先于浮动静态路由，仅在一种特殊的情况下，即一条首选路由发生失败的时候，浮动静态路由才会出现在路由表中。

示例：

Router（config）#ip route 10.1.1.0 255.255.255.0 192.168.1.1

Router（config）#ip route 10.1.1.0 255.255.255.0 192.168.2.1 50

注意，在使用子网 192.168.2.0 的静态路由后面都跟有 50，该数字指定了管理距离。管理距离是一种优选度量，当存在两条路径到达相同的网络时，路由器将会选择管理距离较低的路径。这与度量类似，但度量指明了路径的优先权，而管理距离指明了发现路由方式的优先权。例如：指向下一跳地址的 IPv4 静态路由的管理距离为 1，而指向出站接口的静态路由的管理距离为 0。如果有两条静态路由指向相同的目标网络，一条指向下一跳地址，一条指向出站接口，那么后一条路由——管理距离值较低的路由——被选择。在缺省情况下，到相同目标的静态路由总是优于动态路由。

6.2.3　缺省路由

缺省路由是一个路由表条目，用来指明一些下一跳没有明确地列在路由表中的数据单元应如何转发。即只有当无任何合适的路由时，缺省路由才被使用。对于在路由表中找不到明确路由条目的所有的数据包都将按照缺省路由指定的接口和下一跳地址进行转发。

在路由表中，缺省路由以到网络 0.0.0.0（掩码为 0.0.0.0）的路由形式出现。如果报文的目的地址不能与路由表的任何入口项相匹配，那么该报文将选取缺省路由。如果没有缺省路由且报文的目的地址不在路由表中，那么该报文被丢弃的同时，将返回源端一个 ICMP 报文指出该目的地址或网络不可达。缺省路由是否出现在路由表中取决于本地出口状态。

缺省路由在网络中是非常有用的。在一个包含上百个路由器的典型网络中，选择动态路由协议可能耗费大量的带宽资源，使用缺省路由意味着采用适当带宽的链路来替代高带宽的链路以满足大量用户通信的需求。在因特网上大约有 99.99% 的路由器都存在一条缺省路由。

例如：ip route 0.0.0.0 0.0.0.0 192.168.1.1 中 0.0.0.0 0.0.0.0 代表未知网络，192.168.1.1 代表下一跳地址。

6.2.4　动态路由协议

Internet 网络的主要节点设备是路由器，路由器通过路由表来转发接收到的数据。转发策略可以是人工指定的（通过静态路由、策略路由等方法）。在具有较小规模的网络中，人工指定转发策略没有任何问题，但是在具有较大规模的网络中（如跨国企业网络、ISP 网络），如果通过人工指定转发策略，将会给网络管理员带来巨大的工作量，并且在管理、维护路由表上也变得十分困难。为了解决这个问题，动态路由协议应运而生。动态路由协议可以让路由器自动学习到其他路由器的网络，并且在网络拓扑发生改变后自动更新路由表。网络管理员只需要配置动态路由协议即可，相比人工指定转发策略，工作量大大减少。动态路由协议按照路由的寻径算法和交换路由信息的方式分为距离矢量路由协议和链路状态路由协议，两种协议各有特点。

距离矢量路由协议使用跳数或向量来确定从一个设备到另一个设备的距离，而不考虑每跳链路的速率。路由器可以互换目标网络的方向及其距离的相关信息，并以这些信息为基础制作路由控制表。在小型网络中（少于 100 台路由器，或需要更少的路由更新和计算环境），距离矢量路由协议相当适合。当小型网络扩展到大型网络时，由该算法计算新路由的收敛速度极慢，而且在它计算的过程中，网络处于一种过渡状态，极可能发生循环并造成暂时的拥塞。另外，当网络底层链路技术多种多样，带宽各不相同时，距离矢量算法也无能为力。

距离矢量路由协议的这种特性不仅造成了网络收敛的延时，而且消耗了带宽。此外，随着路由表的增大，需要消耗的 CPU 资源增多，并消耗了内存。距离矢量路由协议基于 Bellman-Ford 算法，主要有 RIP 和 IGRP 协议两种。

链路状态路由协议没有跳数的限制，在了解网络整体连接状态的基础上，使用图形理论算法或最短路径优先算法，生成路由控制表。其具有更短的收敛时间，支持 VLSM（可变长子网掩码）和无类别域间路由 CIDR，主要有 OSPF 和 IS-IS 协议两种。链路状态路由协议优点是即使网络结构变得复杂，每个路由器也能够保持正确的路由信息，进行稳定的路由选择。缺点是当网络结构很复杂时，需要从网络代理获取路由信息表，对路由信息表管理时需要高速的 CPU 和大量的内存。

6.3 RIP 路由协议原理及配置

6.3.1 RIP 路由协议基本原理

RIP（Routing Information Protocol，路由信息协议），是一种较为简单的内部网关协议。RIP 是一种基于距离矢量算法的协议，它使用跳数（Hop Count）作为度量来衡量到达目的网络的距离。RIP 通过 UDP 报文进行路由信息的交换，使用的端口号为 520。RIP 包括 RIP-1 和 RIP-2 两个版本，RIP-2 对 RIP-1 进行了扩充，使其更具有优势。

RIPv1 是族类路由（Classful Routing）协议，因路由上不包括掩码信息，所以网络上的所有设备必须使用相同的子网掩码，不支持 VLSM。RIPv2 可发送子网掩码信息，是非族类路由（Classless Routing）协议，支持 VLSM。

缺省情况下，RIP 网络中的设备到与它直接相连网络的跳数为 0，通过一个设备可达的网络的跳数为 1，其余依此类推。也就是说，度量值等于从本网络到达目的网络间的设备数量。为限制收敛时间，RIP 规定度量值取 0 ~ 15 的整数，大于或等于 16 的跳数被定义为无穷大，即目的网络或主机不可达。由于这个限制，使得 RIP 不可能在大型网络中得到应用。

6.3.2 RIP 协议工作过程

RIP 协议的工作原理如图 1-6-4 所示，接下来我们具体分析一下它的工作过程。

（1）初始状态：路由器开启 RIP 进程，宣告相应接口，则设备就会从相关接口发送和接收 RIP 报文。

（2）构建路由表：路由器依据收到的 RIP 报文构建自己的路由表项。

（3）维护路由表：路由器每隔 30 s 发送更新报文，同时接收相邻路由器发送的更新报文以维护路由表项。

（4）老化路由表项：路由器为将自己构建的路由表项启动 180 s 的定时器。180 s 内，如果路由器收到更新报文，则重置自己的更新定时器和老化定时器。

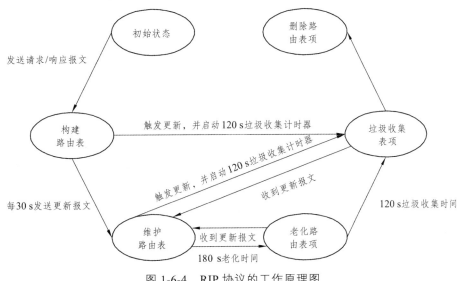

图 1-6-4　RIP 协议的工作原理图

（5）垃圾收集表项：如果 180 s 过后，路由器没有收到相应路由表项的更新，则启动时长为 120 s 的垃圾收集定时器，同时将该路由表项的度量置为 16。

（6）删除路由表项：如果 120 s 之后，路由器仍然没有收到相应路由表项的更新，则路由器将该表项删除。

RIP 协议在更新和维护路由信息时主要使用 4 个定时器：

更新定时器（Update Timer）：当此定时器超时时，立即发送更新报文。

老化定时器（Age Timer）：RIP 设备如果在老化时间内没有收到邻居发来的路由更新报文，则认为该路由不可达。

垃圾收集定时器（Garbage-collect Timer）：如果在垃圾收集时间内不可达路由没有收到来自同一邻居的更新，则该路由将被从 RIP 路由表中彻底删除。

抑制定时器（Suppress Timer）：当 RIP 设备收到对端的路由更新，其 cost 为 16，对应路由进入抑制状态，并启动抑制定时器。为了防止路由震荡，在抑制定时器超时之前，即使再收到对端路由 cost 小于 16 的更新，也不接收。当抑制定时器超时后，就重新允许接收对端发送的路由更新报文。

6.3.3　RIP 协议的特性

（1）水平分割。水平分割（Split Horizon）的原理是，RIP 从某个接口学到的路由，不会从该接口再发回给邻居路由器。这样不但减少了带宽消耗，还可以防止路由环路。

（2）毒性逆转。毒性逆转（Poisoned Reverse）实际上是一种改进的水平分割，这种方法的运作原理是：路由器从某个接口上接收到某个网段的路由信息之后，会往回发送信息，只不过是将这个网段的跳数设为无限大后再发送出去。收到此种的路由信息后，接收方路由器会立刻抛弃该路由，而不是等待其老化时间到（Age Out），这样可以加速路由的收敛。

需要注意的是，虽然水平分割和毒性逆转都是为了防止 RIP 中的路由环路而设计的，但是水平分割是通过不将收到路由条目再按"原路返回"来避免环路，而毒性逆转遵循"坏消息比没消息好"的原则，即将路由条目按"原路返回"，但是该路由条目被标记为不可达（度量值为 16）。

（3）多进程和多实例。RIP 多进程允许为指定的 RIP 进程关联一组接口，从而保证该进程进行的所有协议操作都仅限于这一组接口。这样，就可以实现一台设备有多个 RIP 进程，不同 RIP 进程之间互不影响，它们之间的路由交互相当于不同路由协议之间的路由交互。

（4）RIP 与 BFD 联动。企业租用运营商 MSTP 线路，配置 RIP 路由协议上网，由于企业本端出口路由器无法检测到运营商中间链路通信中断，导致路由收敛缓慢，无法快速地切换到其他备份线路，此时可以在路由器上启用 RIP 与 BFD 联动来解决该问题，它能快速检测出运营商网络的中断，快速地切换到其他备份线路，提高用户的网络体验。

双向转发检测（Bidirectional Forwarding Detection，BFD）是一种用于检测邻居路由器之间链路故障的检测机制，它通常与路由协议联动，通过快速感知链路故障并通告使得路由协议能够快速地重新收敛，从而减少由于拓扑变化导致的流量丢失。

6.3.4 RIPv1 与 RIPv2 的区别

RIP-1 被提出较早，其中有许多缺陷。为了改善 RIP-1 的不足，在 RFC1388 中提出了改进的 RIP-2，并在 RFC 1723 和 RFC 2453 中进行了修订。RIP-2 定义了一套有效的改进方案，支持子网路由选择、CIDR、组播，并提供了验证机制。主要区别有以下几点：

（1）RIPv1 是有类路由协议，RIPv2 是无类路由协议。

（2）RIPv1 不能支持 VLSM，RIPv2 可以支持 VLSM。

（3）RIPv1 没有认证的功能，RIPv2 可以支持认证，并且有明文和 MD5 两种认证。

（4）RIPv1 没有手工汇总的功能，RIPv2 可以在关闭自动汇总的前提下，进行手工汇总。

（5）RIPv1 是广播更新，RIPv2 是组播更新。

（6）RIPv1 对路由没有标记的功能，RIPv2 可以对路由打标记（TAG），用于过滤和决策。

（7）RIPv1 发送的 Updata 最多可以携带 25 条路由条目，RIPv2 在有认证的情况下最多只能携带 24 条路由。

（8）RIPv1 发送的 Updata 包里面没有 Next Hop 属性，RIPv2 有 Next Hop 属性，可以用与路由更新的重定。

6.3.5 RIP 协议基本配置

默认情况下，配置了 RIP 过程的思科路由器上会运行 RIPv1。不过，尽管路由器只发送 RIPv1 消息，但它可以同时解释 RIPv1 和 RIPv2 消息。RIPv1 路由器会忽略路由条目中的 RIPv2 字段。version2 命令用于将 RIP 版本修改为使用第 2 版。当路由器配置为使用第 2 版时，路由器只发送和接收 RIPv2 消息。此命令应在路由域的所有路由器上配置。

RIP 协议具体配置步骤如下：

1. 配置和激活路由器所有接口

R1（config）#interface fa0/0

R1（config）#no shutdown

R1（config）#ip address   <ip-address> <wildcard-mask>

R1（config）#exit

2. 进入配置模式命令启用 RIP 协议

R1（config）#router rip

R1（config-router）#version 2

3. 宣告与路由器直连的网段

R1（config-router）#network <ip-address> <wildcard-mask>

如果要对 RIP 协议进行维护和诊断，可以采用以下几个常用的调试命令：

Show ip route   //显示 RIP 运行的基本信息

Show ip interface brief   //查看 RIP 接口的现行配置和状态

Show ip protocols   //查看当前正在运行的路由协议的详细信息

Debug ip rip   //跟踪 RIP 的基本收发包过程

Debug ip rip database   //跟踪 RIP 路由表的变化过程

RIP 的算法简单，但在路径较多时收敛速度慢，广播路由信息时占用的带宽资源较多。它适用于网络拓扑结构相对简单且数据链路故障率极低的小型网络中，在大型网络中，一般不使用 RIP。

6.4 OSPF 路由协议原理及配置

6.4.1 OSPF 协议概述

为了满足建造越来越大的基于 IP 的网络的需要，IETF 形成了一个工作组，专门用于开发开放式的链路状态路由协议，以便用在大型、异构的 IP 网络中。该路由协议已经取得一些成绩，以最短路径优先（SPF）路由协议为基础，在市场上广泛使用。包括 OSPF 在内，所有的 SPF 路由协议基于同一个数学算法——Dijkstra 算法。这个算法能使路由选择基于链路状态，而不是距离矢量。

OSPF（Open Shortest Path First，开放式最短路径优先）是一个内部网关协议（Interior Gateway Protocol，IGP），用于在单一自治系统（Autonomous System，AS）内决策路由，是对链路状态路由协议的一种实现，运作于自治系统内部。在 IP 网络上，它通过收集和传递自治系统的链路状态来动态地发现并传播路由。OSPF 分为 OSPFv2 和 OSPFv3 两个版本，其中 OSPFv2 用在 IPv4 网络，OSPFv3 用在 IPv6 网络。OSPFv2 是由 RFC 2328 定义的，OSPFv3 是由 RFC 5340 定义的。

不同厂商 OSPF 协议的管理距离是不同的，思科 OSPF 协议的管理距离（AD）是 110，华为 OSPF 协议的管理距离是 10。OSPF 协议具有以下几个的优点：

适应范围广：OSPF 协议支持各种规模的网络，最多可支持几百台路由器。

最佳路径：OSPF 协议是基于带宽来选择路径的。

快速收敛：如果网络的拓扑结构发生变化，OSPF 协议立即发送更新报文，使这一变化在自治系统中同步。

无自环：由于 OSPF 协议将收集到的链路状态用最短路径树算法计算路由，故从算法本身保证了不会生成自环路由。

不受子网掩码限制：由于 OSPF 协议在描述路由时携带网段的掩码信息，所以 OSPF 协议不受自然掩码的限制，对 VLSM 和 CIDR 提供了很好的支持。

允许区域划分：OSPF 协议允许自治系统的网络被划分成区域来管理，区域间传送的路由信息被进一步抽象，从而减少了占用网络的带宽。

支持等值路由：OSPF 协议支持到同一目的地址的多条等值路由。

支持路由分级：OSPF 协议使用 4 类不同的路由，按优先顺序来说分别是：区域内路由、区域间路由、第一类外部路由、第二类外部路由。

支持验证：它支持基于接口的报文验证以保证路由计算的安全性。

支持组播发送：OSPF 协议在有组播发送能力的链路层上以组播地址发送协议报文，既达到了广播的作用，又最大限度地减少了对其他网络设备的干扰。

6.4.2 OSPF 协议的基本概念

1. Router ID

OSPF 协议使用一个被称为 Router ID 的 32 位无符号整数来唯一标识一台路由器。这个 Router ID 一般需要手工配置，通常将其配置为该路由器的某个接口的 IP 地址。由于 IP 地址是唯一的，所以这样就很容易保证 Router ID 的唯一性。在没有手工配置 Router ID 的情况下，一些厂家的路由器支持自动从当前所有接口的 IP 地址中选举一个 IP 地址作为 Router ID。

2. 协议号

OSPF 协议用 IP 报文直接封装协议报文，协议号是 89，如图 1-6-5 所示。

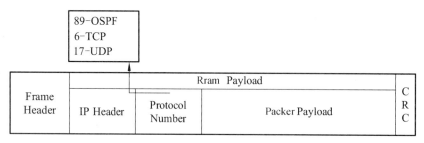

图 1-6-5 OSPF 的协议号

3. Interface（接口）

即运行 OSPF 协议的接口，表示路由器和具有唯一 IP 地址和子网掩码的网络之间的连接，也称为链路（Link）。

4. 指定路由器（DR）和备份指定路由器（BDR）

在广播和 NBMA（非广播—多路访问）类型的网络上，任意两台路由器之间都需要传递路由信息，如果网络中有 N 台路由器，则需要建立 $N\times(N-1)/2$ 个邻接关系。所谓邻接关系，是指在广播或 NBMA 网络的指定路由器和非指定路由器之间形成的一种关系。任何一台路由器的路由变化，都需要在网段中进行 $N\times(N-1)/2$ 次的传递。这是没有必要的，也浪费了宝贵的带宽资源。为了解决这个问题，OSPF 协议指定一台路由器 DR（Designated Router）来负责传递信息。所有的路由器都只将路由信息发送给 DR，再由 DR 将路由信息发送给本网段内的其他路由器。两台不是 DR 的路由器之间不再建立邻接关系，也不再交换任何路由信息。这样在同一网段内的路由器之间只需建立 N 个邻接关系，每次路由变化只需进行 $2N$ 次的传递即可。

1）DR 的产生过程

哪台路由器会成为本网段内的 DR 并不是人为指定的，而是由本网段中所有的路由器共同选举出来的，如图 1-6-6 所示。

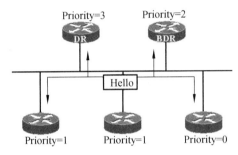

图 1-6-6　DR 的选举过程

DR 的选举过程如下：

（1）登记选民——本网段内运行 OSPF 的路由器。

（2）登记候选人——本网段内 priority > 0 的 OSPF 路由器。priority 是接口上的参数，可以配置，缺省值是 1。

（3）竞选演说——部分 priority > 0 的 OSPF 路由器认为自己是 DR。

（4）投票——在所有自称是 DR 的路由器中选 priority 值最大的当选。若两台路由器的 priority 值相等，则选 Router ID 最大的路由器当选。选票就是 Hello 报文，每台路由器将自己选出的 DR 写入 Hello 中，发给网段上的每台路由器。

2）DR、BDR 的特点

（1）关系稳定。

由于网段中的每台路由器都只和 DR 建立邻接关系，如果 DR 频繁地更迭，则每次都要重新引起本网段内的所有路由器与新的 DR 建立邻接关系，这样会导致在短时间内网段中有大量的 OSPF 协议报文在传输，降低了网络的可用带宽。所以，协议中规定应该尽量地减少 DR 的变化。具体的处理方法是：每一台新加入的路由器并不急于参加选举，而是先考察一下本网段中是否已有 DR 存在。如果目前网段中已经存在 DR，即使本路由器的 priority 比现有的 DR 还高，也不会再声称自己是 DR，而是承认现有的 DR。

（2）快速响应。

如果 DR 由于某种故障而失效，这时必须重新选举 DR，并进行同步。这需要较长的时间，在这段时间内，路由计算是不正确的。为了能够缩短这个过程，OSPF 提出了 BDR（Backup Designated Router，备份指定路由器）的概念。BDR 实际上是对 DR 的一个备份，在选举 DR 的同时也选举出 BDR，BDR 也和本网段内的所有路由器建立邻接关系并交换路由信息。当 DR 失效后，BDR 会立即成为 DR。由于不需要重新选举，并且邻接关系事先已建立，所以这个过程是非常短暂的。当然这时还需要重新选举出一个新的 BDR，虽然一样需要较长的时间，但并不会影响路由计算。

网段中的 DR 并不一定是 priority 最大的路由器。同理，BDR 也并不一定就是 priority 第二大的路由器。DR 是某个网段中的概念，是针对路由器的接口而言的。某台路由器在一个接口上可能是 DR，在另一个接口上可能是 BDR，或者是 DR Other（非指定路由）。只有在广播和 NBMA 类型的接口上才会选举 DR，在 point-to-point（点对点）和 point-to-multipoint（单点对多点）类型的接口上不需要选举。两台 DR Other 路由器之间不进行路由信息的交换，但仍旧互相发送 Hello 报文。它们之间的邻居状态机停留在 2-Way（双向通信）状态。

5. 链路状态

OSPF 协议计算路由时是以本路由器周边网络的拓扑结构为基础的。每台路由器将自己周边的网络拓扑描述出来，传递给其他所有的路由器。

OSPF 将不同的网络拓扑抽象为以下 4 种类型：

接口所连的网段中只有路由器（stub networks）。

接口通过点到点的网络与一台路由器相连（point-to-point）。

接口通过广播或 NBMA 的网络与多台路由器相连（broadcast or NBMA networks）。

接口通过点到多点的网络与多台路由器相连（point-to-multipoint）。

1）NBMA（NonBroadcast MultiAccess）的缺陷及解决方案

NBMA 是指非广播多点可达的网络，比较典型的有 X.25 和 Frame Relay（帧中继）。在这种网络中，为了减少路由信息的传递次数，需要选举 DR，其他的路由器只与 DR 交换路由信息。在上述描述中有一个缺省的条件：这个 NBMA 网络必须是全连通的（Full Meshed）。但这在实际情况中并不一定总能得到满足。例如一个 X.25 网络出于成本方面的考虑，并不一定在任何两台路由器之间都建立一条 map（映射）；即使是一个全连通的网络，也可能由于故障导致某条 map 中断，使该网络变成不是全连通的。在这种情况下会有什么问题呢？假设有一个非全连通的 X.25 网络，但其中 A、B、E 三台路由器是全连通的，假设 E 被选举为 DR，其他为 DR Other（这里先不考虑 BDR）。A、C、D 三台路由器也是全连通的，D 是其中的 DR。由于 D、E 之间不连通，所以 DR 的选举算法不能正确运行，D、E 都坚持宣称自己是 DR。对于 A，则只能根据选举算法确定一个 DR，假设是 E，则 A 与 E 之间交换路由信息。A 不承认 D 是 DR，D 无法与 A 交换路由信息，A 与 C 之间也无法交换路由信息（两者都是 DR Other）。这样 D、C 就无法与网络中其他路由器交换路由信息，导致路由计算不正确。

由上述分析可知，错误产生的原因是在非全连通的网络中选举 DR。为了解决这个问题，OSPF 协议定义了一种新的网络类型：point-to-multipoint（点到多点）。点到多点与 NBMA 最本质的区别是：在点到多点的网络中不选举 DR、BDR，即这种类型的网络中任意两台路由器之间都交换路由信息。在上面假设的例子中，B、C 可以通过 A 与网段中的其他路由器交换路由信息。一个 NBMA 的网络是否是全连通的需要网络管理人员去判断，如果不是，则需要更改配置，将网络的类型改为点到多点。

2）NBMA 与点到多点之间的区别

在 OSPF 协议中，NBMA 是指那些全连通的非广播多点可达网络，而点到多点的网络并不需要一定是全连通的；在 NBMA 上需要选举 DR、BDR，在点到多点的网络上则不需要。

NBMA 是一种缺省的网络类型。例如，如果链路层是 X.25、Frame Relay 等类型，则 OSPF 会缺省地认为该接口的网络类型是 NBMA（不论该网络是否为全连通，因为链路层无法判断出来）。而点到多点不是缺省的网络类型，没有哪种链路层协议会被认为是点到多点。点到多点必须是由其他的网络类型强制更改的。最常用的是将非全连通的 NBMA 改为点到多点。

NBMA 用单播发送协议报文，需要手工配置邻居。点到多点是可选的，既可以用单播发送报文，又可以用多播发送报文。

简单来说，在 OSPF 协议中 NBMA 和点到多点都是指非广播多点可达的网络，但 NBMA 网络必须满足全连通的要求，即任意两点都可以不经转发而使报文直达对端。否则，我们称该网络是点到多点网络。

6. OSPF 的邻居状态机

OSPF 的邻居机状态如图 1-6-7 所示。

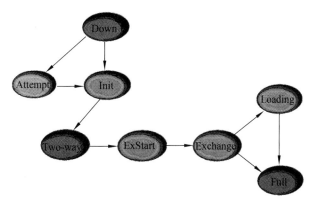

图 1-6-7　OSPF 的邻居状态机

Down：邻居状态机的初始状态，是指在过去的 Dead-Interval（无效时间间隔）时间内没有收到对方的 Hello 报文。

Attempt：适用于 NBMA 类型的接口，处于本状态时，定期向那些手工配置的邻居发送 Hello 报文。

Init：本状态表示已经收到了邻居的 Hello 报文，但是该报文中列出的邻居中没有包含本方的 Router ID（对方并没有收到发送的 Hello 报文）。

Two-way：本状态表示双方都收到了对端发送的 Hello 报文，建立了邻居关系。在广播和 NBMA 类型的网络中，两个接口状态是 DR Other 的路由器之间将停留在此状态。其他情况下状态机将继续转入高级状态。

ExStart：在此状态下，路由器和它的邻居之间通过互相交换 DBD（数据库描述）报文（该报文并不包含实际的内容，只包含一些标志位）来决定发送时的主/从关系。建立主/从关系主要是为了保证在后续的 DBD 报文交换中能够有序地发送。

Exchange：路由器将本地的 LSDB（链路状态数据库）用 DBD 报文来描述，并发给邻居。

Loading：路由器发送 LSR 报文向邻居请求对方的 DBD 报文。

Full：在此状态下，邻居路由器的 LSDB 中所有的 LSA 在本路由器中全都有了。即本路由器和邻居建立了邻接（adjacency）状态。

注：Full 状态是稳定的状态，其他状态则是在转换过程中短暂（一般不会超过几分钟）存在的状态。本路由器的状态可能与对端路由器的状态不相同。例如本路由器的邻居状态是 Full，对端的邻居状态可能是 Loading。

7. 邻居表（Neighbor table）

Neighbor Database 是指包括所有建立联系的邻居路由器，OSPF 邻居关系的建立过程如图 1-6-8 所示。

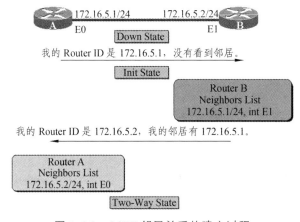

图 1-6-8　OSPF 邻居关系的建立过程

当配置 OSPF 的路由器刚启动时，相邻路由器（配置有 OSPF 进程）之间的 Hello 包交换过程是最先开始的。网络中的路由器初始启动后交换过程如下：

第一步：路由器 A 在网络里刚启动时是 down state（失效状态），因为没有和其他路由器进行信息交换。接下来路由器开始向加入 OSPF 进程的接口发送 Hello 报文，尽管它不知道任何路由器和 DR。Hello 包是用多播地址 224.0.0.5 发送的。

第二步：所有运行 OSPF 的与 A 路由器直连的路由器收到 A 的 Hello 包后把路由器 A 的 ID 添加到自己的邻居列表中，这个状态是 init-state（初始状态）。

第三步：所有运行 OSPF 的与 A 路由器直连的路由器向路由器 A 发送单播的回应 Hello 包，Hello 包中邻居字段内包含所有知道的路由器 ID，也包括路由器 A 的 ID。

第四步：当路由器 A 收到这些 Hello 包后，它将其中所有包含自己路由器 ID 的路由器都添加到自己的邻居表中。这个状态叫作 Two-way。这时，所有在其邻居表中包含彼此路由器 ID 记录的路由器就建立起了双向的通信。

第五步：如果网络类型是广播型网络——就像以太网一样的 LAN，那么就需要选举 DR 和 BDR。DR 将与网络中所有其他的路由器之间建立双向的邻接关系。这个过程必须在路由器能够开始交换链路状态信息之前发生。

第六步：路由器周期性地（广播型网络中缺省是 10 s）在网络中交换 Hello 数据包，以确保通信仍然在正常工作。更新用的 Hello 包中包含 DR、BDR 以及其 Hello 数据包已经被接收到的路由器列表。记住，这里的"接收到"意味着接收方的路由器在所接收到的 Hello 数据包中看到它自己的路由器 ID 是其中的条目之一。

8. 链接状态表（Link State table）

链接状态表又称拓扑表，包含了网络中所有路由器的链接状态，它表示了整个网络的拓扑结构。同 Area（区域）内的所有路由器的链接状态表都是相同的，链路状态数据库的同步过程如图 1-6-9 所示。

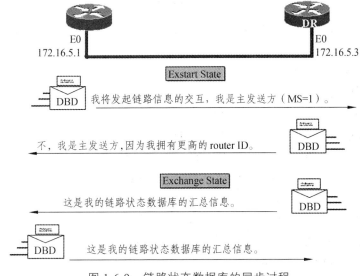

图 1-6-9　链路状态数据库的同步过程

一旦选举出了 DR 和 BDR 之后，路由器就被认为进入"准启动"状态，并且它们也已经准备好发现有关网络的链路状态信息，以及生成自己的链路状态数据库。用来发现网络路由的这个过程被称为交换协议，它使路由器进入到通信的"完全（full）"状态。这个过程中的第一步是使 DR 和 BDR 与网络中所有其他的路由器建立一个邻接关系。一旦邻接的路由器们处于"完全"状态时，交换协议不会被重复执行，除非"完全"状态发生了变化。

交换协议的运行步骤如图 1-6-10 所示。

第一步：在"准启动"状态中，DR 和 BDR 与网络中其他的各路由器建立邻接关系。在这个过程中，各路由器与它邻接的 DR 和 BDR 之间建立一个主从关系，拥有高路由器 ID 的路由器成为主路由器。

第二步：主从路由器间交换一个或多个 DBD 数据包（也叫 DDP 数据包）。这时，路由器处于"交换（exchange）"状态。

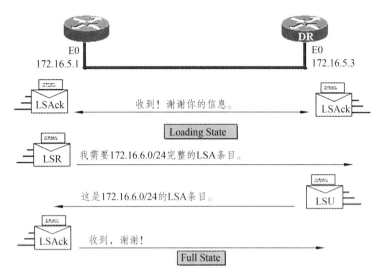

图 1-6-10　交换协议的运行

DBD 包括在路由器的链路状态数据库中出现的 LSA 条目的头部信息。LSA 条目可以是关于一条链路或是关于一个网络的信息。每一个 LSA 条目的头包括链路类型、通告该信息的路由器地址、链路的开销以及 LSA 的序列号等信息。LSA 序列号被路由器用来识别所接收到的链路状态信息的新旧程度。

第三步：当路由器接收到 DBD 数据包后，它将要进行以下工作：

通过链路状态确认（LSAck）数据包中对 DBD 序列号的回应，确认已经收到了该 DBD 包。

通过检查 DBD 中 LSA 的头部序列号，将它接收到的信息和它拥有的信息做比较。如果 DBD 有一个更新的链路状态条目，那么路由器将向另一个路由器发送数据状态请求包（LSR）。发送 LSR 的过程叫作"加载（loading）"状态。

另一台路由器将使用链路状态更新包（LSU）回应请求，并在其中包含所请求条目的完整信息。当路由器收到一个 LSU 时，它将再一次发送 LSAck 包回应。

第四步：路由器添加新的链路状态条目到它的链路状态数据库中。

当给定路由器的所有 LSR 都得到了满意的答复时，邻接的路由器就被认为达到了同步并进入"完全"状态。路由器在能够转发数据流量之前，必须达到"完全"状态。

9. 路由表（Routing Table）

路由表也称转发表，是在链接状态表的基础之上，利用 SPF 算法计算而来。图 1-6-11 描述了通过 OSPF 协议计算路由的过程。

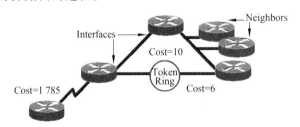

图 1-6-11　OSPF 协议计算路由

（1）图 1-6-11 中由 6 台路由器组成了网络，连线旁边的数字表示从一台路由器到另一台路由器所需要的花费。为简化问题，我们假定两台路由器相互之间发送报文所需花费是相同的。

（2）每台路由器都根据自己周围的网络拓扑结构生成一条（链路状态广播）LSA，并通过相互之间发送协议报文将这条 LSA 发送给网络中其他所有的路由器。这样每台路由器都收到了其他路由器的 LSA，所有的 LSA 放在一起称作 LSDB（链路状态数据库）。显然，6 台路由器的 LSDB 都是相同的。

（3）由于一条 LSA 是对一台路由器周围网络拓扑结构的描述，那么 LSDB 则是对整个网络的拓扑结构的描述。路由器很容易将 LSDB 转换成一张带权的有向图，这张图便是对整个网络拓扑结构的真实反映。显然，6 台路由器得到的是完全相同的图。

（4）接下来每台路由器在图中以自己为根节点，使用 SPF 算法计算出一棵最短路径树，由这棵树得到了到网络中各个节点的路由表。显然，6 台路由器各自得到的路由表是不同的。最终，每台路由器都计算出了到其他路由器的路由。

由上面的分析可知，OSPF 协议计算出路由主要有以下 3 个步骤：① 描述本路由器周边的网络拓扑结构，并生成 LSA；② 将自己生成的 LSA 在自治系统中传播，同时收集其他所有的路由器生成的 LSA；③ 根据收集的所有的 LSA 计算路由。缺省情况下，OSPF 的开销值（cost）是路由穿越的那些中间网络的开销的累加，其默认公式为开销=$10^8 \div$带宽（带宽单位符号是 b/s），也即 100M 除以带宽。

6.4.3　OSPF 协议的报文

OSPF 的报文格式如图 1-6-12 所示，下面我们来介绍一下每部分的含义和作用。

以字节表示的区域长	1	1	2	4	4	2	2	8	可变的
	版本号	类型	数据包长度	路由器 ID	区域 ID	校验和	认证类型	认证	数据

图 1-6-12　OSPF 的报文格式

（1）版本号：标识所使用的 OSPF 版本。

（2）类型：OSPF 数据包类型一共有以下 5 种：

① Hello 报文（Hello Packet）：最常用的一种报文，周期性地发送给本路由器的邻居，其格式如图 1-6-13 所示。Hello 报文中包含有 Router ID、Hello/dead intervals、Neighbors、Area-ID、Router priority、DR IP address、BDR IP address、Authentication passworD、Stub area flag 等信息。其中 Hello/dead intervals、Area-ID、Authentication password、Stub area flag 必须一致，相

邻路由器才能建立邻居关系。

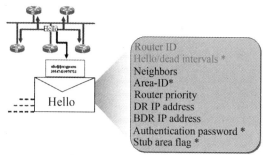

* 带星号的项目必须要一致

图 1-6-13　Hello 报文格式

② DBD 报文（Database Description Packet）：两台路由器进行数据库同步时，用 DBD 报文来描述自己的 LSDB。其内容包括 LSDB 中每一条 LSA 的摘要（摘要是指 LSA 的 HEAD，通过该 HEAD 可以唯一标识一条 LSA）。这样做是为了减少路由器之间传递的信息量，因为 LSA 的 HEAD 只占 LSA 的整个数据量的一小部分。根据 HEAD，对端路由器就可以判断出是否已经有了这条 LSA。

③ LSR 报文（Link State Request Packet）：两台路由器互相交换过 DBD 报文之后，彼此知道了对端的路由器有哪些 LSA 是本地的 LSDB 所缺少的或是对端更新的，这时需要发送 LSR 报文向对方请求所需的 LSA，其内容包括所需要的 LSA 的摘要。

④ LSU 报文（Link State Update Packet）：用来向对端路由器发送所需要的 LSA。其内容是多条 LSA（全部内容）的集合。

⑤ LSAck 报文（Link State Acknowledgment Packet）：用来对接收到的 DBD 报文、LSU 报文进行确认。其内容是需要确认的 LSA 的 HEAD（一个报文可对多个 LSA 进行确认）。

（3）数据包长度：以字节为单位的数据包的长度，包括 OSPF 包头。

（4）路由器 ID：标识数据包的发送者。

（5）区域 ID：标识数据包所属的区域。所有 OSPF 数据包都与一个区域相关联。

（6）校验和：校验整个数据包的内容，以发现传输中可能受到的破坏。

（7）认证类型：类型 0 不进行认证，类型 1 表示采用明文方式进行认证，类型 2 表示采用 MD5 算法进行认证。OSPF 协议交换的所有信息都可以被认证，认证类型可按各个区域进行配置。

（8）认证：包含认证信息。

（9）数据：包含所封装的上层信息（实际的路由信息）。

6.4.4　LSA（链路状态广告）分类以及洪泛机制

1. LSA 的分类

OSPF 是基于链路状态算法的路由协议，所有对路由信息的描述都是封装在 LSA 中发送出去的。LSA 根据不同的用途分为不同的种类，目前使用最多的是以下五种：

Router LSA（Type = 1）：是最基本的 LSA 类型，所有运行 OSPF 的路由器都会生成这种 LSA。主要描述本路由器运行 OSPF 的接口的连接状况、花费等信息。对于 ABR（区域边界路由器），它会为每个区域生成一条 Router LSA。这种类型的 LSA 传递的范围是它所属的整个区域。

Network LSA（Type = 2）：本类型的 LSA 由 DR 生成。对于广播和 NBMA 类型的网络，为了减少网段中路由器之间交换报文的次数而提出了 DR 的概念。一个网段中有了 DR 之后不仅发送报文的方式有所改变，链路状态的描述也发生了变化。在 DR Other 和 BDR 的 Router LSA 中只描述到 DR 的连接，而 DR 则通过 Network LSA 来描述本网段中所有已经同其建立了邻接关系的路由器（分别列出它们 Router ID）。同样，这种类型的 LSA 传递的范围是它所属的整个区域。

Network Summary LSA（Type = 3）：本类型的 LSA 由 ABR 生成。当 ABR 完成它所属一个区域中的区域内路由计算之后，查询路由表，将本区域内的每一条 OSPF 路由封装成 Network Summary LSA 发送到区域外。该 LSA 中描述了某条路由的目的地址、掩码、花费值等信息。这种类型的 LSA 传递的范围是 ABR 中除了该 LSA 生成区域之外的其他区域。

ASBR Summary LSA（Type = 4）：本类型的 LSA 同样由 ABR 生成。其内容主要是描述到达本区域内部的 ASBR 的路由。这种 LSA 与 Type = 3 的 LSA 内容基本一样，只是其 LSA 描述的目的地址是 ASBR，是主机路由，所以掩码为 0.0.0.0。这种类型的 LSA 传递的范围与 Type = 3 的 LSA 相同。

AS External LSA（Type = 5）：本类型的 LSA 由 ASBR 生成。其内容主要描述了到自治系统外部路由的信息，该 LSA 中包含某条路由的目的地址、掩码、花费值等信息。本类型的 LSA 是唯一一种与区域无关的 LSA 类型，它并不与某一个特定的区域相关。这种类型的 LSA 传递的范围是整个自治系统（Stub 区域除外）。

AS External LSA（Type = 7）：本类型的 LSA 被应用在非完全末节区域中（NSSA）。

2. LSA 的洪泛机制

OSPF 的一个主要的优点是触发更新，保证网络内的所有路由器都能及时知道网络的任何变化。在链路状态路由环境中，保持链路状态拓扑数据库的同步是十分重要的。当链路状态发生改变的时候，路由器使用泛洪（flooding）方式通知网络中其他的路由器这一变化。LSU（链路状态更新）提供了泛洪 LSA（链路状态通告）的机制，如图 1-6-14 所示。

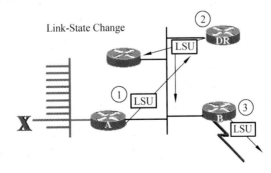

图 1-6-14　LSA 的洪泛机制

通常情况下，一个多路访问网络的泛洪过程如下：

第一步：一台路由器注意到了一个链路状态的变化，并且将含有更新过的 LSA 条目的 LSU 数据包通过多播地址 224.0.0.6 发送给 DR 和 BDR。一个 LSU 数据包中可以包含多个独立的 LSA。

第二步：DR 对接收到的变化进行确认，并且通过多播地址 224.0.0.5 将这个 LSU 泛洪给网络里的其他路由器。接收到 LSU 以后，每台路由器发送 LSAck 给 DR 作为回应。为了确保泛洪过程的可靠性，每一个 LSA 都必须被单独得到确认。

第三步：如果某个路由器还连接到另一个网络上，它通过向多路访问网络中的 DR 或一个点到点网络中的邻接路由器来转发 LSU，从而将 LSU 泛洪到其他的网络中去。接着，DR 以组播方式向网络中其他的路由器传送该 LSU。

第四步：路由器使用 LSU 中包含的更新过的 LSA 来更新自己的链路状态数据库。然后它将在一小段延迟之后，对已经更新的链路状态数据库运用 SPF 算法重新计算，生成新的路由表。

OSPF 通过规定只有邻接的路由器之间才能进行同步而使同步的问题变得简化。所有的链路状态条目都会被单独的传送，每隔 30 min 整个链路状态数据库会被传送一遍用以确保链路状态数据库的同步。每个链路状态条目都有自己的计时器用来确定什么时候必须要发送 LSA 刷新数据包。

每一个链路状态条目还有一个最大的老化时间(60 min)。假如一个链路状态条目在 60 min 内没有被刷新，那么它将会被从链路状态数据库中删除。网络稳定时，OSPF 是通过周期性的 LSA 泛洪来保证每个 OSPF 路由器有最新的网络信息。

每条 LSA 在链路状态计时字段有自己的计时时间，缺省时间是 30 min (在链路状态计时字段是以秒来表示)。当 LSA 的计时器计时到后，最先产生这条 LSA 的路由器(即与这条 LSA 描述的链路直连的路由器)将会产生一个有关这条链路的链路状态更新包(LSU)以告之其他路由器这条链路的目前状态。一个链路状态更新包包含一个或多个 LSA。与距离矢量路由协议相比 LSA 的这种确认方法比较节省带宽，因为距离矢量路由协议每次更新时会发送整个路由表。

当 OSPF 路由器收到 LSU 后，它会按图 1-6-15 所示步骤来操作：如果链路状态数据库里还没有这条 LSA 存在，路由器则把这条 LSA 添加到链路状态数据库里，并发回链路状态确认包，然后把这个 LSA 转发给其他路由器，同时运行 SPF，计算最佳路径更新路由表。如果这个 LSA 已经存在并且信息相同，路由器则忽略这条 LSA。如果这条 LSA 已经存在但包含新的信息，路由器则把 LSA 添加到链路状态数据库里，并发回链路状态确认包，然后把这个 LSA 转发给其他路由器，同时运行 SPF，计算最佳路径更新路由表。如果这条 LSA 已经存在但包含有旧的信息，这个路由器则会向回发送最新的信息。

为了保持链路状态数据库记录的正确，OSPF 周期性地每隔 30 min 泛洪（刷新）每一个 LSA 记录。最大老化时间、刷新计时器和链路状态广告序列号的综合使用，帮助 OSPF 在链路状态数据库中只保持最新的链路状态记录。在链路状态记录中序列号的位置有 32 b。从最左边的位开始设置，第一个合法的序列号是 0x80000001，即从 0x80000001 开始到 0x7fffffff 结束。序列号被用于发现老的或多余的 LSA 记录，序列号越大，则相关的 LSA 的记录越新。

每次 LSA 记录被更新的时候，它的序列号都会被加 1。

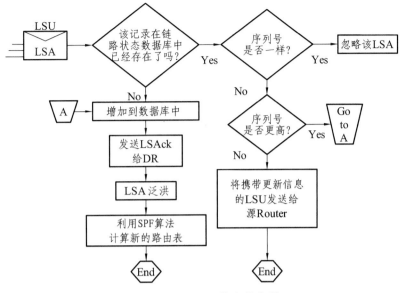

图 1-6-15　OSPF 稳定的实现

当路由器接收到 LSA 更新包的时候会重新设置关于这条记录的最大老化时间。一个 LSA 的记录在最大老化时间（1 h）内如果没有被刷新是不会继续在数据库中被保留的。如果一个 LSA 记录每隔 30 min 就被刷新一次，它很可能在数据库中被存留很长的一段时间。那么在某一点，它的序列号就需要返回到它的起点重新开始计算。当这种情况发生的时候，这个已经存在的 LSA 将要被提早设置到达它的最大老化时间（老化计时器立即设置到 1 h），并且被泛洪出去。这样 LSA 将会重新从开始的序列号 0x80000001 开始计算。

6.4.5　OSPF 区域划分和适用场合

1. OSPF 区域划分

随着网络规模日益扩大，网络中的路由器数量不断增加。当一个巨型网络中的路由器都运行 OSPF 路由协议时，就会遇到如图 1-6-16 所示问题：

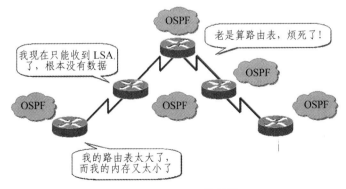

图 1-6-16　OSPF 的单域

（1）每台路由器都保留着整个网络中其他所有路由器生成的 LSA，这些 LSA 的集合组成 LSDB。路由器数量的增多会导致 LSDB 非常庞大，这会占用大量的存储空间。

（2）LSDB 的庞大会增加运行 SPF 算法的复杂度，导致 CPU 负担很重。

（3）由于 LSDB 很大，两台路由器之间达到 LSDB 同步会需要很长时间。

网络规模增大之后，拓扑结构发生变化的概率也增大，网络经常会处于变化之中，为了同步这种变化，网络中会有大量的 OSPF 协议报文在传递，降低了网络的带宽利用率。更糟糕的是每一次变化都会导致网络中所有的路由器重新进行路由计算。

解决上述问题的关键主要有两点：① 减少 LSA 的数量；② 屏蔽网络变化波及的范围。

OSPF 协议通过将自治系统（Autonomous System）划分成不同的区域（Area）来解决上述问题，如图 1-6-17 所示。区域是指在逻辑上将路由器划分为不同的组。区域的边界是路由器，这样会有一些路由器属于不同的区域（这样的路由器称作区域边界路由器——ABR），而一个网段只能属于一个区域。自治系统划分成区域之后，给 OSPF 协议的处理带来了很大的变化。

每一个网段必须属于一个区域，或者说每个运行 OSPF 协议的接口必须指明属于某一个特定的区域。区域用区域号（Area ID）来标识。区域号是一个从 0 开始的 32 位整数。不同的区域之间通过 ABR 来传递路由信息。OSPF 将自治系统划分为不同的区域后，路由计算方法也发生了很多变化。只有同一个区域内的路由器之间会保持 LSDB 的同步，网络拓扑结构的变化首先是在区域内更新。区域之间的路由计算是通过 ABR 来完成的，首先完成一个区域内的路由计算，然后查询路由表，为每一条 OSPF 路由生成一条 Type 3 类型的 LSA，内容主要包括该条路由的目的地址、掩码、花费等信息，最后将这些 LSA 发送到另一个区域中。在另一个区域中的路由器根据每一条 Type 3 类型的 LSA 生成一条路由，由于这些路由信息都是由 ABR 发布的，所以这些路由的下一跳都指向该 ABR。

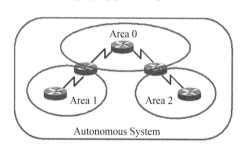

图 1-6-17　OSPF 的区域划分

由于划分区域后 ABR 是根据本区域内的路由生成 LSA，因此可以根据 IP 地址的规律先将这些路由进行聚合后再生成 LSA，这样做可以大大减少自治系统中 LSA 的数量。划分区域之后，网络拓扑的变化先是在区域内进行同步，如果该变化影响到聚合之后的路由，则才会由 ABR 将该变化通知到其他区域。大部分的拓扑结构变化都会被屏蔽在区域之内。

2. OSPF 的适用场合

一个网络是否需要运行 OSPF 协议，可以从以下几个方面来考虑：

（1）网络的规模。一个网络中如果路由器少于 5 台，可以考虑配置静态路由。而一个 10

台左右规模的网络，运行 RIP 即可满足需求。如果路由器更多的话，则应该运行 OSPF 协议。但是如果这个网络属于不同的自治系统则还需要同时运行 BGP 协议。

（2）网络的拓扑结构。如果网络的拓扑结构是树形或星形结构（这种结构的特点是网络中大部分路由器只有一个向外的出口），可以考虑使用缺省路由+静态路由的方式。在星形结构的中心路由器或树形结构的根节点路由器上配置大量的静态路由，而在其他路由器上配置缺省路由即可。如果网络的拓扑结构是网状并且任意两台路由器都有互通的需求，则应该使用 OSPF 动态路由协议。

（3）一些特殊需求。如果用户对网络变化时路由的快速收敛性（特别地，如果网络的拓扑结构是易产生路由自环的环状结构）以及路由协议自身对网络带宽的占用等有较高的需求时，可以使用 OSPF 协议，因为这些恰恰是它的优势所在。

（4）对路由器自身的要求。运行 OSPF 协议时对路由器 CPU 的处理能力及内存的大小都有一定的要求，性能很低的路由器不推荐使用 OSPF 协议。但一个 OSPF 网络是由各种路由器组成的。通常的做法是：在低端路由器上配置缺省路由到与之相连的性能较好的路由器（通常处理能力会高一些），在这些性能较好的路由器上面配置静态路由指向低端路由器，并在 OSPF 中引入这些静态路由。

以上各个方面并不是绝对的，只是一些参考的条件，而且这些条件又是相互制约的，所以要综合各个条件来考虑。

6.4.6　配置 OSPF 系统规划及步骤

6.4.6.1　配置 OSPF 协议前的系统规划

作为一个复杂的动态路由协议，在配置之前必须做好整个自治系统内的规划。首先要选定的是：哪些路由器需要运行 OSPF 协议。然后一件很重要的工作就是：合理地为 OSPF 划分区域。

1. 划分区域的原则

划分区域可以遵循以下原则：

1）按照自然的地区或行政单位来划分

例如，某银行系统在全省的范围内运行 OSPF 协议，则可以将每一个地级市划分成一个区域。这样划分的好处是便于管理。

2）按照网络中的高端路由器来划分

一个网络可能由高、中、低等不同性能的路由器共同组成，通常的情况是一台高端路由器下面连接许多中端或低端路由器。这时也可以将每一台高端路由器以及与其相连的所有中低端路由器共同划分成一个区域。这样划分的好处是可以合理地选择 ABR。

3）按照 IP 地址的规律来划分

在实际的网络中通常 IP 地址被划分成不同的子网，然后可以根据不同的网段来规划区域。例如网络中有 110.1.1.0/24，110.1.2.0/24，110.1.3.0/24，120.1.1.0/24，120.1.2.0/24，120.1.3.0/24 等不同的子网，这时可以将属于 110 网段的路由器划分成一个区域，将属于 120 网段的路由器划分成另一个区域。这样划分的好处是便于在 ABR 上配置路由聚合，减少网络中路由信息的数量。

2. 制约条件

以上划分区域的方法各有利弊，应该综合考虑，但无论使用哪种方法，必须受到以下条件的制约：

1）区域的规模

OSPF 提出了区域的概念，解决了因网络规模过于庞大而导致的一系列问题。但这些措施在区域内都是无效的，也就是说如果一个区域内的路由器太多，仍会有以上问题出现。经统计表明，一个区域内的路由器台数最好不要超过 70 台。当网络中路由器的台数少于 20 台时也可以只划分一个区域。

2）与骨干区域的连通问题

根据协议规定，所有的区域必须与骨干区域相连通，所以在规划区域时应合理选择骨干区域的位置。通常将骨干区域置于网络的中央。骨干区域中的路由器应选择由性能好、处理能力强的高端路由器来担任。必须强调的一点是：骨干区域自身也必须是连通的。如果因为其他方面的限制，导致某些区域无法与骨干区域连通或者骨干区域自身无法保证连通时，可以通过配置虚连接予以解决。

3）ABR 的处理能力

在 OSPF 协议中 ABR 是任务最为繁重的路由器，担负着在骨干区域与非骨干区域之间交换路由信息的重任，所以 ABR 一定要由性能高的路由器来担任。同时应该注意的是：在一台 ABR 上尽量不要配置太多的区域，一般是一个骨干区域+一个或两个非骨干区域。

6.4.6.2　配置 OSPF 协议的步骤

1. 配置路由器的 Router ID

Router ID 是每一台路由器在自治系统中的唯一标识，OSPF 协议能够正常运行的前提条件是该路由器已经存在一个 Router ID。在 OSPF 路由模式下，可更改此 ID。

2. 启动 OSPF 协议

一台路由器如果要运行 OSPF 协议，必须首先在全局配置模式下启动该协议。

3. 宣告相应的网段

必须为每一个要运行 OSPF 协议的接口指定一个区域。network 命令将对所有接口进行遍历，如果接口属于<address>和<wildcard-mask>指定的范围，则将其加到命令中指定的 OSPF 区域。上述 3 个步骤是配置 OSPF 最基本的步骤，其中启动 OSPF 和宣告相应网段是必须的两个步骤，而 Router ID 的设置则不是必须完成的。

如果用户没有手工指定 Router ID，系统会自动从当前 UP 的接口的 IP 地址中选一个最小的。自动选举的 Router ID 会随着 IP 地址的变化而改变，这样会干扰协议的正常运行。所以强烈建议使用 loopback 接口（如果有多个 loopback，选择最小的作为 Router ID）或手工指定

Router ID。否则第一个 UP 物理接口的 IP 地址会被用作路由器 ID 号。

但需要注意的一点是，手工指定 Router ID 时必须保证自治系统中任意两台路由器的 Router ID 是不相同的。通常的做法是将 Router ID 设置成与本路由器的某个接口（如以太网）的 IP 地址相同，因为 IP 地址是全网唯一的。

6.4.7　OSPF 常用基本配置命令

1. router ospf

该命令启动 OSPF 路由协议进程并进入 OSPF 配置模式。若进程已经启动，则该命令的作用就是进入 OSPF 配置模式。

2. network address mask area area-id

该命令配置 OSPF 运行的接口并指定这些接口所在的区域 ID。

OSPF 路由协议进程将对每一个 Network 配置，搜索落入 address mask（地址掩码）范围（可以是无类别的网段）的接口，然后将这些接口信息放入 OSPF 链路状态信息数据库相应的 area-id 中。

OSPF 协议交互的是链路状态信息而不是具体路由信息。OSPF 路由是对链路状态信息数据库调用 SPF 算法计算出来的。area-id 为 0 的区域为主干区，一个 OSPF 域内只能有一个主干区。其他区域维护各自的链路状态信息数据库，非 0 区域之间的链路状态信息交互必须经过主干区。同时位于两个区域的路由器称为区域边界路由器，即 ABR。ABR 是非 0 区域的路由出口，在 ABR 上一般有一个非 0 区域和一个主干区域的链路状态信息数据库，两个数据库之间交互区域间的链路状态信息。

3. area area-id range address mask {advertise|no-advertise}

该命令用于在 ABR 上将某区域的路由聚合后通告进另一区域,目的是减小路由表的大小。address mask 表示聚合的范围（可以是无类别的网段），如果是 advertise，落入这一范围的路由将被聚合成一条 address mask 的路由通告出去，而那些具体路由将不被通告；如果是 no-advertise，落入这一范围的路由将不会被通告也不会被聚合后通告。

4. redistribute protocol [metric number] [metric-type {1|2}]

将非 OSPF 协议的路由信息重分配进 OSPF。protocol 为重分配的路由源，可以是 connecteD. statiC. rip 和 bgp 参数。metric number 为被重分配路由的外部度量值，为可选项。没有配置该选项时，被重分配路由的外部度量值取 default metric number 配置的值，未配置 default metric number 时，默认为 10。

外部路由被重分配进 OSPF 后，可能变成 OSPF External1 类型或者 OSPF External2 类型。可以通过 metric-type {1|2} 来指定被重分配后的类型，默认为 OSPF External2 类型。两种类型的区别体现在度量值的计算方法上：OSPF External1 类型认为被重分配路由的外部度量值和 OSPF 域内度量值相当，OSPF 域内度量值不可忽略，所以其最终的度量值为外部和 OSPF 域内之和；OSPF External2 类型认为被重分配路由的 OSPF 域内度量值相对其外部度量值可忽略，

所以其最终的度量值即外部度量值。一旦配置了重分配，路由器即成为自治系统边界路由器，即 ASBR。

5. default metric number

该命令配置重分配路由的外部度量值的缺省值。

6. summary-address address mask

该命令用于在 ASBR 上将重分配进 OSPF 的路由聚合后通告进 OSPF 域。

address mask 为聚合范围（可以是无类别的网段），落入该范围的路由将被聚合成一条路由通告进 OSPF 域，而具体路由将不被通告。

7. area area-id stub [no-summary]

该命令配置非主干的 area-id 区域为 stub 区域或者完全 stub 区域，要在 area-id 区域内的路由器都配置该命令。成为 stub 区域或者完全 stub 区域的条件是区域中不存在 ASBR。

配置完全 stub 区域需要在该区域所有的 ABR 上带上 no-summary 进行配置。stub 区域的 ABR 将阻止 OSPF 外部类型路由（在 ASBR 上重分配进入 OSPF 域的路由）进入 stub 区域，并且向 stub 区域内发送一条缺省路由，该路由的度量值为 stub 区域外部和内部度量值之和，其外部度量值可以通过命令 area area-id default-cost cost 设置，缺省情况下为 1。

完全 stub 区域的 ABR 除了执行上述的功能外，还将阻止区域间路由（从其他非 0 区域通告过来的路由）。这项配置的主要目的就是减小路由表的大小以及在路由动荡时减小路由汇聚的时间。

8. area area-id default-cost cost

该命令配置 stub 区域或者完全 stub 区域中缺省路由的外部度量值。

9. default-information originate [metric number] [metric-type{1|2}]

该命令用于在 ASBR 上向 OSPF 域内通告一条缺省路由。metric number 和 metric-type{1|2} 的使用与 redistribute 相同。

10. ip ospf priority number

该命令为接口模式下的命令，用来设置路由器优先级，帮助决定该接口所在网络的 OSPF 指定路由器或备份路由器，即 DR 或 BDR。几个同在一个网络的路由器都试图成为 DR，则优先级最高的成为 DR，次高的成 BDR。优先级为 0 的不能成 DR 和 BDR。当网络 DR 和 BDR 已经被选举时，修改其他路由器的优先级使其最高，DR 和 BDR 不会重新选举。只有在 DR 或 BDR 变成无效的时候，才会重新选举，这样减少了网络路由的动荡。

11. ip ospf cost cost

该命令为接口模式下的命令，用来配置相应接口的路径开销，即从该接口发送一个包的开销。OSPF 路由度量值就是一个包到该路由目的网段经过的所有流出接口的开销之和。OSPF 选择度量值最小的路由作为数据包转发的路径。可以通过配置接口开销影响 OSPF 路由度量值，从而控制路由的路径。

12. ip ospf hello-interval seconds

该命令为接口模式下的命令，用来配置指定在相应接口上发送 OSPF 协议 HELLO 包之间的时间间隔。HELLO 间隔越小，拓扑结构的变化就越快被检测到，但随之而来的是路由传输更加频繁。一个网络上的所有 OSPF 接口的 HELLO 间隔必须相同，否则无法建立正确的邻居关系。

13. ip ospf dead-interval seconds

该命令为接口模式下的命令，用来配置 dead-interval。如果一个路由器超过该时间间隔没有收到某邻居的 HELLO 包，则认为该邻居关闭了。该值在接在一个网络的所有 OSPF 接口上必须相同，否则无法建立正确的邻居关系。

14. ip ospf transmit-delay seconds

该命令为接口模式下的命令，用来在接口上设置传输一个链接状态更新包的估算时间，更新包传送之前将在相应字段加上该值，然后传送出去。

15. ip ospf retransmit-delay seconds

该命令为接口模式下的命令，用来配置 retransmit-delay（重传延迟）。如果路由器从该接口发送了一个链接状态更新包，经过了该值指定的时间间隔还没有收到相应的确认信息，将重发该链接状态更新包。

16. passive-interface type number

该命令用来配置被动接口。OSPF 路由信息不能通过被动接口接收和发送，被动接口地址以网段网络出现在 OSPF 域中。type 表示接口类型，目前为 pvc，number 为接口号。

17. area-id virtual-link router-id

该命令用于在 ABR 上配置虚链，必须在虚链两端的 ABR 上都进行相应的配置。虚链用于将与主干区无直连联系的区域连接到主干区，或者连接被分离的主干区。虚链应该只是作为一种临时性的网络部署措施，最终应该用实际的物理链路代替掉。

area-id 标识的区域为虚链连接的两个区域之间的传输区域。

router-id 是虚链另一端的 ABR 的接口 IP 地址。

本章小结

路由分为静态路由和动态路由，其相应的路由表称为静态路由表和动态路由表。静态路由表由网络管理员在系统安装时根据网络的配置情况预先设定，网络结构发生变化后由网络管理员手工修改路由表。动态路由随网络运行情况的变化而变化，路由器根据路由协议提供的功能自动计算数据传输的最佳路径，由此得到动态路由表。

本章主要介绍了静态路由的基本概念和配置方法，详细阐述了动态路由的两种实现方式。以基于距离矢量算法实现的 RIP（Routing Information Protocol，路由信息协议）路由信息协议和以维护一个复杂的网络拓扑数据库，采用 SPF 算法计算最优路由的链路状态协议 OSPF。

通过对本章内容的学习，应重点掌握动态路由协议的作用及分类、距离矢量路由协议的工作原理、链路状态协议的工作原理，理解 RIP 协议的基本特征，了解 OSPF 路由协议的计算方法及其高级应用。

习　题

一、填空题

1. RIP 允许一个通路最多只能包含_____个路由器。

2. 路由协议大体上可分为链路状态协议和距离矢量协议两种。其中，OSPF 属于_____，RIP 属于_____。

3. 在一个广播型多路访问环境中的路由器必须选举一个_____和_____来代表这个网络。选举是为了减少在局域网上的 OSPF 的流量。

4. OSPF 通过_____来建立并维护邻居关系。

5. RIP、OSPF、ISIS 路由协议的默认管理距离分别是_____、_____、_____。

6. 在路由协议 ICMP、RIP、OSPF、BGP、IS-IS 中，基于距离矢量算法的路由协议是_____。

7. 在 OSPF 中，路由汇总只能在_____和_____上来进行。

二、选择题

1. 下列哪一个属于外部网关协议？（　　　）。

A. RIP　　　　　　B. BGP　　　　　　C. OSPF　　　　　D. IS-IS

2. 什么是缺省路由？（　　　）。

A. 该路由在数据转发时将会被首先选用。

B. 出现在路由表中的任何一条静态路由。

C. 当所有情况都相同的时候，用来转发数据包的那条最好的路由。

D. 用来转发那些路由表中没有明确表示该如何转发的数据包的路由。

3. 以下不属于动态路由协议的是（　　　）。

A. RIP　　　　　　B. ICMP　　　　　C. IS-IS　　　　　D. OSPF

4. 一个路由表里同时存在对同一个网段的 Static，RIP，OSPF 路由，各自采用默认的管理距离，请问在路由表里优先选择哪一种路由？（　　　）。

A. Static　　　　　B. RIP　　　　　　C. OSPF　　　　　D. 这三种路由负载均衡

5. RIP 协议是基于（　　　）。

A. UDP　　　　　　B. TCP　　　　　　C. ICMP　　　　　D. IGMP

三、简答题

1. 路由协议可以分为哪几类？划分的标准是什么？
2. 距离矢量路由协议的路由表如何初始化？
3. 什么是自治系统（AS）？
4. 简述 OSPF 工作过程。
5. 路由器在选择路由时，依据的标准是什么？

随着全球信息化的飞速发展，整个世界的联系越来越紧密，大量正在建设或已建成的各种信息化系统已经成为国家和政府的关键基础设施。众多的企业、组织、政府部门与机构都在组建和发展自己的网络，并连接到 Internet 上，以充分共享网络的信息和资源。整个国家和社会对网络的依赖程度也越来越大，网络已经成为社会和经济发展的强大推动力，其地位越来越重要。但是，当资源共享广泛用于政治、军事、经济以及科学等各个领域的同时，也产生了各种各样的问题，其中安全问题尤为突出。这些问题不仅涉及个人利益、企业生存、金融风险等问题，还直接关系到社会稳定和国家安全等诸多方面，因此研究这些问题是信息化进程中具有重大战略意义的课题。了解网络面临的各种威胁，防范和消除这些威胁，已经成为网络发展中最重要的事情之一。

在路由器使用访问控制列表（Access Control List，ACL）使其成为一个包过滤防火墙就是其中方法之一，该方法可以对经过的数据包进行过滤，以阻止黑客攻击网络，限定网络使用者的访问权限和时间，防止网络病毒的泛滥等。

7.1　访问控制列表（ACL）的基本概念

7.1.1　ACL 的定义

随着网络规模和网络中的流量不断扩大，网络管理员面临一个问题，即如何在保证合法访问的同时，拒绝非法访问。这就需要对路由器转发的数据包做出区分，即哪些是合法的流量，哪些是非法的流量，通过这种区分来对数据包进行过滤并达到有效控制的目的。这种包过滤技术是在路由器上实现防火墙的一种主要方式，而实现包过滤技术最核心内容就是使用访问控制列表。

访问控制列表（ACL）是一种基于包过滤的访问控制技术，可以根据设定的条件对接口上的数据包进行过滤，允许其通过或丢弃。访问控制列表被广泛地应用于路由器和三层交换机，借助于访问控制列表，可以有效地控制用户对网络的访问，从而最大限度地保障网络安全。

7.1.2　ACL 的功能和作用

ACL 是一个控制网络的有力工具，能够完成分类和过滤两项主要功能。

1. 分类

分类可以让网络管理员对 ACL 定义的数据流进行特殊的处理，例如：识别通过虚拟专用网（VPN）连接进行传输时需要加密的数据流；识别要将其从一种路由选择协议重分发到另一种路由选择协议中的路由；结合使用路由过滤来确定要将哪些路由包含在路由器之间传输的路由选择更新中；结合使用基于策略的路由选择来确定通过专用链路传输哪些数据流；结合使用网络地址转换（NAT）来确定要转发哪些地址；结合使用服务质量（QoS）来确定发生拥塞时应调度队列中的哪些数据包。

2. 过滤

ACL 通过在路由器接口处控制路由数据包是被转发还是被阻塞来过滤网络通信流量。路由器根据 ACL 中指定的条件来检测通过路由器的每个数据包，从而决定是转发还是丢弃该数据包。ACL 中的条件，既可以是数据包的源地址，也可以是目的地址，还可以是上层协议或其他因素。ACL 可以当作一种网络控制的有力工具，用来过滤流入、流出路由器接口的数据包。

通过以上两种功能，ACL 可以能够实现下列作用。

（1）访问控制列表可以限制网络流量，提高网络性能。例如，ACL 可以根据数据包的协议，指定数据包的优先级。同时，ACL 还可以限定或简化路由更新信息的长度，从而限制通过路由器某一网段的通信流量。

（2）访问控制列表可以提供基本的网络访问安全性。ACL 可以允许一台主机访问部分网络，同时阻止其他主机访问同一区域。

（3）访问控制列表可以在路由器端口处决定哪种类型的通信流量被转发或被阻塞。

（4）访问控制列表可以屏蔽主机以允许或拒绝对网络服务的访问。ACL 可以允许或拒绝用户访问特定文件类型，例如 FTP 或 HTTP。

7.1.3 ACL 的分类

目前有三种主要的 ACL，即标准 ACL、扩展 ACL 和命名 ACL。

1. 标准 ACL

标准 ACL 只针对数据包的源地址信息作为过滤的标准而不能基于协议或应用来进行过滤，即只能根据数据包是从哪里来的来进行控制，而不能基于数据包的协议类型及应用来对其进行控制。其只能粗略的限制某一类协议，如 IP 协议，可对匹配的包采取拒绝或允许两个操作。列表中编号范围为 1~99 或 1 300~1 999。

2. 扩展 ACL

扩展 ACL 比标准访问控制列表具有更多的匹配项，包括协议类型、源地址、目的地址、源端口和目的端口等，即可以根据数据包是从哪里来、到哪里去、采用何种协议以及什么样的应用等特征来进行精确的控制。列表中编号范围为 100~199 或 2 000~2 699。

3. 命名 ACL

命令 ACL 是以列表名代替列表编号来定义 IP 访问控制列表，同样包括标准 ACL 和扩展 ACL 两种列表，定义过滤的语句与编号方式中相似。ACL 可被应用在数据包进入路由器的接口方向，也可被应用在数据包从路由器外出的接口方向，并且一台路由器上可以设置多个 ACL。但对于一台路由器的某个特定接口的特定方向上，针对某一个协议，如 IP 协议，只能同时应用一个 ACL。

随着网络的发展和用户要求的变化，从 IOS 12.0 开始，思科路由器新增加了一种基于时间的访问列表。该列表可以根据一天中的不同时间，或者根据一星期中的不同日期，或二者相结合来控制网络数据包的转发。这种基于时间的访问列表，就是在原来的标准 ACL 和扩展 ACL 中，加入有效的时间范围来更合理有效地控制网络。时间访问列表会定义一个时间范围，然后在原来的各种访问列表的基础上应用它。

7.2 ACL 的工作原理

7.2.1 ACL 的工作流程

下面以应用在外出接口方向（outbound）的 ACL 为例，说明 ACL 的工作流程。

如图 1-7-1 所示，数据包进入路由器的接口，根据目的地址查找路由表，若找到则转发接口，如果路由表中没有相应的路由条目，路由器会直接丢弃此数据包，并给源主机发送目的不可达消息。确定外出接口后，路由器需要检查是否在外出接口上配置了 ACL，如果没有配置 ACL，路由器将进行与外出接口数据链路层协议相同的二层封装，并转发数据包。

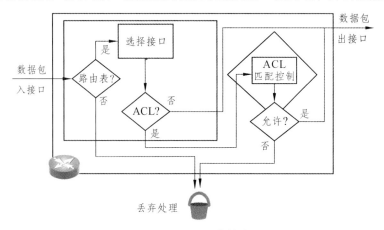

图 1-7-1　ACL 工作流程图

如果在外出接口上配置了 ACL 访问控制列表，则要根据 ACL 制定的原则对数据包进行逐条判断，如果匹配了某一条 ACL 的判断语句并且这条语句的关键字是 permit，则进行转发数据包。如果匹配了某一条 ACL 的判断语句，但是这条语句的关键字不是 permit，而是 deny，则丢弃数据包，放弃转发。如果没有匹配到任何一条语句，系统会自动丢弃数据包，放弃转发。

7.2.2 ACL 语句内部处理过程

下面具体讨论一下 ACL 内部的处理过程，如图 1-7-2 所示。

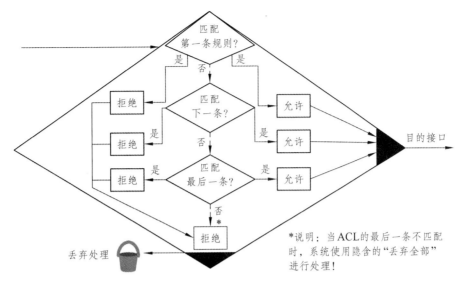

图 1-7-2　ACL 语句内部处理过程

　　每个 ACL 可以有一条或者多条语句（规则）组成，当一个数据包要经过 ACL 的检查时，先检查 ACL 中的第一条语句。如果匹配其判别条件，则依据这条语句所配置的关键字对数据包进行相应操作。如果关键字是允许（permit）则转发数据包，如果关键字是拒绝（deny）则直接丢弃此数据包。

　　如果没有匹配第一条语句的判别条件则进行下一条语句的匹配，同样如果匹配其判别条件则依据这条语句所配置的关键字对数据包操作，即如果关键字是 permit 则转发数据包，如果关键字是 deny 则直接丢弃此数据包。这样的过程一直持续进行下去，一旦数据包匹配了某条语句的判别语句则根据这条语句所配置的关键字转发或丢弃。

　　如果一个数据包没有匹配到 ACL 中的任何一条语句，则会被丢弃掉。一般最后一条测试语句会隐含拒绝一切数据包的指令，即与所有数据包匹配，此时路由器不会让这些数据进入或送出接口，而是直接丢弃。最后这条语句通常称为隐式的"deny any"语句。由于该语句的存在，所以在 ACL 中应该至少包含一条 permit 语句，否则默认情况下，ACL 将阻止所有流量。

　　综上所述，ACL 内部的处理过程总的来说就是自上而下，顺序执行，直到找到匹配的规则，拒绝或允许。

7.3　ACL 访问规则

　　ACL 语句又称作 ACL 规则（rule），其中的"deny | permit"等，称作 ACL 动作，表示拒绝/允许。在定义 ACL 时应遵循以下规则：

　　（1）根据所需的测试条件，选择标准 ACL、扩展 ACL、编号 ACL 还是命名 ACL。

　　（2）在每个接口的每个方向上，对于每种协议只能应用一个 ACL。即在同一个接口上可应用多个 ACL，但它们的方向和协议不能相同。

　　（3）ACL 的语句顺序决定了对数据包的控制顺序。在 ACL 中各描述语句的放置顺序是很重要的。当路由器决定某一数据包是被转发还是被阻塞时,按照各描述语句在 ACL 中的顺序,以及各描述语句的判断条件,对数据包进行检查,一旦找到了某一匹配条件,就结束比较过程,不再检查以后的其他条件判断语句。

(4)把最有限制性的语句放在 ACL 语句的首行或者语句中靠近前面的位置上,把"全部允许"或者"全部拒绝"这样的语句放在末行或接近末行,可以防止出现诸如本该拒绝的数据包被放过的情况。

(5)将具体条件放在一般性条件的前面,将常发生的条件放在不常发生的条件前面。

(6)在将 ACL 应用到接口之前,一定要先建立 ACL。先在全局模式下建立 ACL,然后把它应用在接口的出方向或进方向上。在接口上应用一个空 ACL,接口将允许所有数据流通过。

(7)在 ACL 末尾有一条隐含的 "deny any" 语句,所以每个 ACL 都应至少包含一条 permit 语句,否则所有数据流都将被拒绝。

(8)通常应将扩展 ACL 放在离要拒绝的数据流的信源尽可能近的地方。由于标准 ACL 没有指定目标地址,必须将标准 ACL 放在离要拒绝的数据流的目的地尽可能近的地方,以便信源无法将数据流传输到中转网络。

7.4　隐式拒绝规则

在每个 ACL 的最后,系统会自动附加一条隐式拒绝规则,这条规则拒绝所有数据报。对于不与用户指定的任何规则相匹配的分组,隐式拒绝规则起到了最后拦截的作用,所有分组均与该规则相匹配,这样做是出于安全的考虑。如果 ACL 被误配置,最坏的结果是应被允许通过的分组因为隐式拒绝规则而被阻塞;另一方面,如果不允许通过的分组被发送出去,就会出现安全漏洞,这是不可接受的。因此,隐式拒绝规则为 ACL 的意外误配置设置了一道防线。

现举例说明如何使用隐式拒绝规则。参看以下 ACL:

acl 101 permit ip 1.2.3.4/24

acl 101 permit ip 4.3.2.1/24 any nntp

利用隐式拒绝规则,该 ACL 实际上有 3 条规则:

acl 101 permit ip 1.2.3.4/24

acl 101 permit ip 4.3.2.1/24 any nntp

acl 101 deny any any any any

如果进来的分组并不与前两条规则相匹配,则该分组被丢弃。这是因为第三条规则(隐式拒绝规则)匹配所有分组。尽管在上例中隐式拒绝规则看上去很明显,但并不总是这样,例如以下 ACL 规则:

acl 102 deny ip 10.1.20.0/24 any any any any

如果分组从 10.1.20.0/24 以外的网络中传进来,用户可能认为该分组能够通过,因为它并不与第一条规则相匹配。但是,由于有隐式拒绝规则,所以事实并非如此。有了附加的隐式拒绝规则,该规则如下:

acl 102 deny ip 10.1.20.0/24 any any any any

acl 102 deny any any any any

从 10.1.20.0/24 进来的分组不与第一条规则匹配，但它与隐式拒绝规则匹配。结果，没有任何分组会被允许通过。第一条规则只是第二条规则的子集。为了使从 10.1.20.0/24 以外的子网发出的分组能够通过，必须明确定义一条规则，以准许其他分组通过。为了纠正以上示例并让从其他子网发出的分组进入 ZXR10 路由器，用户必须添加新的规则以准许分组通过：

acl 101 deny ip 10.1.20.0/24 any any any any

acl 101 permit ip

acl 101 deny any any any any

第二条规则转发被第一条规则拒绝的所有分组。由于隐式拒绝规则，ACL 能够起到与所选用的防火墙拒绝所有数据报相同的作用。用户所创建的 ACL 规则能在防火墙上打"洞"，以准许特定类型的数据报通过，如从特定子网或从特定应用程序发出的数据报。

通常，与外部世界相连接的组织使用 ACL 来拒绝对内部网络的访问。如果内部用户希望连接外部世界，则发出请求，但是任何进入的回答将被拒绝，这是因为 ACL 阻止它们通过。要让外部响应在内部产生的请求，必须创建 ACL，以允许每个特定外部主机发出响应。如果内部用户需要访问的外部主机数很多或者经常改变，就会难以维护。要解决这个问题，可对 ZXR10 路由器进行配置，使之能够接受外部 TCP 响应进入内部网络。为此，应在配置模式下输入以下命令：

acl <name> permit tcp established   //允许来自外部主机的 TCP 响应以建立连接

与应用 ACL 的接口相关的端口必须是在升级过后的 ZXR10 路由器硬件上，如下配置：

acl 101 permit tcp established

acl 101 apply interface int1 input

在接口 int1 上进入的任何 TCP 分组均被检查，如果该分组对内部请求做出响应，该分组则被准许通过，否则将被拒绝。注意 ACL 中不包括对接口 int1 上出去的分组的限制，因为允许内部主机访问外部世界。

7.5 ACL 配置方法和命令

7.5.1 通配符掩码位

地址过滤是根据 ACL 地址通配符进行的，通配符掩码是一个 32 b 的数字字符串，它被用点号分成 4 个组，每组包含 8 b。IP 地址与通配符掩码位的关系语法规定如下：在反掩码中相应位为 1 的地址中的位在比较中被忽略，为 0 的必须被检查，如图 1-7-3 所示。ACL 使用通配符掩码位来一个或几个地址是被允许还是被拒绝。通配符掩码位是"访问控制列表掩码位配置过程"的简称，和 IP 子网掩码不同，它是一个颠倒的子网掩码（例如：0.255.255.255 和 255.255.255.0）。

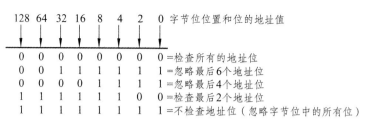

图 1-7-3　通配符掩码位的匹配

下面来看一下通配符分别在主机地址、任意地址和特定子网中如何使用。

（1）表示一台主机，用通配符掩码 0.0.0.0。例如，只检查 IP 地址为 192.168.1.250 的数据包，可以使用以下 ACL 语句：

Router（config）#access-list 1 permit 192.168.1.250 0.0.0.0

（2）表示所有主机，用通配符掩码 255.255.255.255。例如，允许所有 IP 地址的数据都通过，可使用以下两种 ACL 语句：

Router（config）#access-list 1 permit　0.0.0.0 255.255.255.255

Router（config）#access-list 1 permit any

（3）表示特定子网，例如 172.40.16.0/24，其通配符为 0.0.15.255。

7.5.2　标准 ACL 配置命令

步骤 1：设置判断标准语句（一个 ACL 可由多个语句组成）。

使用全局配置命令 access-list 来定义一个标准的访问控制列表，并给它分配一个数字表号，access-list 在全局配置命令模式下运行：

Router (config) # access-list access-list-number {permit|deny} source-address [source-wild card]

access-list-number：访问控制列表表号，序号范围为 1~99。

deny：匹配的数据包将被过滤掉。

permit：允许匹配的数据包通过。

source-address：数据包的源地址，可以是主机 IP 地址，也可以是网络地址。

source-wild card：用来跟源地址一起决定哪些位需要进行匹配操作。

步骤 2：应用到相关接口。

access-group 命令可以把某个现存的访问控制列表域与某个接口联系起来。在每个端口、每个协议、每个方向上只能有一个访问控制列表。access-group 命令的语法格式如下：

Router(config-if) #ip access-group access-list-number {in|out}

access-list-number：访问控制列表表号，用来指出链接到这一接口的 ACL 表号。

in|out：用来指示该 ACL 是被应用到流入接口（in），还是流出接口（out）。如果 In 和 Out 都没有指定，那么缺省为 Out。

删除时，先输入"no access-group"命令，并带有它的全部设定参数，然后再输入"no access-list"命令，并带有 access-list-number。

7.5.3 扩展 ACL 配置命令

步骤 1：设置判断标准语句（一个 ACL 可由多个语句组成）。

定义同 7.5.2 小节步骤 1。命令格式如下：

Router (config) # access-list access-list-number

{permit|deny} {protocol} source-address source-wild card [operator source-port-number] destination-address

destination-wild card [operator destination-port-number] [established] [options]

access-list-number：ACL 列表号，号码范围为 100~199。

{permit | deny}：关键字，必选项。

Protocol：协议类型，包括 IP、UDP、TCP、ICMP。

soure-address source-wild card：源地址及源地址掩码。

[operator source-port-number]：传输层的源端口号。

destination-address destination-wild：目的地址及目的地址掩码。

[operator destination-port-number]：传输层的目的端口号。

[established]：只有当协议类型为 TCP 时可用，其含义为允许从源到目的建立 TCP 连接并传输数据，不允许其他连接的建立。

步骤 2：应用到相关接口。

同 7.5.2 小节步骤 2。

7.6 启用 ACL 日志和监视 ACL

7.6.1 启用 ACL

要想查看进入的分组是否由于 ACL 而被准许或拒绝，可以启用 ACL 日志。可在应用 ACL 时启用 ACL 日志，或对指定 ACL 规则启用日志。在启用 ACL 日志时，以下命令用于定义 ACL 并把它应用于接口：

acl 101 deny ip 10.2.0.0/16 any any any

acl 101 permit ip any any any any

acl 101 apply interface int1 input logging on

当启用 ACL 记录时，路由器打印出分组是被丢弃还是被转发的控制台消息。如果 ZXR10 路由器配置了 Syslog 服务器，同样的信息也将发送到 Syslog 服务器。以下命令用于定义 ACL 并把 ACL 应用于接口，同时允许对指定 ACL 规则进行记录：

acl 101 deny ip 10.2.0.0/16 any any any log

acl 101 permit ip any any any any

acl 101 apply interface int1 input logging off

对于上面的命令，路由器只有在从接口 int1 上进入的来自子网 10.2.0.0/16 的分组被丢弃时才会打印出控制台上的消息。如果要对某规则进行记录，则指定 acl apply 命令的 logging off

选项。它将允许只对指定的 ACL 规则而不是应用于接口的所有的 ACL 规则进行记录。

在启用 ACL 日志之前，应该考虑其对性能的影响。如果启用 ACL 日志，路由器将在分组被真正转发或丢弃之前打印出控制台上的消息，而由控制台消息所引起的延迟是不可忽视的。如果与控制台的连接波特率较低，延迟将更为严重。如果配置了 Syslog 服务器，则 Syslog 分组同样必须发送到 Syslog 服务器，从而引些更大延迟。因此，在启用 ACL 日志之前应该考虑对性能可能造成的影响。

7.6.2　监视 ACL

ZXR10 路由器可以显示在系统中活动的 ACL 配置。如要显示 ACL 信息，在 Enable 模式下输入以下命令：

```
acl show all                          //显示所有 ACL
acl show aclname <name> | all         //显示特定的 ACL
acl show interface <name>             //显示特定接口上的 ACL
acl show interface all-ip             //显示所有 IP 接口上的 ACL
acl show service                      //显示静态条目过滤器
```

本章小结

路由器为了过滤数据包，需要配置一系列的规则，以决定什么样的数据包能够通过，这些规则就是通过访问控制列表（Access Control List，ACL）定义的。访问控制列表是由 permit|deny 等语句组成的一系列有顺序的规则，这些规则根据数据包的源地址、目的地址、端口号等来描述。ACL 通过这些规则对数据包进行分类，判断哪些数据包可以接收，哪些数据包需要拒绝。

本章主要介绍了 ACL 的概念和用途、运作原理和种类，以及使用规则和语法。通过对本章内容的学习，应重点掌握 ACL 的基本配置，实现对数据流的控制，了解 ACL 的概念及其作用，以及工作原理和过程。

习　题

一、填空题

1. 在 ZXR10 GAR 上配置 ACL 时，标准 ACL 的号码范围是_____，扩展 ACL 的号码范围是_____。

2. 每条 ACL 的末尾隐含一条_____的规则，ACL 可应用于某个具体的 IP 接口的_____或_____。

3. ACL 配置显示命令是_____。

4. ACL 依据_____、_____、_____、_____、_____作为判别五元组。

二、选择题

1. 在 IP 访问列表中，如果到最后也没有找到匹配项，则传输数据包将（　　　）。

A. 被丢弃　　　　　　　　　　　　　　B. 允许通过

C. 向主机发送广播通告信息　　　　　　D. 向主机发送 packet return

2. 在 ZXR10 路由器上已经配置了一个访问控制列表 1，现在需要对所有通过接口进入的数据包使用规则 1 进行过滤。如下配置可以达到要求的是（　　　）。

A. access-group 1 in　　　　　　　　　　B. access-group 1 out

C. ip access-group 1 in　　　　　　　　　D. ip access-group 1 out

3. 配置如下两条访问控制列表：

access-list 1 permit 10.110.10.1 0.0.255.255

access-list 2 permit 10.110.100.100 0.0.255.255

访问控制列表 1 和 2 所控制的地址范围关系是：（　　　）。

A. 1 和 2 的范围相同　　　　　　　　　B. 1 的范围在 2 的范围内

C. 2 的范围在 1 的范围内　　　　　　　D. 1 和 2 的范围没有包含关系

4. 使配置的访问列表应用到接口上的命令是（　　　）。

A. access-group　　　B. access-list　　　C. ip access-list　　　D. ip access-group

5. 通配符掩码和子网掩码之间的关系是（　　　）。

A. 两者没有什么区别　　　　　　　　　B. 通配符掩码和子网掩码相反

C. 一个是十进制的，另一个是十六进制的　　D. 两者都是自动生成的

6. 下列哪一个通配符掩码与子网 172.16.64.0/27 的所有主机匹配？（　　　）

A. 255.255.255.0　　　B. 255.255.224.0　　　C. 0.0.0.255　　　D. 0.0.31.255

7. 在配置访问控制列表的规则时，关键字"any"代表的通配符掩码是（　　　）。

A. 0.0.0.0　　　　　　　　　　　　　　B. 所使用的子网掩码的反码

C. 255.255.255.255　　　　　　　　　　D. 无此命令关键字

8. 在 ZXR10 路由器上配置命令：

Access-list 100 deny icmp 10.1.0.0 0.0.255.255

Access-list 100 deny tcp any 10.2.1.2 0.0.0.0 eq 23

Access-list 100 permit ip any any

并将此规则应用在接口上，下列说法错误的是（　　　）。

A. 禁止从 10.1.0.0 网段发来的 ICMP 报文通过

B. 禁止所有用户远程登录到 10.2.1.2 主机

C. 允许所有的数据包通过

D. 以上说法均不正确

三、简答题

1. 对于标准型 ACL，应该放在网络的什么位置？而对于扩展型 ACL，又应该放在网络的什么位置？

2. 在 IP 访问列表中，如果到最后也没有找到匹配，则传输数据包将如何处理？应该如何安排访问列表中的条目顺序？

3. 下述访问列表，只有一行，用作一个接口的数据包过滤：

access-list 100 permit tcp 145.22.3.0 0.0.0.255 any eq telnet

对于隐含的 deny all，禁止的是什么？

4. 将 ACL 用作数据流过滤有何作用？

5. ACL 可用于接口的哪个方向？

6. 在接口的同一个方向上，可应用多少个 IP ACL？

7. 用作数据包过滤器的所有 ACL 都必须包含一条什么语句？

8. 在通配符掩码中，什么值表示相应的地址位必须匹配？

9. 如何将 ACL 从接口中删除？

第 8 章　DHCP 协议原理与配置

随着网络规模的扩大和网络复杂度的提高，网络中加入的计算机越来越多，网络配置越来越复杂。网管人员在手动配置计算机的 TCP/IP 参数过程中，易出错而导致计算机不能正常通信；部分使用移动设备的用户由于工作需要，要求实时加入不同的网络；某些用户无意或恶意的行为，会导致 IP 地址冲突而影响局域网的正常通信；IP 地址短缺也会造成部分计算机无法取得 IP 地址而不能上网。这些时候我们就需要用到动态主机配置协议 DHCP，以帮助我们解决上述问题。

8.1　DHCP 的概念和特点

当两台连接到互联网上的计算机相互通信时，它们必须有各自的 IP 地址，而 IP 地址资源有限，宽带接入运营商不能做到给每个报装宽带的用户都分配一个固定的 IP 地址，故需采用 DHCP 方式对拟上网的用户进行临时的地址分配。为了便于统一规划和管理网络中的 IP 地址，DHCP 协议应运而生。

DHCP（Dynamic Host Configuration Protocol，动态主机配置协议）是由 IETF（互联网工程任务组）开发设计的，于 1993 年 10 月成为标准协议，其前身是 BOOTP（Bootstrap Protocol，引导程序协议）。当前的 DHCP 定义可以在 RFC 2131 中找到，而基于 IPv6 的建议标准（DHCPv6）可以在 RFC3315 中找到。DHCP 通常被应用在大型的局域网络环境中，主要作用是集中的管理、分配 IP 地址，使网络环境中的主机动态的获得 IP 地址、Gateway 地址、DNS 服务器地址等信息，并能够提升地址的使用率。

DHCP 协议采用客户端/服务器（C/S）模型，主机地址的动态分配任务由网络主机驱动。当 DHCP 服务器接收到来自网络主机申请地址的信息时，才会向网络主机发送相关的地址配置等信息，以实现网络主机地址信息的动态配置。DHCP 具有以下特点：

（1）整个 IP 分配过程自动实现，在客户端上，除了将 DHCP 选项打钩外，无须做任何 IP 环境设定。

（2）所有的 IP 网络设定资料都由 DHCP 服务器统一管理，还可以帮客户端指定 net mask、DNS 服务器、缺省网关等参数。

（3）通过 IP 地址租期管理（到达期限时，可能会延长"租约"或重新分配地址），实现 IP 地址分时复用。

（4）DHCP 采用广播方式交互报文，由于默认情况下路由器不会将收到的广播包从一个子网发送到另一个子网，因而当 DHCP 服务器与客户主机不在同一个子网时，必须使用 DHCP

中继（即 DHCP relay）。

（5）DHCP 协议的安全性较差，服务器容易受到攻击。

8.2 DHCP 的工作原理

8.2.1 DHCP 的组网方式

DHCP 的组网方式分为两种：一种是 DHCP 服务器和客户端在同一个子网里，如图 1-8-1 所示。另一种是 DHCP 服务器和客户不在同一个子网里，如图 1-8-2 所示。

图 1-8-1 DHCP 服务器和客户端在同一子网

图 1-8-2 DHCP 服务器和客户端不在同一子网

DHCP 采用客户端/服务器（C/S）体系结构，客户端靠广播方式来寻找 DHCP 服务器，即向地址 255.255.255.255 发送特定的广播信息，服务器收到请求后进行响应。而路由器在默认情况下是隔离广播域的，对此类报文不予处理，因此 DHCP 的组网方式分为同网段和不同网段两种方式。当 DHCP 服务器和客户端不在同一个子网时，充当客户主机默认网关的路由器必须将广播包发送到 DHCP 服务器所在的子网，这一功能称为 DHCP 中继。标准的 DHCP 中继的功能相对来说比较简单，只是重新封装、续传 DHCP 报文。

8.2.2 DHCP 报文

在 DHCP 的工作过程中，客户端与服务器之间通过 DHCP 报文的交互进行地址或其他配置信息的请求和确认。DHCP 采用 UDP 作为传输协议，报文的封装格式如图 1-8-3 所示。

图 1-8-3 DHCP 报文封装格式

链路层头：广播形式

IP 头：源 IP 为全 0，因为终端没有 IP 地址。

DHCP 报文：知名端口号，Client 为 68，Server 为 67，Server 的响应报文一般也是广播封装。

| 0 | 7 | 15 | 23 | 31 |

op(1)	htype(1)	hlen(1)	hops(1)
xid(4)			
secs(2)		flags(2)	
ciaddr(4)			
yiaddr (4)			
siaddr(4)			
giaddr(4)			
chaddr(16)			
sname(64)			
file(128)			
options(variable)			

图 1-8-4　DHCP 报文格式

DHCP 报文格式如图 1-8-4 所示，各字段定义如下：

op：操作码。Client 发送给 Server 的包，值为 1，Server 发送给 Client，值为 2。1——BOOTREQUEST，2——BOOTREPLY。

htype：硬件地址类别。Ethernet 为 1。

hlen：硬件地址长度，Ethernet 为 6。

hops：跳数。若封包需经过路由器传送，每站加 1，若在同一网内，为 0。

xid：事务 ID（TRANSACTION ID）。Client 发送 DHCP REQUEST 时产生。以后 Server 回复也用这个。

secs：client 端启动时间（s）。

flags：标志位，从 0 到 15 共 16 b，最左位为 1 时表示 Server 将以广播方式传送封包给 Client，一般未使用。

ciaddr：客户端 IP 地址，DHCP REQUEST 时如果 Client 想用上次的 IP 地址，则加上 ciaddr。

yiaddr：分配的 IP 地址，Server 在发送 DHCP OFFER/DHCP ACK 时用于分配给 Client 端的 IP 地址。

siaddr：服务器 IP 地址，Server 在发送 DHCP OFFER/DHCP ACK 时告诉 Client 端的服务器 IP 地址。

giaddr：中继代理的 IP address，如果 Client、Server 之间存在中继代理（通常 Client/Server 不在一个子网）。

chaddr：Client 的硬件地址。

sname：Server 的名称字符串，以 0x00 结尾。

file：若 Client 需要透过网络开机，此栏将指出开机程序名称，稍后以 TFTP 传送。

options：选项。

由于 DHCP 是初始化协议，简单地说，就是让终端获取 IP 地址的协议，既然终端连 IP 地址都没有，何以能够发出 IP 报文呢？服务器给客户端回送的报文该怎么封装呢？为了解决这个问题，DHCP 报文的封装采取了如下措施：

（1）链路层的封装必须是广播形式，即让在同一物理子网中的所有主机都能够收到这个报文。在以太网中，就是目的 MAC 地址为全 1。

（2）由于终端没有 IP 地址，IP 头中的源 IP 规定填为 0.0.0.0。

（3）当终端发出 DHCP 请求报文时，并不知道 DHCP 服务器的 IP 地址，因此 IP 头中的目的 IP 填为子网广播 IP——255.255.255.255，以保证 DHCP 服务器不丢弃这个报文。

（4）上面的措施保证了 DHCP 服务器能够收到终端的请求报文，但仅凭链路层和 IP 层信息，DHCP 服务器无法区分出 DHCP 报文，因此终端发出的 DHCP 请求报文的 UDP 层中源端口为 68，目的端口为 67。即 DHCP 服务器通过目的端口号 67 来判断一个报文是否为 DHCP 报文。

（5）DHCP 服务器发给终端的响应报文将会根据 DHCP 报文中的内容决定是广播还是单播，一般都是广播形式。广播封装时，链路层的封装必须是广播形式。在以太网中，就是目的 MAC 地址为全 1，IP 头中的目的 IP 为广播 IP——255.255.255.255。单播封装时，链路层的封装是单播形式。在以太网中，就是目的 MAC 地址为终端的网卡 MAC 地址，IP 头中的目的 IP 填为有限的子网广播 IP——255.255.255.255，或者是即将分配给用户的 IP 地址（当终端能够接收这样的 IP 报文时）。两种封装方式中 UDP 层都是相同的，源端口为 67，目的端口为 68。终端通过目的端口号 68 来判断一个报文是否是 DHCP 服务器的响应报文。

DHCP 协议采用客户端/服务器方式进行交互，其报文格式共有 8 种，由报文中 "DHCP message type" 字段的值来确定（后面括号中的值即为相应类型的值），具体含义如表 1-8-1 所示。

表 1-8-1　DHCP 报文类型和功能

报文类型	主要功能
DHCP DISCOVER	DHCP 客户端广播发送，用来查找网络中可用的 DHCP 服务器
DHCP OFFER	DHCP 服务器用来响应客户端的 DISCOVER 请求，并为客户端指定相应配置参数
DHCP REQUEST	此报文是客户端在 DHCP 过程中对服务器的 DHCP OFFER 报文的回应，或者是客户端续延 IP 地址租期时发出的报文
DHCP ACK	服务器对客户端的 DHCP REQUEST 报文的确认响应报文，客户端收到此报文后，才真正获得了 IP 地址和相关的配置信息
DHCP NAK	DHCP 服务器通知客户端地址请求不正确或者租期已过期
DHCP RELEASE	客户端主动释放服务器分配给它的 IP 地址的报文，当服务器收到此报文后，就可以回收这个 IP 地址，分配给其他客户端
DHCP DECLINE	DHCP 客户端发现地址冲突或由于其他原因导致地址不能使用，则发送 DHCP DECLINE 报文，通知服务器所分配的 IP 地址不可用
DHCP INFORM	客户端已经获得 IP 地址，发送此报文，只是为了从 DHCP 服务器处获取其他一些网络配置信息，如 DNS 等。这种报文的应用报文非常少见

8.2.3　同网段的工作方式

DHCP 服务器与 DHCP 客户端处于同网段时的工作过程如图 1-8-5 所示。

（1）发现阶段。即 DHCP 客户端寻找 DHCP 服务器的阶段。DHCP 客户端以广播方式（因为 DHCP 服务器的 IP 地址对于客户端来说是未知的）发送 DHCP DISCOVER 发现信息来寻找 DHCP 服务器，即向地址 255.255.255.255 发送特定的广播信息。网络上每一台安装了 TCP/IP

协议的主机都会接收到这个广播信息，但只有 DHCP 服务器才会做出响应。

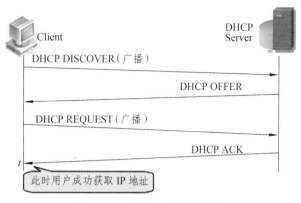

图 1-8-5　获取 IP 地址的过程

（2）提供阶段。即 DHCP 服务器提供 IP 地址的阶段。在网络中接收到 DHCP DISCOVER 发现信息的 DHCP 服务器都会做出响应，它从尚未出租的 IP 地址中挑选一个分配给 DHCP 客户端，向 DHCP 客户端发送一个包含出租的 IP 地址和其他设置的 DHCP OFFER 提供信息。

（3）选择阶段。即 DHCP 客户端选择某台 DHCP 服务器提供的 IP 地址的阶段。如果有多台 DHCP 服务器向 DHCP 客户端发送 DHCP OFFER 提供信息，DHCP 客户端只接受第一个 DHCP OFFER 提供信息，然后它以广播方式回答一个 DHCP REQUEST 请求信息，该信息中包含向它所选定的 DHCP 服务器请求 IP 地址的内容。之所以要以广播方式回答，是为了通知所有的 DHCP 服务器，它将选择某台 DHCP 服务器所提供的 IP 地址。

（4）确认阶段。即 DHCP 服务器确认所提供的 IP 地址的阶段。当 DHCP 服务器收到 DHCP 客户端回答的 DHCP REQUEST 请求信息之后，它便向 DHCP 客户端发送一个包含它所提供的 IP 地址和其他设置的 DHCP ACK 确认信息，告诉 DHCP 客户端可以使用它所提供的 IP 地址。然后 DHCP 客户端便将其 TCP/IP 协议与网卡绑定。另外，除 DHCP 客户端选中的服务器外，其他的 DHCP 服务器都将收回曾提供的 IP 地址。

（5）更新租约。DHCP 服务器向 DHCP 客户端出租的 IP 地址一般都有一个租借期限，期满后 DHCP 服务器便会收回出租的 IP 地址。如图 1-8-6 所示，在使用租期过去 50%时刻处，

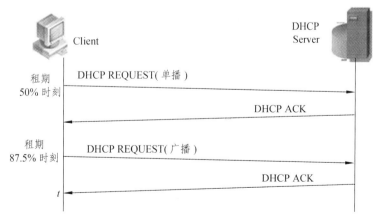

图 1-8-6　获取 IP 地址后延续过程

客户端向服务器发送单播 DHCP REQUEST 报文续延租期，如果成功，即收到 DHCP 服务器的 DHCPACK 报文，则租期相应向前延长；如果失败即没有受到 DHCP ACK 报文，则客户端继续使用这个 IP 地址。在使用租期过去 87.5%时刻处，客户端向 DHCP 服务器发送广播 DHCP REQUEST 报文续延租期，如果成功，即收到 DHCP 服务器的 DHCP ACK 报文，则租期相应向前延长；如果失败，即没有收到 DHCP ACK 报文，则客户端继续使用这个 IP 地址。在使用租期到期时，客户端应自动放弃使用这个 IP 地址，并开始新的 DHCP 过程。

8.2.4 跨网段的工作方式

由于 DHCP 报文都采用广播方式，是无法穿越多个子网的，当 DHCP 报文要穿越多个子网时，就要有 DHCP RELAY 的存在，如图 1-8-7 所示。当存在 DHCP 中继时，所有的 DHCP 报文都会经过 DHCP 中继进行转发，整个 DHCP 交互过程同上面类似，只是在报文封装时稍有不同。DHCP RELAY 可以是路由器，也可以是一台主机。DHCP RELAY 的作用就是监听 UDP 目的端口号为 67 的所有报文。当 DHCP RELAY 收到请求报文后，就将广播报文根据事先指定的 DHCP 服务器地址转换成单播报文发送给 DHCP 服务器。

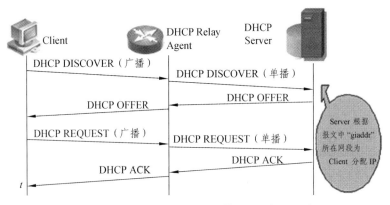

图 1-8-7　通过 DHCP RELAY 获取 IP 地址的过程

那么服务器收到请求后如何确定应该从哪个地址池中分配地址呢？

当 DHCP RELAY 收到目的端口号为 67 的报文时，会首先判断是否为用户的请求报文，若是且其中的 "giaddr" 字段为 0，则把自己的 IP 地址填入此字段，并把此报文单播给真正的 DHCP Server，以实现 DHCP 报文穿越多个子网的目的；当 DHCP RELAY 发现这是 DHCP Server 的响应报文时，会根据 "flag" 字段中的广播标志位来进行广播或单播，封装好报文后，传送给 DHCP Client。DHCP Server 收到 DHCP 请求报文后，首先会查看 "giaddr" 字段是否为 0，若不为 0，则就会根据此 IP 地址所在网段从相应地址池中为 Client 分配 IP 地址；若为 0，则 DHCP Server 认为 Client 与自己在同一子网中，将会根据自己的 IP 地址所在网段从相应地址池中为 Client 分配 IP 地址。

DHCP 服务器向 DHCP 客户端出租的 IP 地址一般都有一个租借期限，期满后 DHCP 服务器便会收回出租的 IP 地址。如图 1-8-8 所示，在使用租期过去 50%时刻处，客户端向服务器发送单播 DHCP REQUEST 报文续延租期，如果成功，即收到 DHCP 服务器的 DHCPACK 报文，则租期相应向前延长；如果失败，即没有受到 DHCPACK 报文，则客户端继续使用这个 IP 地址。在使用租期过去 87.5%时刻处，向 DHCP 服务器发送广播 DHCP REQUEST 报文续延租期，如果成功，即收到 DHCP 服务器的 DHCPACK 报文，则租期相应向前延长；如果失败，即没有收到 DHCPACK 报文，则客户端继续使用这个 IP 地址。在使用租期到期时，客户端应自动放弃使用这个 IP 地址，并开始新的 DHCP 过程。

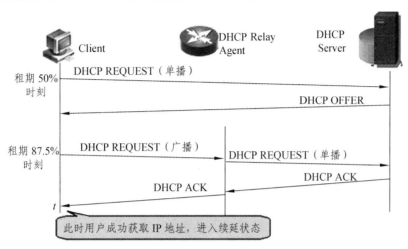

图 1-8-8　通过 DHCP Relay 获取 IP 地址后的延续过程

8.3　DHCP 的基本配置

8.3.1　DHCP 服务器的配置

DHCP 服务器的配置主要包括以下几步：

（1）定义 DHCP 地址池的名称为<pool-name >：

Router（config）# ip dhcp pool <pool-name >

（2）在连接客户端子网的接口上配置用户缺省网关地址：

Router（config-if）# default-router <ip-address>

（3）配置 DHCP 域名服务器相关的其他参数：

Router（config-if）# dns-server <ip-address>

（4）设定连接路由器接口上的网段：

Router（config-if）# network <ip-address> <net-mask>

（5）配置 IP 地址池，保留 DHCP 服务器中不分配的地址，其余地址分配给客户主机：

Router（config-if）# ip dhcp excluded-address <start-ip> <end-ip>

8.3.2　DHCP 中继的配置

DHCP 中继的配置主要包括：

（1）设置 DHCP 中继路由器接口 IP 地址：

Router（config-if）#ip add <ip-address> <net-mask>

（2）在连接客户机子网的接口上配置 DHCP 代理地址：

Router（config-if）#ip helper-address <ip-addr>

本章小结

在使用 TCP/IP 协议的网络上，每一台计算机都拥有唯一的计算机名和 IP 地址。当计算机从一个子网移动到另一个子网的时候，该计算机的 IP 地址（及其子网掩码）会发生改变。如采用静态 IP 地址的分配方法将增加网络管理员的负担，而 DHCP 可以让用户将 DHCP 服务器中的 IP 地址数据库中的 IP 地址动态地分配给局域网中的客户机，从而减轻了网络管理员的负担。

本章主要介绍了 DHCP 的基本概念、体系架构和组网方式，同时对 DHCP Server 与 Client 的标准交互过程中，如何获取 IP 地址、IP 地址续用、释放 IP 地址等问题进行了详细分析。

通过对本章内容的学习，应重点掌握 DHCP 的基本概念及其作用、DHCP 的工作原理和过程，了解 DHCP 协议报文封装格式。

习　题

一、填空题

1. DHCP 是用来动态分配_____的协议，是基于_____层之上的应用，它的结构是简单的客户端/服务器体系。

2. 采用 DHCP 功能可用来分配主机 IP 地址、_____和_____等。

3. ZXR10-E 系列路由交换机，在 DHCP 的使用中，可以充当_____、_____、_____的功能。

4. DHCP Client 主动向 DHCP Server 请求 IP 地址等配置信息，使用_____来发起获取 IP 地址的过程，使用_____来释放 IP 地址。

二、选择题

1. DNS 的作用是（　　　　）。

A. 为客户机分配 IP 地址　　　　B. 访问 HTTP 的应用程序

C. 将域名翻译为 IP 地址　　　　D. 将 MAC 地址翻译为 IP 地址

2. DHCP 客户端是使用地址（　　　　）来申请一个新的 IP 地址的。

A. 0.0.0.0　　　　　　　　　　B. 10.0.0.1

C. 127.0.0.1　　　　　　　　　D. 255.255.255.255

3. 当 DHCP 客户计算机第一次启动或初始化 IP 时，将（   ）消息广播发送给本地子网。

A. DHCP DISCOVER   B. DHCP REQUEST

C. DHCP OFFER   D. DHCP PACK

4. 客户机从 DHCP 服务器获得租约期为 16 天的 IP 地址，现在是第 10 天（当租约过了一半的时候），该客户机和 DHCP 服务器之间应互传（   ）消息。

A. DHCP DISCOVER 和 DHCP REQUEST

B. DHCP DISCOVER 和 DHCP ACK

C. DHCP REQUEST 和 DHCP ACK

D. DHCP DISCOVER 和 DHCP OFFER

5. DHCP 作用域创建后，其作用域文件夹有 4 个子文件夹，其中存放可供分配的 IP 地址的是（   ）文件夹。

A. 地址租约   B. 地址池   C. 保留   D. 作用域选项

6. 键入（   ）命令，可续订客户机的租约。

A. ipconfig   B. ipconfig /all   C. ipconfig /release   D. ipconfig /renew

三、简答题

1. 简述 DHCP 的工作过程。

2. DHCP 有几种组网方式？它们的工作过程是怎样的？

3. 简要说明 DHCP Server 与 Client 之间获取 IP 地址的交互过程。

4. 简要说明 DHCP Server 与 Client 之间 IP 地址续用的交互过程。

当今社会，无数的用户在尽情享受 Internet 带来的方便和快捷。他们浏览新闻，搜索资料，下载软件，聊天交友，分享信息，甚至足不出户就可以获取一切生活所需。企业也利用互联网发布信息，招聘人才，传递资料和订单，提供技术支持，完成日常办公。然而，Internet 在给亿万用户带来便利的同时，自身却面临一个致命的问题，那就是构建这个无所不能的 Internet 的基础——IPv4 协议，已经不能再提供新的网络地址了。

2011 年，IANA 对外宣布 IPv4 地址空间最后 5 个地址块已经被分配给下属的 5 个地区委员会。同年，亚太区委员会 APNIC 对外宣布，除个别保留地址外，本区域所有的 IPv4 地址基本耗尽。一时间，IPv4 地址作为一种濒危资源身价陡增，各大网络公司出巨资收购剩余的空闲地址。其实，IPv4 地址资源耗尽的问题早在 20 年以前，就已经摆在 Internet 先驱们面前了。那么，究竟是什么技术使这一危机延缓了将近 20 年呢？答案就是 NAT 地址转换技术。

随着 NAT 技术的出现，在 IPv4 已经被认为即将结束历史使命之后近 20 年时间里，人们几乎忘了 IPv4 的地址空间即将耗尽这样一个事实。NAT 产生以后，不仅要面对各种新技术，而且还要满足不断增长的网络终端。但是 NAT 技术对付起来都游刃有余，足见 NAT 技术之成功，影响之深远。

9.1　NAT 协议基本概念和特点

9.1.1　NAT 协议简介

NAT（Network Address Translation，网络地址转换），是一个 IETF 标准，允许一个整体机构以一个公用 IP 地址出现在 Internet 上。顾名思义，它是一种把内部私有网络地址（IP 地址）翻译成合法网络 IP 地址的技术。简单地说，NAT 就是在局域网内部网络中使用内部地址，而当内部节点要与外部网络进行通信时，就在网关处将内部地址替换成公用地址，从而在外部公网上正常使用，如图 1-9-1 所示。NAT 可以使多台计算机共享 Internet 连接，很好地解决了公共 IP 地址紧缺的问题。

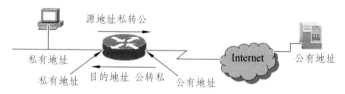

图 1-9-1　在路由器上使用 NAT 技术实现的功能

通过这种方法，可以只申请一个合法 IP 地址，就把整个局域网中的计算机接入 Internet

中。这时，NAT 屏蔽了内部网络，所有内部网计算机对于公共网络来说是不可见的，而内部网计算机用户通常也不会意识到 NAT 的存在。这里提到的内部地址，是指在内部网络中分配给节点的私有 IP 地址，这个地址只能在内部网络中使用，不能被路由转发。

NAT 功能通常被集成到路由器、防火墙、ISDN 路由器或者单独的 NAT 设备中。此外，对于资金有限的小型企业来说，现在通过软件也可以实现这一功能。

9.1.2　NAT 协议的优缺点

NAT 协议具有很多的优点，诸如限制需要进行 IANA 注册的专用内联网所用的 IP 地址数；保存专用内联网所需的全局 IP 地址数，例如一个实体可用一个单独的 IP 地址在 Internet 上进行通信；减少和消除地址冲突发生的可能性；小型网络可以通过 NAT 的方式，使得私有网络灵活地接入 Internet；以维持局域网的私密性，因为内部 IP 地址是不公开的等。

但是 NAT 协议在带来优点的同时，也带来了不少缺点，主要有以下几点：

（1）使用 NAT 必然要引入额外的延迟。

（2）丧失端到端的 IP 跟踪能力。

（3）一些特定应用可能无法正常工作，如地址转换对于报文内容中含有有用的地址信息的情况很难处理。

（4）地址转换由于隐藏了内部主机地址，有时候会使网络调试变得复杂。

不可否认，NAT 技术是在 IPv4 地址资源的短缺时候起到了缓解作用，在减少用户申请 ISP 服务的花费和提供比较完善的负载平衡功能等方面带来了不少好处。但是 NAT 技术从根本上不能改变 IP 地址空间不足的本质，同时在安全机制上也潜伏着威胁，对于在配置和管理上也是一个挑战。如果要从根本上解决 IP 地址资源的问题，IPv6 才是最根本方法。在 IPv4 过渡到 IPv6 的过程中，NAT 技术确实是一个不错的选择，相对其他的方案优势也非常明显。

9.1.3　私有地址和公有地址

要真正了解 NAT 就必须先了解现在 IP 地址的使用情况，私有 IP 地址是指内部网络或主机的 IP 地址，公有 IP 地址是指 Internet 上全球唯一的 IP 地址。A、B、C 三类地址中大部分为可以在 Internet 上分配给主机使用的合法 IP 地址，其中以下这几部分为私有地址空间：10.0.0.0~10.255.255.255；172.16.0.0~172.31.255.255；192.168.0.0~192.168.255.255。

私有地址属于非注册地址，专门为组织机构内部使用，不同的私有网络可以有相同的私有网段。但私有地址不能直接出现在公网上，当私有网络内的主机要与位于公网上的主机进行通信时必须经过地址转换，将其私有地址转换为合法公网地址才能对外访问。

9.2　NAT 工作原理

9.2.1　NAT 的 4 个地址

当内部网络有多台主机访问 Internet 上的多个目的主机的时候，路由器必须记住内部网络的哪一台主机访问 Internet 上的哪一台主机，以防止在地址转换时将不同的连接混淆。所以路由器会为 NAT 的众多连接建立一个表，即 NAT 地址转换表，如图 1-9-2 所示。转换表是私有地址和公有地址的一种映射。

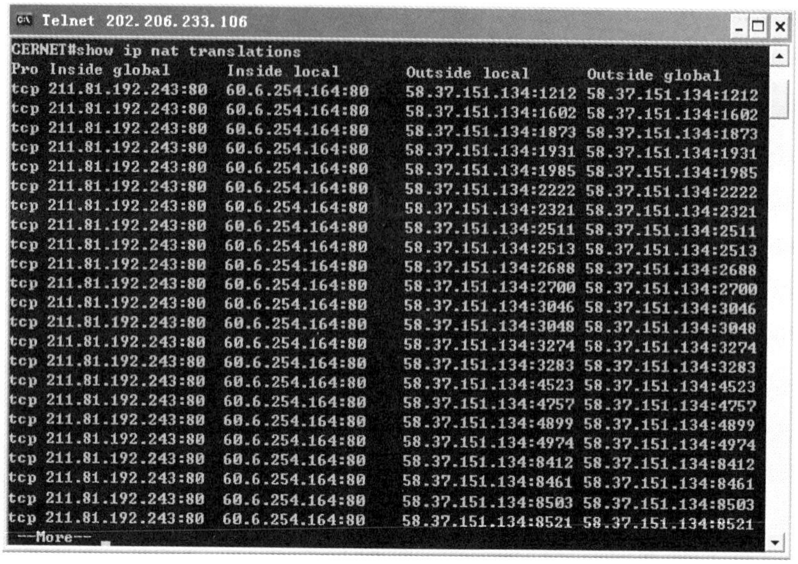

```
Telnet 202.206.233.106
CERNET#show ip nat translations
Pro Inside global       Inside local       Outside local          Outside global
tcp 211.81.192.243:80  60.6.254.164:80    58.37.151.134:1212 58.37.151.134:1212
tcp 211.81.192.243:80  60.6.254.164:80    58.37.151.134:1602 58.37.151.134:1602
tcp 211.81.192.243:80  60.6.254.164:80    58.37.151.134:1873 58.37.151.134:1873
tcp 211.81.192.243:80  60.6.254.164:80    58.37.151.134:1931 58.37.151.134:1931
tcp 211.81.192.243:80  60.6.254.164:80    58.37.151.134:1985 58.37.151.134:1985
tcp 211.81.192.243:80  60.6.254.164:80    58.37.151.134:2222 58.37.151.134:2222
tcp 211.81.192.243:80  60.6.254.164:80    58.37.151.134:2321 58.37.151.134:2321
tcp 211.81.192.243:80  60.6.254.164:80    58.37.151.134:2511 58.37.151.134:2511
tcp 211.81.192.243:80  60.6.254.164:80    58.37.151.134:2513 58.37.151.134:2513
tcp 211.81.192.243:80  60.6.254.164:80    58.37.151.134:2688 58.37.151.134:2688
tcp 211.81.192.243:80  60.6.254.164:80    58.37.151.134:2700 58.37.151.134:2700
tcp 211.81.192.243:80  60.6.254.164:80    58.37.151.134:3046 58.37.151.134:3046
tcp 211.81.192.243:80  60.6.254.164:80    58.37.151.134:3048 58.37.151.134:3048
tcp 211.81.192.243:80  60.6.254.164:80    58.37.151.134:3274 58.37.151.134:3274
tcp 211.81.192.243:80  60.6.254.164:80    58.37.151.134:3283 58.37.151.134:3283
tcp 211.81.192.243:80  60.6.254.164:80    58.37.151.134:4523 58.37.151.134:4523
tcp 211.81.192.243:80  60.6.254.164:80    58.37.151.134:4757 58.37.151.134:4757
tcp 211.81.192.243:80  60.6.254.164:80    58.37.151.134:4899 58.37.151.134:4899
tcp 211.81.192.243:80  60.6.254.164:80    58.37.151.134:4974 58.37.151.134:4974
tcp 211.81.192.243:80  60.6.254.164:80    58.37.151.134:8412 58.37.151.134:8412
tcp 211.81.192.243:80  60.6.254.164:80    58.37.151.134:8461 58.37.151.134:8461
tcp 211.81.192.243:80  60.6.254.164:80    58.37.151.134:8503 58.37.151.134:8503
tcp 211.81.192.243:80  60.6.254.164:80    58.37.151.134:8521 58.37.151.134:8521
--More--
```

图 1-9-2　NAT 地址转换表

要成功的理解 NAT，就必须理解 NAT 在翻译过程中所使用到的地址类型：内部本地地址、内部全局地址、外部本地地址、外部全局地址。下面我们来详细介绍这几个地址。

内部本地地址（inside local）：分配到内部网络上某一主机的 IP 地址。这是配置为计算机操作系统的参数的地址或通过 DHCP 等动态地址分配协议接收的地址。这类地址通常情况下是 RFC1918 中定义的私有 IP 地址，通常是 192.168.×.×、172.16.×.×和 10.×.×.×。

内部全局地址（inside global）：由 NIC 或服务提供商分配的合法 IP 地址，代表与外界通信的一个或多个内部本地 IP 地址。这类地址通常布置在路由器出接口的位置上。

外部本地地址（outside local）：外部主机显示给内部网络的 IP 地址，是外部主机在自己本地网络的代表。比如说外部的主机给用户主机发数据，主机上显示的就是从这类地址上所接收到的数据。换句话说，外部主机发送数据也是需要私有地址，同样也需要 NAT 地址转换，而它们转换后的就是这类地址。

外部全局地址（outside global）。它是一个公共网络主机的 IP 地址，该地址被分配给 NAT 的外部网络，它永远不会被宣告给 NAT 的内部网络。

下面举例子说明。

比如某公司有两个分部，一个为 A，一个为 B，A 和 B 分别向 ISP 申请了一个公网的 IP 地址，假设 A 部门的地址为 1.1.1.1，B 部门的地址为 2.2.2.2，另外 A、B 均使用 NAT 部署内部网络，A 的内部网络为 192.168.0.1/24，B 的内部网络为 10.0.0.0/24。那么在 A 的内部主机与 B 的内部主机通信的过程中，相对于 A 来说，A 的内部本地址是 192.168.0.0/24，内部全局地址便是 1.1.1.1，而外部本地地址便是 B 的内部地址也就是 10.0.0.0/24，而外部全局地址显然是 2.2.2.2。

9.2.2 地址转换过程

NAT 的工作转换过程如下：在连接内部网络与外部公网的路由器上，NAT 将内部网络中主机的内部局部地址转换为合法的可以出现在外部公网上的内部全局地址来响应外部世界寻址。如图 1-9-3 所示，10.1.1.1 这台主机想要访问公网上的一台主机 B IP 为 172.20.7.3。在 10.1.1.1 主机发送数据的时候源 IP 地址是 10.1.1.1，在通过路由器的时候将源地址由内部局部地址 10.1.1.1 转换成内部全局地址 166.1.1.1 发送出去。

从主机 B 上回发的数据包，目的地址是主机 10.1.1.1 的内部全局地址 166.1.1.1，在通过路由器向内部网络发送的时候，将目的地址改成内部局部地址 10.1.1.1。

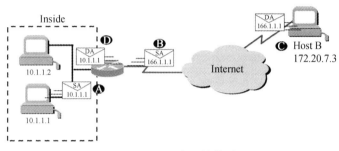

图 1-9-3   NAT 地址转换过程

9.3   NAT 的工作方式

NAT 的实现方式主要有三种，即静态转换（Static NAT）、动态转换（Dynamic NAT）和端口多路复用（Over Load）。

静态转换是指将内部网络的私有 IP 地址转换为公有 IP 地址，IP 地址对是一对一的，是一成不变的，某个私有 IP 地址只转换为某个公有 IP 地址，如图 1-9-4 所示。借助静态转换，可以实现外部网络对内部网络中某些特定设备（如服务器）的访问。

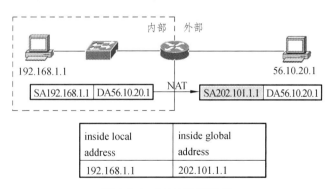

图 1-9-4   NAT 静态转换

动态转换是指将内部网络的私有 IP 地址转换为公用 IP 地址时，IP 地址是不确定的，是从内部全局地址池中动态地选择一个未使用的地址对内部本地地址进行转换。地址选择规则是被使用的地址组成的地址池中在定义时排在最前面的一个。

当数据传输完毕后，路由器将把使用完的内部全局地址放回到地址池中，以供其他内部本地地址进行转换，如图 1-9-5 所示。但是当该地址被使用时，不能用该地址再进行一次转换。动态转换可以使用多个合法外部地址集。当 ISP 提供的合法 IP 地址略少于网络内部的计算机数量时，可以采用动态转换的方式。

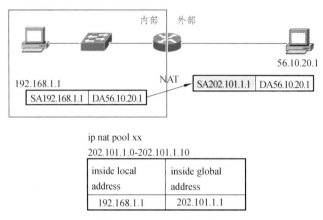

图 1-9-5　NAT 动态转换

端口多路复用是指改变外出数据包的源端口并进行端口转换，即端口地址转换（Port Address Translation，PAT）。采用端口多路复用方式，内部网络的所有主机均可共享一个合法外部 IP 地址实现对 Internet 的访问，从而可以最大限度地节约 IP 地址资源，如图 1-9-6 所示。同时，该方法又可隐藏网络内部的所有主机，有效避免来自 Internet 的攻击。因此，目前网络中应用最多的就是端口多路复用方式。

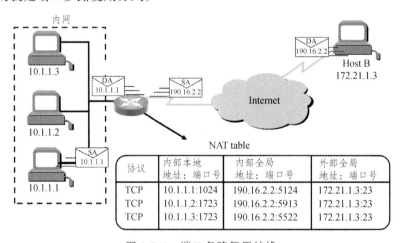

图 1-9-6　端口多路复用转换

9.4　NAT 协议的基本配置

NAT 协议的基本配置主要包含静态配置与动态配置两个方面。接下来我们分别介绍一下这两种配置方式的基本过程。

9.4.1 静态 NAT 配置基本过程

1. 配置静态 NAT 地址映射

在路由器的全局模式下配置静态 NAT 地址映射的命令如下：

Router（config）#ip Nat inside source static local-ip global-ip

2. 配置连接 Internet 的接口

在路由器连接 Internet 的接口（一般是以太网接口或快速以太网接口）上首先要配置 IP 地址，这个地址为公用地址，并且要启动该接口，命令格式如下：

Router（config）#interface type mod/num

Router（config-if）#ip address ip-address sub net-mask

然后声明该接口是 NAT 转换的外部网络接口，命令格式如下：

Router（config-if）#ip Nat outside

3. 配置连接企业内部网络的接口

在路由器连接企业内部网络的接口（一般是路由器的另一个以太网接口或快速以太网接口）上也要配置 IP 地址，这个地址应该是私有地址，并且要启动该接口，命令格式如下：

Router（config）#interface type mod/num

Router（config-if）#ip address ip-address sub net-mask

然后声明该接口是 NAT 转换的内部网络接口，命令格式如下：

Router（config-if）#ip Nat inside

4. 显示活动的转换条目

Router#show ip Nat translation [verbose]

9.4.2 动态 NAT 配置基本过程

1. 定义一个用于分配地址的全局地址池

在全局配置模式下，通过在路由器上定义一个分配地址的全局地址池，可以作为 NAT 转换的公用地址池，以供 NAT 使用。定义公用地址池的命令如下：

Router（config）#ip Nat pool pool-name start-ip end-ip { netmask netmask | prefix-length prefix-length}[rotary]

2. 定义一个标准访问控制列表（ACL）

在全局设置模式下，定义一个标准访问控制列表，该列表的作用是用来筛选企业内部允许上网的主机，即通过在该列表中使用"允许"语句，能够指定哪些机主可以上网。命令如下：

Router（config）#access-list access-list-number permit source [source-wildcard]

3. 定义内部网络私有地址与外部网络公用地址之间的映射

在全局配置模式下，将由 access-list 指定的内部私有地址与指定的公用地址池相映射，从而提供内网私有地址和外网公用地址之间的 NAT 转换。其命令如下：

Router（config）#ip Nat inside source { list {access-list-number | name}pool pool-name [overload] | static local-ip global-ip }

4. 配置连接 Internet 的接口

Router（config-if）#ip nat outside

5. 配置连接企业内部网络的接口

Router（config-if）#ip nat inside

6. 定义指向外网的默认路由

做好以上步骤后应定义指向外网的默认路由，命令格式如下：

Router（config）#ip route 0.0.0.0 0.0.0.0 Next Hop-ip

其中，Next Hop-ip 即专线在 ISP 端的连接地址。

9.5 NAT 的监控和维护

使用以下命令来显示 NAT 的配置信息：

show ip Nat translations：显示地址转换配置。

ip Nat translation timeout class a time-value：设置地址转换连接有效时间。

show ip Nat statistics：显示 NAT 的统计数据。

Debug ip Nat：NAT 的诊断和调试。

clear ip nat translation：清除 NAT 转换表中所有的动态地址转换条目。

clear ip Nat translation inside global-ip local-ip [outside local-ip global-ip]：清除包含一个内部转换或者同时包含内部和外部转换的动态转换条目。

clear ip Nat translation outside local-ip global-ip：清除包含一个外部转换的动态转换条目。

clear ip Nat translation protocol inside global-ip global-port local-ip local-port [outside local-ip local-port global-ip global-port]：清除一条扩展的动态转换条目。

其中，对 NAT 地址转换连接有效时间进行设置时要注意：如果此时间设置过大可能导致通信结束后很长时间还占用着合法 IP 地址或端口号，当有其他内部主机试图对外访问时可能没有可用的合法 IP 地址或端口号资源而无法与外界通信；而如果此数值设定过低可能导致正常通信还没有结束时计时器到期，路由器删除内部地址与外部地址之间的对应关系，返回的数据无法送达内部主机，造成通信中断。

本章小结

NAT（Network Address Translation，网络地址转换）属接入广域网（WAN）技术，是一种将私有（保留）地址转化为合法 IP 地址的转换技术，它被广泛应用于各种类型 Internet 接入方式和各种类型的网络中。由于保密或 IP 在外网不合法等原因，网络的内部 IP 地址无法在外部网络使用，就产生了 IP 地址转换的需求。局域网络以外的网络的拓扑结构可能以多种方式改变，一旦外部拓扑结构发生改变，本地网络的地址分配也必须改变以反映外部变化。通过将这些变化集中在单个地址转换路由器中，局域网用户并不需知道这些改变。网络地址转换允许主机从内部网络中透明地访问外部网络，并允许从外部访问选定本地主机。若一个机构的网络主要用于内部服务，偶尔用于外部访问，这种配置是很适用的。

本章主要介绍了 NAT 的基本概念及其作用，详细阐述了 NAT 的运作原理，以及 NAT 的应用方式。通过本章的学习，应重点掌握 NAT 的概念及其作用，了解 NAT 的工作原理和过程，学会 NAT 的具体配置方法和步骤。

习　题

一、填空题

1. NAT 是一种把＿＿＿＿＿＿翻译成＿＿＿＿＿的技术。

2. 私有 IP 地址是指内部网络或主机的 IP 地址，A、B、C 三类地址中私有地址分别是＿＿＿＿＿＿ ；＿＿＿＿＿＿ ；＿＿＿＿＿。

3. NAT 在翻译过程中所使用到的地址类型：＿＿＿＿＿＿、＿＿＿＿＿、＿＿＿＿＿、＿＿＿＿＿。

4. 在 NAT 转换过程中，数据包出去时，路由器处理的顺序是＿＿＿＿＿；数据包进来时，路由器处理的顺序是＿＿＿＿＿。

5. NAT 的实现方式有三种，分别是＿＿＿＿、＿＿＿＿、＿＿＿＿。

二、选择题

1. NAT（网络地址转换）的功能是（　　　）。

A. 将 IP 协议改为其他网络协议

B. 实现 ISP（Internet 服务提供商）之间的通信

C. 实现拨号用户的接入功能

D. 实现私有 IP 地址与公共 IP 地址的相互转换

2. 下列关于 IANA 预留的私有 IP 地址，说法错误的是（　　　）。

A. 预留的私有 IP 地址块是：10.0.0.0~10.255.255.255，172.16.0.0~172.31.255.255，192.168.0.0~192.168.255.255

B. 为了实现与 Internet 的通信，这些私有地址需要转换成公有地址。可以采用的技术有 NAT、代理服务、VPN 报文封装等

C. 预留的私有 IP 地址块是：10.0.0.0~10.255.255.255，172.128.0.0~172.128.255.255，

192.128.0.0~192.128.255.255

D. 使用私有地址可以节省开支，保持网络的可扩展性

3. 下列地址哪些是可能出现在公网上的？（　　　）。

A. 10.2.57.254　　　　　　　　B. 168.254.25.4

C. 172.26.45.52　　　　　　　　D. 192.168.6.5

4. 下面有关 NAT 叙述错误的是（　　　）。

A. NAT 是英文 "Network Address Translation" 的缩写

B. 地址转换又称地址翻译，用来实现私有地址与公用网络地址之间的转换

C. 当内部网络的主机访问外部网络的时候，一定不需要 NAT

D. 地址转换的提出为解决 IP 地址紧张的问题提供了一个有效途径

5. 当在思科路由器上实施 NAT 时，访问控制列表可提供什么功能？（　　　）。

A. 定义从 NAT 地址池中排除哪些地址

B. 定义向 NAT 地址池分配哪些地址

C. 定义允许来自哪些地址发来的流量通过路由器传出

D. 定义可以转换哪些地址

三、简答题

1. NAT 有什么用途？请举例说明。

2. 简述 NAT 的优点与缺点。

3. 当外部地址资源不够，无法实现和内部地址一一对应时，应该如何配置 NAT？

4. 在 NAT 上下文中，内部、外部、本地和全局的含义分别是什么？

5. 有哪几种网络地址转换？有何功能？

6. 仅当使用了哪个接口配置命令后，NAT 才能在路由器上正确运行？

7. 哪个命令用于清除当前的动态 NAT 转换条目？

通信网络正在向全光网络时代发展，光纤接入网将逐步取代原有的铜线接入网。未来几年，由于高速数据业务及视频业务的发展、光纤建设成本的降低，加之运营商间竞争加剧、国家政策的扶持等因素，铜线宽带受到严重挑战，"光进铜退"不可避免，光纤接入将进入大规模建设时期。

FTTX 是指把光纤用于接入层网络，使光纤靠近用户甚至直接连接到用户的组网方式。光纤接入网采用光纤作为传输媒质，具有传输容量大、传输质量高、传输距离长、抗电磁干扰等优点，是未来固定宽带接入的发展方向。近年来，人们的需求已经由单纯的语音通信向多媒体通信迈进，随着 IPTV，HDTV，体感游戏，数字家庭等业务的兴起，传统接入方式已经无法满足日益剧增的带宽要求。FTTX 接入速率可以高达 20~100 Mb/s，随着设备技术的进一步提升，还可进一步提高带宽，所以 FTTX 凭借其无法比拟的带宽优势而成为必然选择。

在所有已知的 FTTX 实现技术中，无源光网络（Passive Optical Network，PON）技术以光纤为传输媒质，具备高接入带宽、全程无源分光传输的特点，在管理运维、带宽性能、综合业务提供、带宽分配策略、组网灵活性、建设成本等方面，相比其他光接入技术具有明显的优势，为视频、音频和数据"三网合一"提供了一个可行的解决方案。

10.1　FTTX 的概念和分类

FTTX（Fiber To the X，光纤到 X）是新一代的光纤用户接入网，用于连接电信运营商与终端用户，采用光纤媒质代替部分或全部的传统铜线媒质，将光纤从局端位置向用户端延伸。其中，根据光网络单元（Optical Network Unit，ONU）在用户端的位置不同，"X"有多种变体，可以是光纤到大楼（FTTB）、光纤到交接箱（FTTCab）、光纤到路边（FTTC）、光纤到户（FTTH）、光纤到办公室（FTTO）等，如图 1-10-1 所示。FTTX 将用户从"电"的时代转入了一个全新的"光"的时代。

1. 光纤到交接箱（FTTCab）

光纤到交接箱（Fiber To The Cabinet，FTTCab），以光纤替代传统馈线电缆，ONU 放置在交接箱处，ONU 以下采用铜线或其他介质接入到用户。

2. 光纤到大楼（FTTB）

FTTB 依据服务对象分为两种，一种是公寓大厦的用户服务，另一种是商业大楼的公司行号服务，两种皆将 ONU 设置在大楼的地下室配线箱处，只是公寓大厦的 ONU 是 FTTC 的延伸，而商业大楼是为了中大型企业单位，必须提高传输的速率，以提供高速的数据、电子商务、视频会议等宽带服务。

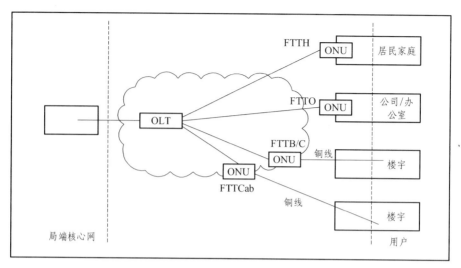

图 1-10-1　宽带接入网 FTTX 示意图

3. 光纤到路边（FTTC）

FTTC 主要是为住宅区的用户服务，将 ONU 设备放置于路边机箱，利用 ONU 出来的同轴电缆传送 CATV 信号或双绞线传送电话及上网服务。FTTC 与交换局之间的接口采用 ITU-T 制定的接口标准 V5，传输速率为 155 Mb/s。

FTTB/C 与 FTTCab 的不同之处在于其 ONU 的位置更接近用户，光纤化程度更进一步，适合高带宽用户密集区域使用。

4. 光纤到企业（FTTO）

FTTO 的 ONU 设备部署在企业内，仅接入单个企业用户，从 ONU 直接与企业设备连接。

5. 光纤到户（FTTH）

光纤到户（Fiber To The Home, FTTH），是完全利用光纤传输媒质连接运营商设备和用户终端设备的接入方式，引入光纤由用户独享，ONU 直接放置到用户家中，从 ONU 直接连接用户网络设备。

6. 光纤到小区（FTTZ）

FTTZ（Fiber To The Zone），是指光纤到小区。

FTTX 技术主要用于接入网络光纤化，范围从区域电信机房的局端设备到用户终端设备，局端设备为光线路终端 OLT（Optical Line Terminal）、用户端设备为光网络单元 ONU（Optical Network Unit）或光网络终端 ONT（Optical Network Terminal）。

10.2　FTTX+PON 技术

从整个网络的结构来看，由于光纤的大量铺设，DWDM（密集型光波复用）等新技术的应用使得主干网络在短时间内已经有了突破性的发展。同时由于以太网技术的进步，由其主导的局域网带宽也从 10M，100M 提升到 1G 甚至 10G。而目前最需要突破的地方就在于连接网络主干和局域网以及家庭用户之间的一段，这就是常说的"最后一千米"的瓶颈。这就好像一个国家的公路系统，干线和各地区干道都已经建成宽阔的高速公路，但通向家庭和商家的门口却还是羊肠小道，那么这个公路网络的效率就无法有效地发挥。

随着宽带应用越来越广泛，尤其是视频和端到端应用的兴起，人们对带宽的需求越来越强烈，传统的技术已无法胜任。PON 作为一种接入网技术，在服务提供商、电信局端和商业用户或家庭用户之间提供了解决方案。

10.2.1 PON 的概念和基本结构

PON 是指光分配网（ODN）中不含有任何电子器件及电子电源的网络，其 ODN 全部由光分路器和光缆等无源器件组成，不需要成本相对较高的有源电子设备，其典型结构如图 1-10-2 所示。

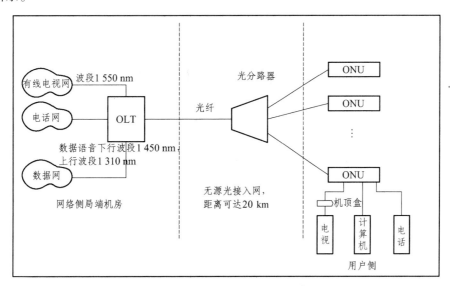

图 1-10-2　无源光接入网典型结构

PON 由光线路终端（OLT）、光配线网（ODN）和光网络单元（ONU）组成，采用树形拓扑结构。OLT 放置在中心局端，分配和控制信道的连接，并有实时监控、管理及维护功能，而 ONU 放置在用户侧。OLT 与 ONU 之间通过无源光合/分路器连接。

1. 光线路终端（OLT）

OLT 通常放置于运营商的局端机房，传输距离通常要求能达到 20 km。OLT 使用 1 490 nm 波段在同一光纤上提供话音和数据的下行传输，而 ONU 使用 1 310 nm 波段提供上行传输，从而实现单纤双向传输，即在同一根光纤上无干扰地进行双向传输。如果需要支持单独的视频传输（CATV），OLT 可以连接到 WDM（波分复用）耦合器上，将通常视频使用的 1 550 nm 波长复用到同一光纤上，提供视频、音频和数据"三网合一"服务。

OLT 一方面将承载各种业务的信号在局端进行汇聚，按照一定的信号格式送入接入网络以便向终端用户传输，另一方面将来自终端用户的信号按照业务类型分别送入各种业务网中。OLT 的作用是为 FTTx 提供网络侧与本地交换机及本地内容服务器（如 PSTN 程控交换机、Internet 路由器、视频播放服务器等）之间的接口，并经 ODN 与用户侧的 ONU 通信。

2. 光配线网（ODN）

ODN 是 OLT 和 ONU 之间的光传输物理通道，通常由光纤、光缆、光连接器、光分路器（通常光分路比为 1∶8，1∶16 和 1∶32）以及安装、连接这些器件的配套设备（如 ODF 架、光缆接头盒、光缆交接箱、光缆分纤箱等）组成。ODN 作为 FTTx PON 技术中的重要组成部分，直接影响整个网络的综合成本、系统性能和升级潜力等指标。

3. 光网络单元（ONU）

ONU 放置于用户侧，如果是 FTTH/O 方式，则 ONU 直接放置于用户家中或公司办公室内，直接与电话、计算机等终端连接。由于目前大部分用户的引入线仍然是双绞线和五类线，因此，ONU 大多都被放置于路边或是楼道内，经双绞线和五类线网络与用户调至解调器、计算机等设备连接。

ONU 在用户侧提供与用户设备端口的连接，其作用是对用户的不同业务进行复用和解复用，以便在上行方向将各种不同的家庭终端的不同业务信号复用起来在同一传输介质中传输。在下行方向将不同的业务解复用，通过不同的接口送到相应的用户终端（如电话、电视机和计算机等）。

10.2.2 实现 FTTX 的三种 PON 技术

XPON 的组网示意图，如图 1-10-3 所示。

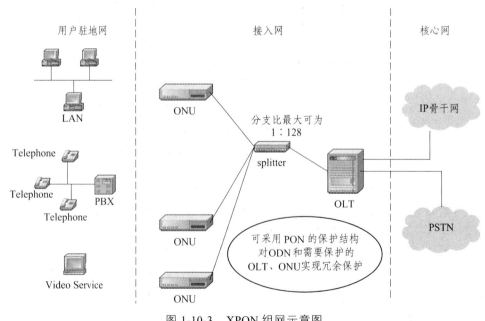

图 1-10-3 XPON 组网示意图

PON 使用波分复用（WDM）技术，同时处理双向信号传输，上、下行信号分别用不同的波长，但在同一根光纤中传送。OLT 到 ONU/ONT 的方向为下行方向，反之为上行方向。下行方向采用 1 490 nm 波段，上行方向采用 1 310 nm 波段，如图 1-10-4 所示。

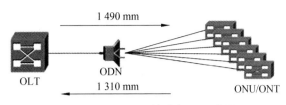

图 1-10-4　XPON 波分复用示意图

目前实现 FTTX 的 3 种已经商用化的 PON 技术有 APON/BPON、EPON 和 GPON。

1. APON/BPON 技术

APON 是在 1995 年提出的。当时，ATM 被期望为在局域网（LAN）、城域网（MAN）和主干网占据主要地位，各大电信设备制造商也研发出了 APON 产品，由于 APON 只能为用户端提供 ATM 服务，2001 年底 FSAN（全业务接入网）把 APON 改名为 BPON，即"宽带 PON"，APON 标准演变成为能够提供其他宽带服务（如 Ethernet 接入、视频广播和高速专线等）的 BPON 标准。上行速率为 155 Mb/s，下行速率可以是 155 Mb/s 和 622 Mb/s，并且提供动态的带宽分配能力，从而更适合宽带数据业务的需要。

然而 APON/BPON 系统存在两大缺点：一是数据传送效率低，二是在 ATM 层上适配和提供业务比较复杂。因此，在 EPON 和 GPON 技术商用化之后，FTTX 网络基本不再采用 APON/BPON 技术。

2. EPON 技术

在局域网领域，Ethernet 技术高速发展，其已经发展成为一个被广泛接受的标准，95% 的 LAN 都是使用 Ethernet 技术。Ethernet 技术发展很快，传输速率从 10 Mb/s、100 Mb/s 到 1 000 Mb/s、10 Gb/s 甚至 40 Gb/s，呈数量级提高；应用环境也从 LAN 向 MAN、核心网发展。

EPON 是由 IEEE 802.3 工作组在 2000 年 11 月成立的 EFM（Ethernet in the First Mile）研究小组提出的，它是几个最佳的技术和网络结构的结合。EPON 以 Ethernet 为载体，采用点到多点结构、无源光纤传输方式，也提供一定的运行维护和管理（OAM）功能。

EPON 只在 IEEE802.3 的以太数据帧格式上做必要的改动，如在以太帧中加入时间戳（Time Stamp）、PON-ID 等内容，如图 1-10-5 所示。

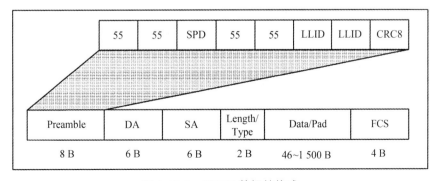

图 1-10-5　EPON 数据帧格式

EPON 下行采用纯广播的方式, 如图 1-10-6 所示。

（1）OLT 为已注册的 ONU 分配 PON-ID。

（2）由各个 ONU 监测到达帧的 PON-ID, 以决定是否接收该帧。

（3）如果该帧所含的 PON-ID 和自己的 PON-ID 相同, 则接收该帧；反之则丢弃。

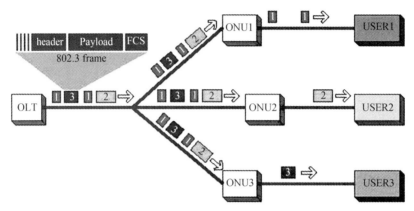

图 1-10-6　EPON 下行传输方式

EPON 上行采用时分多址接入（TDMA）技术, 如图 1-10-7 所示。

（1）OLT 接收数据前比较 LLID 注册列表。

（2）每个 ONU 在由局方设备统一分配的时隙中发送数据帧。

（3）分配的时隙补偿了各个 ONU 距离的差距, 避免了各个 ONU 之间的碰撞。

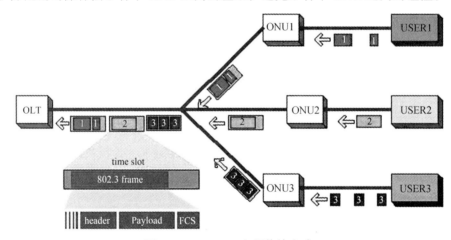

图 1-10-7　EPON 上行传输方式

　　EPON 技术和现有的设备具有很好的兼容性, 而且还可以轻松实现带宽到 10 Gb/s 的平滑升级。新发展的服务质量（QoS）技术使以太网对语音、数据和图像业务的支持成为可能。这些技术包括全双工支持、优先级（p802.1p）和虚拟局域网（VLAN）, 但和 GPON 相比它的传输效率较低。

　　3. GPON 技术

　　2001 年, FSAN 组启动了另外一项标准工作, 旨在规范工作速率高于 1 Gb/s 的 PON 网络,这项工作被称为 Gigabit PON（GPON）。GPON 除了具有更高的速率之外，还要以很高的效率支持多种业务，提供丰富的 OAM&P 功能和良好的扩展性。一些运营商的代表，提出一整套"吉比特业务需求"（GSR）文档，作为提交 ITU-T 的标准之一；反过来又成为提议和开发 GPON 解决方案的基础。这说明 GPON 是一种按照消费者的准确需求设计、由运营商驱动的解决方案，是值得产品用户信赖的。

GPON 传输网络可以是任何类型，如 SONET/SDH 和 ITU-T G.709（ONT）。用户信号可以是基于分组的（如 IP/PPP，或 Ethernet MAC），或是持续的比特流，或者是其他类型的信号。而 GFP（通用成帧协议）则对不同业务提供通用、高效、简单的方法进行封装，并经由同步的网络传输。对于最靠近用户的接入层来说，GPON 具有前所未有的高比特率、高带宽。而其非对称特性更能适应未来的 FTTH 宽带市场。因为 GPON 使用标准的 8 kHz（125 μs）帧，从而能够直接支持 TDM 业务。

GPON 传输网络支持的线路速率如表 1-10-1 所示。

表 1-10-1 对称和非对称的线路速率

上行速率	下行速率
0.155 52 Gb/s	1.244 16 Gb/s
0.622 08 Gb/s	1.244 16 Gb/s
1.244 16 Gb/s	1.244 16 Gb/s
0.155 52 Gb/s	2.488 32 Gb/s
0.622 08 Gb/s	2.488 32 Gb/s
1.244 16 Gb/s	2.488 32 Gb/s

GPON 拥有高速宽带及高效率传输的特性，采用全新的传输汇聚层协议——通用成帧协议（Generic Framing Protocol，GFP），实现多种业务码流的通用成帧规程封装；另外又保持了 G.983 中与 PON 协议没有直接关系的许多功能特性，如 OAM 管理、DBA 等。

GFP 的基本帧格式主要由两部分组成：4 B 的帧头（Core Header）和 GFP 净负荷（其范围为 4 ~ 65 535 B）。Core Header 域由 2 B 的帧长度指示（PDU Length Indicator，PLI）和 2 B 的帧头错误检验（Header Error Check，HEC）组成。

GFP 的净负荷又分为净负荷的帧头（Payload Header）、净负荷本身及 4 B 的 FCS（Frame Check Sequence，帧校验序列）可选项。Payload Header 用来支持上层协议对数据链路的一些管理功能，由类型（Type）域及其 HEC 检验字节和可选的 GFP 扩展帧头（Extension Header）组成。在 Type 域中提供了 GFP 帧的格式、在多业务环境中的区分以及 Extension Header 的类型。目前，GFP 定义了三种 Extension Header（Null、Linear、Ring），分别用于支持点对点和环网逻辑链路上的 GFP 帧的复用，在相应的 Extension Header 域中会给出源/目的地址、服务类别、优先权、生存时间、通道号、源/目的 MAC 端口地址等。当没有数据包传输时，GFP 会插入空闲帧（Idle Frame）。Idle Frame 是一种特殊的 GFP 控制帧，只有 4 B 的 Core Header（PLI 值为 0）。GPON 的下行帧结构和 GPON 的上行帧结构分别如图 1-10-8 和图 1-10-9 所示。

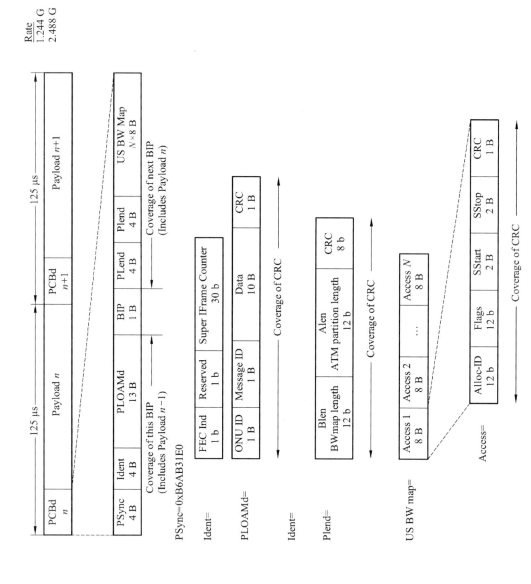

图 1-10-8　GPON 的下行帧结构

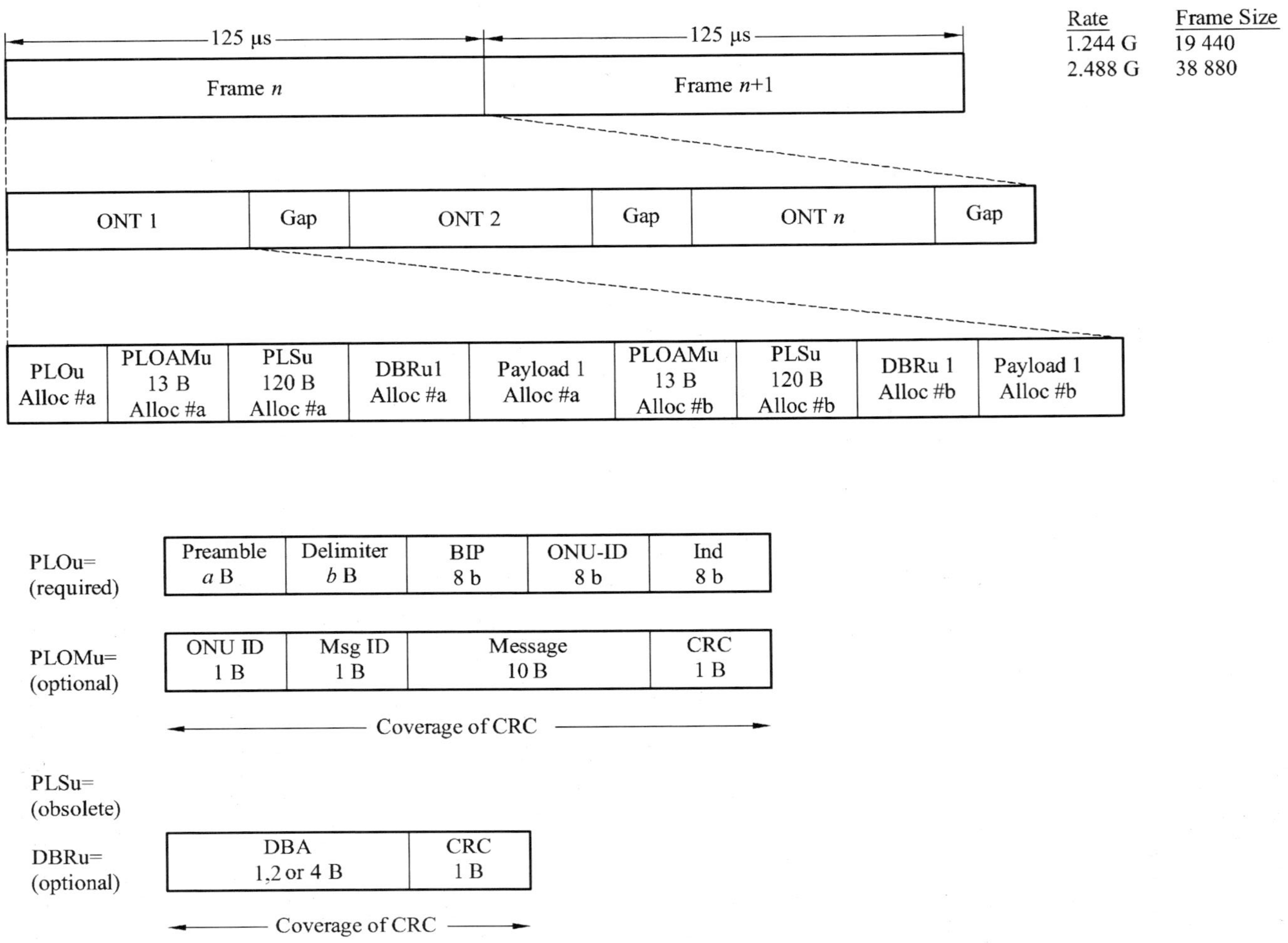

Rate	Frame Size
1.244 G	19 440
2.488 G	38 880

125 μs — Frame n

125 μs — Frame n+1

| ONT 1 | Gap | ONT 2 | Gap | ONT n | Gap |

| PLOu Alloc #a | PLOAMu 13 B Alloc #a | PLSu 120 B Alloc #a | DBRu1 Alloc #a | Payload 1 Alloc #a | PLOAMu 13 B Alloc #b | PLSu 120 B Alloc #b | DBRu 1 Alloc #b | Payload 1 Alloc #b |

| Preamble *a* B | Delimiter *b* B | BIP 8 b | ONU-ID 8 b | Ind 8 b |

PLOu= (required)

| ONU ID 1 B | Msg ID 1 B | Message 10 B | CRC 1 B |

PLOMu= (optional)

←——— Coverage of CRC ———→

PLSu= (obsolete)

| DBA 1,2 or 4 B | CRC 1 B |

DBRu= (optional)

←——— Coverage of CRC ———→

图 1-10-9　GPON 的上行帧结构

GFP 简单灵活，尤其适合于在字节同步通信信道上传输块编码和面向分组的数据流。它成功吸收了 ATM 中基于帧描述的差错控制技术来适应固定或可变长度的数据业务。GFP 不需要预先处理客户的字节流，不需要像 8 B/10 B 或 64 B/66 B 那样插入数据控制比特，也不需要 HDLC 帧结构中的标志符，它仅依赖于当前净荷的长度及帧边界的差错控制校验。有效的确认这两类信息并在 GFP 的帧头中传输是决定数据链路同步及进入下一帧字节数的关键。为了方便地在同一时间里处理到达的随机字节块，GFP 充分减少了数据链路的映射、解映射处理。通过使用具有低比特错误率的新型光纤来作为传输介质，GFP 进一步减少了收端的逻辑处理。这减少了运行的复杂性，使得 GFP 特别适合于点到点的 SONET/SDH 的高速传输链路及 OTN 的波长信道。

GFP 允许执行共存于同一传输信道中的多传输模式。一种模式是帧映射 GFP，这种模式适合于 PPP、IP、MPLS 及以太网业务。另一种模式是透明映射 GFP，它可用于对延迟敏感的存储域网，也可用于光纤信道、FICON（光纤连接器）及 ESCON（管理系统连接）业务。

总之，GPON 继承了 G.983 的成果，具有丰富的业务管理能力。GPON 的核心基础是 GFP，它具有覆盖任何可能出现的新业务的适配能力，包括数字视频、存储网络（SAN）、电子商务等。GPON 具有面向未来的、可升级的多业务环境，能为将来的业务提供清晰的转移路线，而不需要中断和改变现有的 GPON 设备，也不需要以任何方式改变其传输层。

4. EPON 和 GPON 比较

由于 IEEE 的 EPON 标准化工作比 ITU-T 的 GPON 标准化工作开展得早，而且 IEEE 的关于 Ethernet 的 802.3 标准系列已经成为业界的最重要的标准，因此目前市场上已有的吉比特级 PON 产品更多的是遵循 EPON 标准，严格遵循 GPON 标准的产品目前基本上还没有。EPON 产品较 GPON 产品更广泛的另一个重要原因是因为 EPON 标准制定得更宽松，制造商在开发自己的产品时有更大的灵活性。

从产业链的角度看，EPON 系统最核心部分——PON 光发送/接收模块已经较成熟，核心 TC 控制模块已经规模生产（ASIC 化），而 GPON 系统的相应核心模块还不太成熟，其核心 TC 控制模块目前仅处于 FPGA 阶段，还难以实现具有一定规模商用。

目前，EPON 产品支持的 PON 端口速率等级一般为 1 250 kb/s，也有少有的支持 100 Mb/s 端口速率的 PON 产品。虽然 IEEE 在制定 EPON 标准时主要考虑数据业务，基本上没有考虑语音业务，但是鉴于目前运营商在布网规划时更注重要求接入网络应能同时提供数据和语音业务，因此除了少数 EPON 产品仅支持数据业务外，许多 EPON 产品在 IEEE 标准基础上，在提供数据业务的同时采用预留带宽的方式提供语音业务。

10.3 FTTX+PON 技术组网应用

10.3.1 基于企业用户的应用

企业用户一般集中在写字楼或是工业园区，用户分布较散，带宽需求相对较高，业务需求多样化，除话音和互联网业务外，还有 E1 专线和视频会议等需求，因此，ONU 要求支持

E1 接口。针对企业用户，一般采用 FTTB 或 FTTO 的方式接入。如果用户的引入线已经有五类线，那么还可以用 FTTB+LAN 和 FTTB+XDSL 的方案，如图 1-10-10 所示。

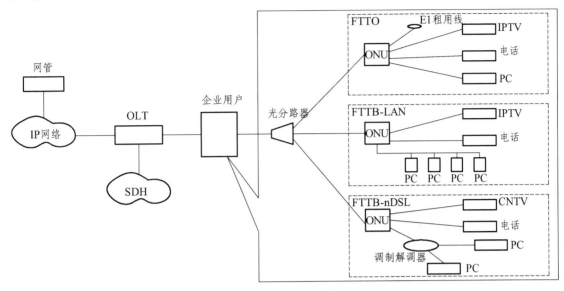

图 1-10-10　企业 FTTX 解决方案

【案例分析】

工业园区概况：工业园区内有 7 家公司，每家公司距离在 2 km 以上，公司需求为固话业务、宽带业务、IPTV 和 E1 专线业务。

解决方案：工业园区内每家公司距离较远，且公司内需求较多，因此考虑用 FTTO 方案覆盖工业园内用户。从局端机房 OLT 设备经 ODF 架布放主干光缆至工业园内，安装光缆交接箱 1 台，将 1：32 光分路器安装在光缆交接箱内，从该交接箱布放光缆至每家公司内，并安装 EPON 或 GPON 设备（设备需要支持 IPTV 和 E1 专线业务），再将设备各个业务端口与相应的用户设备连接即可，如图 1-10-11、图 1-10-12 所示。

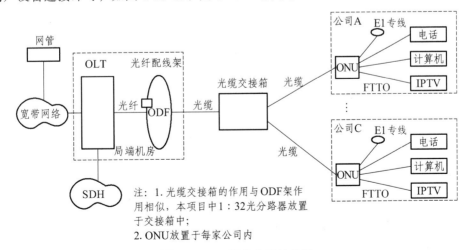

图 1-10-11　整体方案结构图

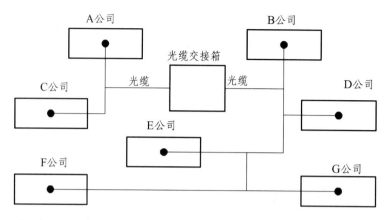

●表示每家公司内ONU设备放置处

图 1-10-12　工业园平面及缆线布放图

10.3.2　基于住宅小区的应用

对于住宅小区一般采用 FTTC/FTTB 实现光纤到小区或光纤到住宅区大楼,根据小区用户分布情况布置一个或多个 ONU,再根据用户接入资源状况,选择 XDSL 或 LAN 方式实现用户接入。

1. FTTC/FTTCab+xDSL

FTTC/FTTCab+xDSL 模式适合于已经拥有电话线资源的传统固话运营商,无须做用户引入线工程,光分路器置于小区附近交接箱中,ONU 位于小区内或附近的交接箱中,利用已有的电话双绞线共线传输话音和宽带信号,用户处需要安装调制解调器连接计算机。具体连接结构如图 1-10-13 所示。

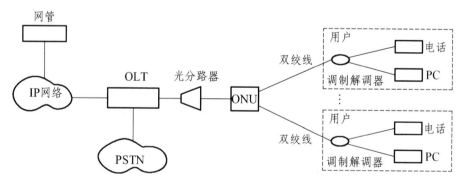

图 1-10-13　FTTC/FTTCab+xDSL 小区用户解决方案

【案例分析】

A 小区概况:有 4 栋住宅楼,每栋有 6 层 4 个单元,每层楼有 2 户住户,共覆盖用户 192 户,小区入住率为 98%,用户需求为宽带和固话业务,用户引入线为铜芯电话双绞线,且汇聚在每个单元的 2 楼。

解决方案：由于用户引入线（铜芯电话双绞线）为既有资源，且小区物管允许将设备安装于小区内，并提供交流电引入，因此，考虑用 FTTC+xDSL 方案覆盖小区内用户。设备方面用 EPON 或 GPON 均可，并且配置为 64 线固话和 64 线宽带，后期根据用户的发展情况再考虑扩容与否。该小区距离电信营运商局端机房较近，1∶32 光分路器可直接安装于局端机房内，并将光分路器的出口光纤直接连接到光纤分配架（ODF）上，再从 ODF 架布放光缆至 A 小区1 栋旁，连接并开通新安装的 PON 设备 1 套，再从该设备布放铜芯电缆至小区内每个单元的用户引入线汇聚点，开通有业务需求的用户即可（固话直接通过 POTS 口开通，宽带需安装调制解调器开通），如图 1-10-14、图 1-10-15 所示。

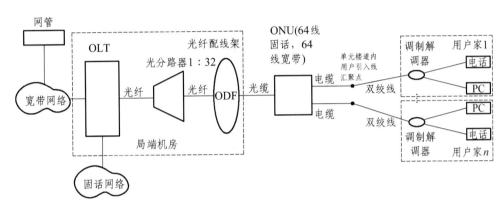

图 1-10-14　FTTC+xDSL 小区整体方案结构图

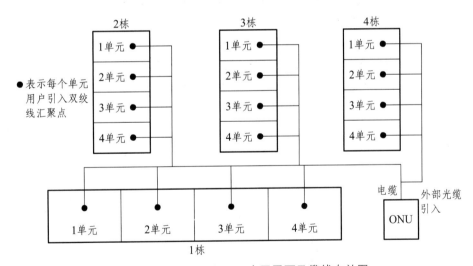

图 1-10-15　FTTC+xDSL 小区平面及缆线布放图

2. FTTB+LAN

FTTB+LAN 模式适用于用户密集的新建居民楼，用以太网五类线接入用户，实现高速宽带连接。光分路器置于小区附近交接箱中，ONU 放置于楼道内，用五类线连接终端用户即可。用户话音业务可以通过双绞线连接 POTS 口实现，如图 1-10-16 所示。

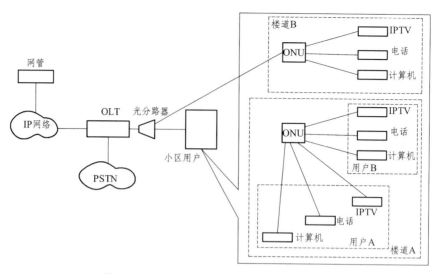

图 1-10-16　FTTB+LAN 小区用户解决方案

【案例分析】

B 小区概况：有 21 栋住宅楼，每栋有 7 层楼，每层楼有 2 户住户，共覆盖用户 294 户，小区入住率为 98%，用户需求仅为宽带业务，用户引入线为五类线，且汇聚在每栋楼的 3 楼弱电井内。

解决方案：由于用户引入线（五类线）为既有资源，且小区物管允许将设备安装于小区内每栋楼的五类线汇聚点，并提供交流电引入，因此，考虑用 FTTB+LAN 方案覆盖小区内用户。设备方面用 EPON 或 GPON 均可，并且为每栋楼配置的 ONU 宽带都为 8 线，后期根据用户的发展情况再考虑扩容与否。该小区住宅楼分为两片，每片住宅楼都比较集中，且每栋楼都需要放置 ONU 设备 1 台，因此，光分路器适合放置在小区内，每个片区放置 1 台 1∶16 光分路器，再从局端机房 OLT 设备经 ODF 架布放主干光缆至 B 小区内 2 台光分路器处。为了便于放置光分路器，也为了减少光缆分支头，在每个片区需新立光缆交接箱 1 台，将光分路器安装于交接箱内，再从该交接箱布放光缆至每栋楼五类线汇聚点，安装 ONU 设备，并根据用户需求开通用户宽带业务即可，如图 1-10-17、图 1-10-18 所示。

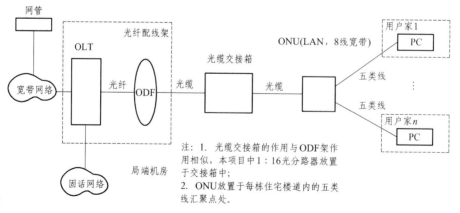

图 1-10-17　FTTB+LAN 整体方案结构图

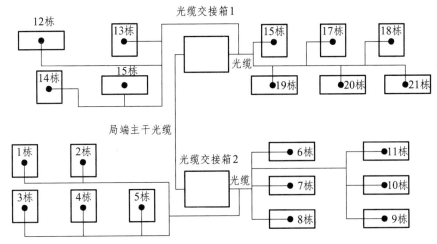

● 表示每个单元用户五类线汇聚点和ONU设备放置处

图 1-10-18　FTTB+LAN 小区平面及缆线布放图

3. 光纤到户的应用

随着 FTTX 设备价格的不断下降，各种宽带应用的逐渐普及，用户带宽需求不断上升，在宽带用户的数量、用户密度和业务量较大的区域，可以直接采用 FTTH，彻底解决接入网问题，如图 1-10-19 所示。

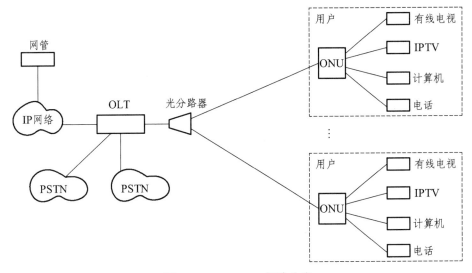

图 1-10-19　FTTH 解决方案

在这种模式中，ONU 直接放置于用户家中，每个用户独享一个 ONU，用户电话、计算机或视频设备直接与 ONU 连接。由于目前大部分用户的引入线仍然是铜芯线，因此，FTTH 接入方案还很少，在此就不举例了。

以上就是 FTTX+PON 技术对企业、住宅小区和光纤到户的不同解决方案及实际应用案例。随着 FTTX 应用技术的不断发展，FTTX PON 技术必将成为网络"最后一千米"的终极解决方案。

本章小结

FTTH（Fiber To The Home），顾名思义就是一根光纤直接到家庭。具体说，FTTH是指将光网络单元（ONU）安装在住家用户或企业用户处，是光接入系列中除FTTD（光纤到桌面）外最靠近用户的光接入网应用类型。FTTH的显著技术特点是不但提供更大的带宽，而且增强了网络对数据格式、速率、波长和协议的透明性，放宽了对环境条件和供电等方面的要求，简化了维护和安装。PON技术已成为全球宽带运营商共同关注的热点，被认为是目前实现FTTH的最佳技术方案之一。它由光网络终端（Optical Line Terminal，OLT）、光分配网络（Optical Distribution Network，ODN）和光网络单元（Optical Network Unit，ONU）构成。

本章主要介绍了FTTH的工作原理、FTTX的概念和分类、无源光网络（Passive Optical Network，PON）的基本概念和原理、FTTX+PON技术组网应用等知识。通过对本章内容的学习，应重点掌握FTTH工作原理以及无源光网络（PON）技术，学会OLT/ONU设备的配置，能够解决FTTX+PON组网方面的问题。

习　题

一、填空题

1. ＿＿＿＿＿＿是一种光纤通信的传输方法，＿＿＿＿＿＿是直接把光纤接到用户的家中（用户所需的地方），是目前唯一的一种在接入网段全部采用光纤作为传输介质的光接入解决方案。

2. PON系统由局侧的＿＿＿＿＿＿，用户侧的＿＿＿＿＿＿和＿＿＿＿＿＿组成。

3. PON系统可能承载的业务类型包括＿＿＿＿、＿＿＿＿、＿＿＿＿和＿＿＿＿等。

4. 外线施工工单中的ONU认证资源信息包括：＿＿＿＿、＿＿＿＿、＿＿＿＿等。

5. 在FTTH业务拆机流程中，＿＿＿＿＿＿工位打印外线施工单后，＿＿＿＿＿＿工位进行外线拆除施工，并入户收回ONU。工毕后触发＿＿＿＿＿＿工位。

6. 根据电信标准，FTTH型ONU的耗电功率应低于＿＿＿＿＿＿。目前应用于FTTH场景下各个厂家的ONU的耗电功率是＿＿＿＿＿＿。

7. PON的关键技术有：＿＿＿＿＿＿、＿＿＿＿＿＿、＿＿＿＿＿＿。

二、选择题

1. 下列对EPON速率描述正确的是（　　　）。

A. 上行155 Mb/s，下行622 Mb/s　　　　　B. 上行2.5 Gb/s，下行2.5 Gb/s

C. 上行1.244 Gb/s，下行2.488 Gb/s　　　　D. 上行1.25 Gb/s，下行1.25 Gb/s

2. 以下宽带接入技术中，（　　　）属于光纤接入。

A. Wimax　　　　　　B. xDSL　　　　　　C. XPON　　　　　　D. HFC

3. GPON标准中目前可以提供上下行对称的速率是（　　　）。

A. 1.25 Gb/s　　　　B. 1.0 Gb/s　　　　　C. 2.0 Gb/s　　　　D. 2.5 Gb/s

4. ONU 的认证是针对 PON 板上的端口，如果 ONU 更换了连接的 PON 口，需要（　　）。

A. 重新认证　　　　　　　　　　　　B. 不需要做什么

C. 删除原 PON 口后重新认证　　　　　D. 不能更换

5. 在 PON 系统中，如果要传输 CATV 信号，采用的波长是（　　）。

A. 1 310 nm　　　　　B. 1 490 nm　　　　　C. 1 550 nm　　　　　D. 850 nm

6. PON 技术采用的拓扑结构是（　　）。

A. P2P　　　　　　　B. P2MP　　　　　　C. MP2MP　　　　　D. MP2P

三、简答题

1. PON 技术的优势有哪些？

2. 请阐述 FTTH 的含义和主要特点。

3. 什么是 DBA？它支持哪几种类型？分别是什么？

4. 请分别阐述 ONU 注册和认证的含义。

5. FTTH 用户反映上网时下载或打开网页速度慢，应如何处理？

6. 假设有一个小区的 ONU 集体掉线，可能是哪些原因引起的？

作为局域网络管理主要工作之一，铺设电缆或是检查电缆是否断线这种耗时的工作，很容易令人烦躁，也不容易在短时间内找出问题所在。再者，由于配合企业及应用环境的不断发展，原有的企业网络必须重新布局，需要重新安装网络线路，虽然电缆本身并不贵，可是请技术人员来配线的成本较高，尤其是老旧的大楼，配线工程费用就更高了。因此，架设无线局域网络就成为最佳解决方案。无线局域网（WLAN）是指以无线信道作为传输媒介的计算机局域网络，是计算机网络与无线通信技术相结合的产物。它以无线多址信道作为传输媒介，提供传统有线局域网的功能，能够使用户真正实现随时、随地、随意的宽带网络接入。无线局域网利用射频（RF）技术，取代旧式的双绞线构成局域网络，提供传统有线局域网的所有功能。

11.1 WLAN 的起源和特点

1997 年 6 月，第一个无线局域网标准 IEEE802. 11 正式颁布实施，为无线局域网技术提供了统一标准，但当时的传输速率只有 1~2 Mb/s。随后，IEEE 委员会又开始制定新的 WLAN 标准，分别取名为 IEEE802. 11a 和 IEEE802. 11b。IEEE802.11b 标准首先于 1999 年 9 月正式颁布，其速率为 11 Mb/s。经过改进的 IEEE802.11a 标准，在 2001 年年底才正式颁布，它的传输速率可达到 54 Mb/s，几乎是 IEEE802.11b 标准的 5 倍。尽管如此，WLAN 的应用并未真正开始，因为整个 WLAN 应用环境并不成熟。

WLAN 的真正发展是从 2003 年 3 月 Intel 第一次推出带有 WLAN 无线网卡芯片模块的迅驰处理器开始的。尽管当时的无线网络环境还非常不成熟，但是由于 Intel 的捆绑销售，加上迅驰芯片的高性能、低功耗等非常明显的优点，使得许多无线网络服务商看到了商机，同时 11 Mb/s 的接入速率在一般的小型局域网也可进行一些日常应用，于是各国的无线网络服务商开始在公共场所（如机场、宾馆、咖啡厅等）提供访问热点，实际上就是布置一些无线访问点（Access Point，AP），方便移动商务人士无线上网。

尽管基于 IEEE802.11b 标准的无线网络产品和应用已相当成熟，但毕竟 11 Mb/s 的接入速率还远远不能满足实际网络的应用需求。

在 2003 年 6 月，经过两年多的开发和多次改进，一种兼容原来的 IEEE802.11b 标准，同时也可提供 54 Mb/s 接入速率的新标准 IEEE802. 11g 在 IEEE 委员会的努力下正式发布了。

目前使用最多的是 802.11n（第四代）和 802.11ac（第五代）标准，它们既可以工作在 2.4 GHz 频段，也可以工作在 5 GHz 频段上，传输速率可达 600 Mb/s（理论值）。但严格来说只有支持

802.11ac 的才是真正 5G 路由器，现在支持 2.4 GHz 和 5 GHz 双频的路由器其实很多都是只支持第四代无线标准，也就是 802.11n 的双频模式。

与有线网络相比，WLAN 具有以下特点：

（1）安装便捷。无线局域网的安装工作简单，它无须施工许可证，不需要布线或开挖沟槽。它的安装时间相比有线网络大大减少。

（2）覆盖范围广。在有线网络中，网络设备的安放位置受网络信息点位置的限制。而无线局域网的通信范围，不受环境条件的限制，网络的传输范围大大拓宽，最大传输范围可达到几十千米。

（3）节省费用。由于有线网络缺少灵活性，这就要求网络规划者会尽可能地考虑未来发展的需要，所以往往导致预设大量利用率较低的信息点。而一旦网络的发展超出了当初设计规划，又要花费较多费用进行网络改造。WLAN 不受布线接点位置的限制，具有传统局域网无法比拟的灵活性，可以避免或减少以上情况的发生。

（4）易于扩展。WLAN 有多种配置方式，能够根据需要灵活选择。这样，WLAN 就能胜任从只有几个用户的小型网络到上千用户的大型网络，并且能够提供像"漫游"（Roaming）等有线网络无法提供的特性。

（5）传输速率高。目前使用的 WLAN 中最常用的标准是 802.11n，较新的标准是 802.11ac。主流 802.11n 使用 2 条数据流，可以达到 300Mb/s，部分使用 3 条数据流，可以达到 450Mb/s。802.11ac 可以工作在 2.6 GHz 和 5.0 GHz 频段上，数据传输通道扩充至 40 MHz 或者 80 MHz，甚至有可能达到 160 MHz，再加上大约 10% 的实际频率调制效率提升，传输速度可超过 1 Gb/s。

此外，无线局域网的抗干扰性强、网络保密性好。对于有线局域网中的诸多安全问题，在无线局域网中基本上可以避免。而且相对于有线网络，无线局域网的组建、配置和维护较为容易，一般计算机工作人员都可以胜任网络的管理工作。

11.2 802.11 系列协议

802.11 是 IEEE 在 1997 年为 WLAN 定义的一个无线网络通信的工业标准，主要用于解决办公室局域网和校园网中，用户与用户终端的无线接入，适用于有线站台与无线用户或无线用户之间的沟通。此后这一标准又不断得到补充和完善，形成 802.11 的标准系列，例如 802.11、802.11A、802.11B、802.11e、802.11g、802.11i、802.11n 等，其发展进程如表 1-11-1 所示。

表 1-11-1 802.11 协议的发展进程

相关系列	802.11	802.11b	802.11a	802.11g
标准发布时间	1997 年 7 月	1999 年 9 月	1999 年 9 月	2003 年 6 月
合法频宽	83.5 MHz	83.5 MHz	325 MHz	83.5 MHz
频宽范围	2.400 ~ 2.483 GHz	2.400 ~ 2.483 GHz	5.150 ~ 5.350 GHz 5.725 ~ 5.850 GHz	2.400 ~ 2.483 GHz
非重叠信道	3	3	12	3

调制技术	FHSS/DSSS	CCK/DSSS	OFDM	CCK/OFDM
物理发送速率	1，2	1，2，5.5，11	6，9，12，18，24，36，48，54	6，9，12，18，24，36，48，54
无线覆盖范围	N/A	100 m	20 m	<100 m
理论上的最大 UDP 吞吐量（1 500 B）	1.7 Mb/s	7.1 Mb/s	30.9 Mb/s	30.9 Mb/s
理论上的最大 TCP/IP 吞吐量（1 500 B）	1.6 Mb/s	5.9 Mb/s	24.4 Mb/s	24.4 Mb/s
兼容性	N/A	与 802.11g 产品可互通	与 802.11b/g 产品可互通	与 802.11b 产品可互通

下面我们介绍几种常用的无线路由协议。

1. 802.11a

IEEE 802.11a（Wi-Fi 5）标准是 802.11 原始标准的一个修订标准，于 1999 年获得批准。802.11a 标准采用了与原始标准相同的核心协议，规定无线局域网工作频率为 5 GHz，使用 52 个正交频分多路复用（OFDM）的独特扩频技术，最大原始数据传输率为 54 Mb/s，达到了现实网络中等吞吐量（20 Mb/s）的要求。该协议可提供 25 Mb/s 的无线 ATM 接口和 10 Mb/s 的以太网无线帧结构接口，以及 TDD/TDMA 的空中接口；支持语音、数据、图像业务；一个扇区可接入多个用户，每个用户可带多个用户终端。

由于 2.4G 频段日益拥挤，使用 5G 频段是 802.11a 的一个重要的改进。但是，也带来了问题：传输距离上不及 802.11b/g，理论上 5G 信号也更容易被墙阻挡吸收，所以 802.11a 的覆盖不及 801.11b。802.11a 同样会被干扰，但由于附近干扰信号不多，所以 802.11a 通常吞吐量比较好。

2. 802.11b

1999 年 9 月，IEEE 802.11b 被正式批准，该标准规定无线局域网工作频段在 2.4 GHz，数据传输速率达到 11 Mb/s。该标准是对 IEEE 802.11 的一个补充，采用点对点模式和基本模式两种运作模式，在数据传输速率方面可以根据实际情况在 11 Mb/s、5.5 Mb/s、2 Mb/s、1 Mb/s 的不同速率间自动切换。802.11b 和工作在 5 GHz 频率上的 802.11a 标准不兼容。由于价格低廉，802.11b 产品已经被广泛地投入市场，并在许多实际工作场所运行。

它有时也被错误地标为 Wi-Fi。实际上 Wi-Fi 是 Wi-Fi 联盟的一个商标，该商标仅保障使用该商标的商品互相之间可以合作，与标准本身实际上没有关系。在 2.4 GHz 的 ISM 频段共有 11 个频宽为 22 MHz 的频道可供使用，它们是 11 个相互重叠的频段。IEEE 802.11b 的后继标准是 IEEE 802.11g。

3. 802.11g

为了定义新的物理层标准，IEEE 802.11 工作组于 2003 年 7 月定义了 IEEE 802.11g 标准。

其载波的频率为 2.4 GHz（跟 802.11b 相同），原始传送速度为 54 Mb/s，净传输速度约为 24.7 Mb/s（跟 802.11a 相同）。802.11g 的设备与 802.11b 兼容。802.11g 是为了提高传输速率而制定的标准，它采用 2.4 GHz 频段，使用 CCK 技术与 802.11b（Wi-Fi）后向兼容，同时它又通过采用 OFDM 技术支持高达 54 Mb/s 的数据流，所提供的带宽是 802.11a 的 1.5 倍。

所以，802.11b 是所有 WLAN 标准演进的基石，未来许多的系统大都需要与 802.11b 向后向兼容。802.11a 是一个非全球性的标准，与 802.11b 后向不兼容，但采用 OFDM 技术，支持的数据流高达 54 Mb/s，提供几倍于 802.11b/g 的高速信道。如 802.11b/g 提供的 3 类非重叠信道可达 8~12 个。可以看出，在 802.11g 和 802.11a 之间存在与 Wi-Fi 兼容性上的差距，为此出现了一种桥接此差距的双频技术——双模（dual band）802.11a+g(=b)，它较好地融合了 802.11 a/g 技术，工作在 2.4 GHz 和 5 GHz 两个频段，服从 802.11b/g/a 等标准，与 802.11b 后向兼容，使用户简单连接到现有或未来的 802.11 网络成为可能。

4. 802.11n

2004 年 1 月，IEEE 宣布组成一个新的研究小组来开发新的 802.11 标准，即 IEEE 802.11n。其理论传输速度将达到 540 Mb/s（需要在物理层产生更高速度的传输率），此项新标准比 802.11b 快了 50 倍，而比 802.11g 快了 10 倍左右，实现了高带宽、高质量的 WLAN 服务，使无线局域网达到以太网的性能水平。802.11n 标准至 2009 年才得到 IEEE 的正式批准，采用 MIMO OFDM 调制技术，而且已经大量在 PC、便携式计算机中应用。

5. 802.11ac

802.11ac 的核心技术主要基于 802.11a，继续工作在 5.0 GHz 频段上以保证向下的兼容性，但数据传输通道大大扩充，在当前 20 MHz 的基础上增至 40 MHz 或者 80 MHz，甚至有可能达到 160 MHz。再加上大约 10% 的实际频率调制效率提升，新标准的理论传输速度最高可达到 1 Gb/s，是 802.11n 的 3 倍。

802.11ac 是第一个承诺将无线数据传输率提升到超过 1 Gb/s 的标准，而且还包含很多先进特性来改善用户体验。802.11ac 使用更多的多流空间传输技术，采用 8×8（MIMO）多输入输出，提供更宽的数据传输信道带宽（达到 80 MHz），甚至还可以使用信道聚合技术，将数据信道总带宽提升至 160 MHz。此外，802.11ac 获得成功的关键在于它是一个渐进的技术：实现其目标，超越了几个重要的典范，并建立在现有的 802.11n 基础之上。这是巨大的优势，因为对那些将要使用 802.11ac 的厂商和消费者来说，802.11ac 能够相对容易地从现有无线网络和应用（使用 802.11n 或者更早期无线协议）进行过渡。

目前，最快的传输协议是 802.11ac。如果想要体验高速上网，那么选择电子产品的时候一定要留意，查看电子产品是否支持 802.11ac 协议。尤其是手机，计算机，路由器。如今千兆网络已经开始普及，如果不支持 802.11ac 协议的电子设备，是无法享受千兆网络的。

11.3 802.11n 常见关键技术

802.11n 物理层采用的关键技术有 MIMO、MIMO-OFDM、40 MHz 信道、Short GI、FEC、

MRC 等；802.11n MAC 层采用的关键技术有 Block 确认、帧聚合等。下面我们重点介绍一下 MIMO、OFDM 和 MIMO-OFDM。

1. MIMO（多输入多输出）技术

802.11n 将 WLAN 带入了全面的多天线时代。MIMO 技术是指在发射端和接收端分别使用多个发射天线和接收天线，处理信号的发送与接收，从而改善每个用户的服务质量（误码率或数据速率）。

传统的 WLAN 系统中，AP 和无线用户通常只是各用一根天线，采用 802.11a/b/g 协议传输，在信号的传输速率上最多达到 54 Mb/s，很难再提高其速率。而随着 WLAN 技术的普及和广泛应用，用户要求大幅度提高无线通信速率的愿望越来越强烈。802.11n 协议中采用了 MIMO（多输入多输出）多天线技术，WLAN 的信号传输可以很容易地突破单天线所造成的速率瓶颈，满足用户对带宽和信号质量的要求。

2. OFDM（正交频分复用）技术

OFDM（Orthogonal Frequency Division Multiplexing，正交频分复用技术），实际上是 MCM（Multi-Carrier Modulation，多载波调制）的一种。其主要思想是：将信道分成若干正交子信道，将高速数据信号转换成并行的低速子数据流，在每个子信道上进行传输。正交信号可以在接收端采用相关技术来分开，这样可以减少子信道之间的 ISI（Inter Symbol Interference，符号间干扰）。每个子信道上的信号带宽小于信道的相关带宽，因此每个子信道上的信号可以看成平坦性衰落，从而可以消除符号间干扰。而且由于每个子信道的带宽仅仅是原信道带宽的一小部分，使信道均衡变得相对容易。

3. MIMO-OFDM 技术

MIMO 系统在一定程度上可以利用传播中的多径分量，也就是说 MIMO 可以抗多径衰落，但是对于频率选择性衰落，MIMO 系统依然是无能为力。解决 MIMO 系统中的频率选择性衰落的方案一般是利用均衡技术，还有一种是利用 OFDM。大多数研究人员认为 OFDM 技术是 4G 的核心技术，因为 4G 需要极高的频谱利用率。但 OFDM 提高频谱利用率的作用毕竟是有限的，在 OFDM 的基础上合理开发空间资源，也就是 MIMO+OFDM，可以提供更高的数据传输速率。另外，OFDM 由于码率低和加入了时间保护间隔而具有极强的抗多径干扰能力。由于多径时延小于保护间隔，所以系统不受码间干扰的困扰，这就允许单频网络（SFN）可以用于宽带 OFDM 系统，依靠多天线来实现，即采用由大量低功率发射机组成的发射机阵列消除阴影效应，来实现完全覆盖。

11.4　WLAN 的工作频段

频段就是一定的频率范围。例如，我们使用的收音机，有的只可收中波波段，有的可收中波、短波波段，还有的可调频接收。人们购置收音机时，总要先弄清楚它能收几个波段，这个波段就相当于我们所说的频段。按照国际无线电规则的规定，现有的无线电通信共分成航空通信、航海通信、陆地通信、卫星通信、广播、电视、无线电导航、定位以及遥测、遥控、空间探索等 50 多种不同的业务，并对每种业务都规定了一定的频段。

WLAN 频段是固定的，我国现在通用的 802.11 协议主要是工作在 2.4 ~ 2.483 5 GHz 的频段，如图 1-11-1 所示。

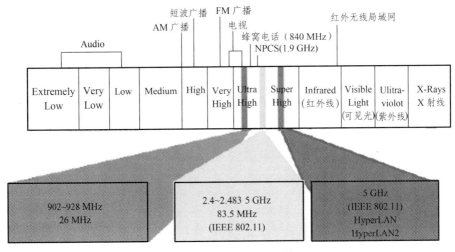

图 1-11-1　WLAN 频段划分

无线信道也就是常说的无线"频段（Channel）"，是以无线信号作为传输媒体的数据信号传送通道。WLAN 信道使用状况如图 1-11-2 所示。WLAN 信道规划应遵循以下 4 点原则：

（1）同一区域内所选的频率应该至少间隔 25 MHz。我们可以使用 3 个不重叠信道（如信道 1、6、11）。

（2）相邻 AP 选择不同的信道，并确保在选择相同信道号的 AP 之间，有其他选择了不同信道号的 AP 设备的分隔布置。

（3）在考虑 AP 之间彼此信号覆盖范围时，不仅要考虑水平层面上的信道区别设置，还要考虑到垂直层面上的信道区别设置。这点在楼层施工时，特别要考虑周全。

（4）如果在某些特殊环境下，需要使用较多 AP，信道无法完全隔开，可以考虑适当降低 AP 的发射功率，减小干扰。

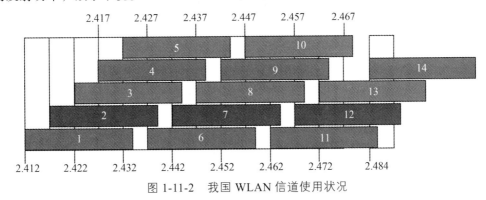

图 1-11-2　我国 WLAN 信道使用状况

11.5　WLAN 主要设备及功能

构建一个 WLAN 时，需要的主要设备包括站（STA）、无线接入器（AP）、分布式系统（DS）3 个部分，如图 1-11-3 所示。接下来我们详细介绍一下每个部分的功能和原理。

图 1-11-3　无线局域网组成结构图

1．站（STA）

STA 在 WLAN 中一般为客户端，可以是装有无线网卡的计算机，也可以是有 Wi-Fi 模块的智能手机。

2．无线接入器（Access Point，AP）

它是用于无线网络的无线交换机，是无线网络信号的发送和接收设备，也是无线网络的核心。其工作原理是将网络信号通过双绞线传送过来，经过编译，将电信号转换成为无线电信号发送出来，形成无线网的覆盖。AP 相当于一个连接有线网和无线网的桥梁，其主要作用是将各个无线网络客户端连接到一起，然后将无线网络接入以太网。目前其主要技术为 802.11 系列。大多数无线 AP 还带有接入点客户端模式（AP Client），可以和其他 AP 进行无线连接，延展网络的覆盖范围。根据不同的功率，可以实现不同程度、不同范围的网络覆盖。

功能 1：中继。所谓中继就是在两个无线点间把无线信号放大一次，使得远端的客户端可以接收到更远的无线信号。例如，在 a 点放置一个 AP，而在 c 点有一个客户端，之间有 120 m 的距离，从 a 点到 c 点信号已经削弱很多，于是我们在中途 60 m 处的 b 点放一个 AP 作为中继，这样 c 点的客户端的信号就可以有效地增强，保证了传输速度和稳定性。

功能 2：桥接。桥接就是连接两个端点，实现两个无线 AP 间的数据传输，若要把两个有线局域网连接起来，一般就选择通过 AP 来桥接。例如，我们在 a 点有一个 15 台计算机组成的有线局域网，b 点有一个 25 台计算机组成的有线局域网，但是 A.b 两点的距离很远，超过了 100 m，通过有线连接已不可能，那么怎么把两个局域网连接在一起呢？这就需要在 a 点和 b 点各设置一台 AP，然后开启 AP 桥接功能，这样 a、b 两点的局域网就可以互相传输数据了。需要提醒的是，没有 WDS（无线分布式系统）功能的 AP，桥接后两点是没有无线信号覆盖的。

功能 3：无线客户端。在这个模式下工作的 AP 会被主 AP 或者无线路由看作是一台无线客户端，比如无线网卡或者是无线模块。这样可以方便统一管理子网络，实现一点对多点的连接。AP 的客户端是多点，无线路由或主 AP 是一点。这个功能常被应用在无线局域网和有线局域网的连接中，比如 a 点是一个 20 台计算机组成的有线局域网，b 点是一个 15 台计算机组成的无线局域网，b 点已经有一台无线路由了，如果 a 想接入 b，在 a 点加一个 AP，并开启主从模式，并把 AP 接入 a 点的交换机，这样所有 a 点的计算机就可以连接 b 点。

3. 分布式系统（DS）

WLAN 的物理覆盖范围决定了一个 AP 所能支持的 STA 之间的直接通信距离。一个无线 AP 以及与其关联的 STA 被称为一个基本服务集（Basic Service Set，BSS），多个 BSS 可以进行组网，连接多个 BSS 的网络构件称为分布式系统（DS）。

IEEE802.11 的基本服务集 BSS 和扩展服务集 ESS 关系如图 1-11-4 所示。

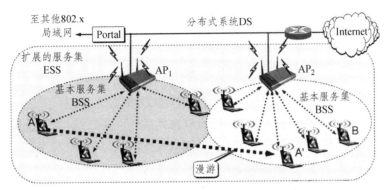

图 1-11-4　基本服务集 BSS 和扩展服务集 ESS 关系

11.6　WLAN 组网方式

无线局域网不论采用哪一种传输技术，其拓扑结构有两种基本类型，有中心拓扑和无中心拓扑。一般来讲，无中心拓扑也称为没有基础设施的无线局域网（或对等网络），有中心拓扑也称为有基础设施的无线局域网。

对等网络：由一组有无线接口卡的计算机组成。这些计算机以相同的工作组名、ESSID（服务区别号）和密码等以对等的方式相互直接连接，在 WLAN 的覆盖范围之内，进行点对点与点对多点之间的通信。

基础结构网络：在基础结构网络中，具有无线接口卡的无线终端以无线接入点 AP 为中心，通过无线网桥、无线接入网关、无线接入控制器和无线接入服务器等将无线局域网与有线网网络连接起来，可以组建多种复杂的无线局域网接入网络，实现无线移动办公的接入。

1. 点对点模式（Ad-hoc）

无中心拓扑结构，由无线工作站组成，用于一台无线工作站和另一台或多台其他无线工作站的直接通信。该网络无法接入到有线网络中，只能独立使用，并且无须 AP，安全性由各个客户端自行维护，点对点组网采用非集中式的 MAC 协议，如图 1-11-5 所示。

点对点组网的优势在于：组网灵活、快捷，可以广泛应用于临时通信的环境。

其缺陷也很明显：

（1）当网络中用户数量过多时，信道竞争会严重影响网络性能。

（2）路由信息随着用户数量的增加快速上升，严重时会严重阻碍数据通信的进行。

（3）一个节点必须能同时"看"到网络中任意的其他节点，否则认为网络中断。

（4）只能适用于少数用户的组网。

图 1-11-5　点对点组网模式

2. 基础架构模式（Infrastructure）

由无线接入点 AP、无线工作站 STA 以及分布式系统 DS 构成，覆盖区域称基本服务区 BSS。无线接入点 AP 用于在无线 STA 和有线网络之间接收、缓存和转发数据，所有无线通信都经过 AP 完成，是有中心拓扑结构，如图 1-11-6 所示。AP 通常能覆盖几十个至几百个用户，覆盖半径达上百米。AP 可连接有线网络，实现无线网络和有线网络的互联。

从应用角度出发，绝大多数无线局域网都属于有中心网络拓扑结构。基础结构网络也使用非集中式 MAC 协议。但有中心网络拓扑的抗摧毁性差，AP 的故障容易导致整个网络瘫痪。

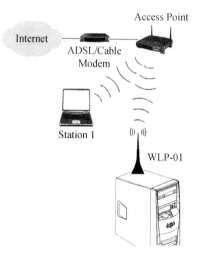

图 1-11-6　基础架构模式

3. 多 AP 模式

多 AP 模式也称为"多蜂窝结构"，各个蜂窝之间建议有 15%的重叠范围，便于无线工作站的漫游，如图 1-11-7 所示。

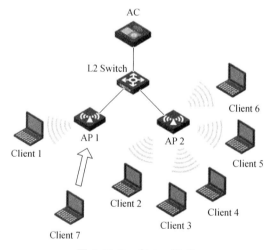

图 1-11-7　多 AP 模式

漫游时必须进行不同 AP 接入点之间的切换。切换可以通过交换机以集中的方式控制，也可以通过移动节点、监测节点的信号强度来控制（非集中控制方式）。在有线不能到达的环境，可以采用多蜂窝无线中继结构，但这种结构中要求蜂窝之间要有 50%的信号重叠。同时客户端的使用效率会下降 50%。

4. 无线网桥模式

该模式是利用一对无线网桥连接两个有线或者无线局域网网段，如图 1-11-8 所示。如选放大器和定向天线连用传输距离可达 50 km。

图 1-11-8　无线网桥模式

5. AP Client 客户端模式

将部分 AP 设置为 AP Client 模式，远端 AP 作为终端访问中心 AP，如图 1-11-9 所示。

客户端模式主要应用在室外，相当于点对多点的连接方式。区别在于：中心接入点把远端局域网看成像一个无线终端的接入，不限制接入远端 AP Client 模式的无线接入点连接的局域网络数量和网络连接方式。

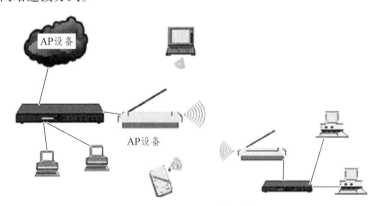

图 1-11-9　AP Client 客户端模式

6. Mesh 结构模式

IEEE802.16—2004 标准定义了两种网络拓扑：一种是点到多点（ Point to Multi-Point，PMP ）的蜂窝网结构；另一种是 Mesh 结构。Mesh 结构也叫无线网状网结构，网络中的每个节点都可以发送和接收信号，又称为"多跳（ Multi-hop ）"网络。

Mesh 结构由一组呈网状分布的无线 AP 构成，AP 之间均采用点对点方式通过无线中继链路互联，将传统的无线"热点"扩展为真正大面积覆盖的无线"热区"，如图 1-11-10 所示。

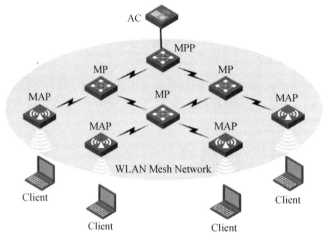

图 1-11-10　Mesh 结构模式

Mesh 网络中 AP 之间通过无线方式"直达"，无须有线中转，且具有宽带无线汇聚连接功能，以及有效的路由和故障发现特性，因此更适合大规模的无线网络配置。

与传统的交换式网络相比，Mesh 网络没有布线的需求，但仍具备分布式网络提供的冗余机制和重新路由能力。Mesh 网络的优势主要有以下几个方面：

（1）快速部署和易于安装。因为不需要进行布线，所以设备安装非常快速简单。而设备的配置和其他网络管理功能与传统 WLAN 相同。因此可以大大降低总拥有成本（TCO）和安装时间。

（2）非视距传输（NLOS）。AP 之间的无线互联、有效的路由发现特性和"多跳"网络的本质使具有直接视距的用户实际上为没有直接视距的邻近用户提供了无线宽带访问能力。

（3）健壮性。Mesh 结构网络中，由于每个站点都有一条或者几条传输数据的路径，某个节点出现故障或者被干扰，数据将自动路由到备用链路。

（4）结构灵活。多跳网络中，设备可以通过不同的节点同时连接到网络，因此不会降低系统性能。

（5）更大的冗余机制和通信负载平衡功能。每个设备都有多个传输路径可用，网络可以根据每个节点的负载动态分配路由，避免节点拥塞。

（6）高带宽。节点之间的中继使相邻节点之间的通信距离变短，对于无线通信来讲，带宽也就变高了。

（7）功能消耗小。因为相邻节点之间的距离短，因此所需的信号功率也小。相应的，节点之间的无线信号干扰也较小。

虽然 Mesh 网络有许多的优点，但是还是存在着一些不足之处，主要体现在以下几个方面：

（1）互操作性。当前的 Mesh 网络产品没有统一的技术标准，用户选择产品时必须考虑兼容性问题。

（2）通信延迟。由于网络数据传输的多跳特性，较远距离的通信数据传输延迟较大。

（3）安全性。网络的多跳特性使数据过多地暴露在公共环境，对于数据的安全提出了更高的要求。

11.7　无线路由技术发展现状

目前，无线技术凭借着部署容易、建设成本低、适用环境广泛等优势，逐渐成为未来工业互联网中网络发展及应用的重要方向。其中 Wi-Fi、NFC. ZigBee、2G/3G/4G、LoRa 等无线技术成为连接传输层的重要技术。

以智慧城市的无线路灯为例，通过 ZigBee 或 LoRa 技术形式，无须对灯具进行改造，无须架设通信线路，无须改造配电柜，基于云平台进行分析控制也无须建设庞大的机房。不管是改造还是新建，从施工，成本，后期扩展性，维护等方面无线网络都优于有线网络。到 2025 年，全球将会有超过 800 亿个无线终端，未来的工业通信必将有越来越多的应用场景无线化。

1. ZigBee：巨头力挺，前途难料

ZigBee 联盟成立于 2001 年 8 月。但作为该项技术发展过程中具有里程碑意义的是，2002 年下半年，英国 Invensys 公司、日本三菱电气公司、美国摩托罗拉公司以及荷兰飞利浦半导体公司四大巨头共同宣布，它们将加盟 ZigBee 联盟，以研发名为 ZigBee 的下一代无线通信标准。到目前为止，除了 Invensys、三菱电子、摩托罗拉和飞利浦等国际知名的大公司外，该联盟大约已有 27 家成员企业，并在迅速发展壮大。Zigbee 联盟负责制定网络层以上协议。

ZigBee 是基于 IEEE802.15.4 标准的低功耗局域网协议。根据国际标准规定，ZigBee 技术是一种短距离、低功耗的无线通信技术。这一名称（又称紫蜂协议）来源于蜜蜂的八字舞，由于蜜蜂(bee)是靠飞翔和"嗡嗡"(zig)地抖动翅膀的"舞蹈"来与同伴传递花粉所在方位信息，也就是说蜜蜂依靠这样的方式构成了群体中的通信网络。Zigbee 的特点是近距离、低复杂度、自组织、低功耗、低数据速率，主要适合用于自动控制和远程控制领域，可以嵌入各种设备。

但是 ZigBee 芯片成本较高，大约为 2~3 美元，再考虑到其他外围器件和相关 2.4G 射频器件，总成本很难以低于 10 美元，这对智能家居这种成本不能太高而又需要大量节点的家用设备来说，显得颇为尴尬。同时，国内 Zigbee 技术主要采用 2.5G 频率，其衍射能力弱，穿墙能力弱。家居环境中，即使是一扇门、一扇窗、一堵非承重墙，也会使信号大打折扣。当然，有些厂家会使用射频功放对 2.5G 信号进行放大，但是这样会造成额外的辐射污染，同时也和 ZIGBEE 低功耗、节能的初衷背道而驰。因此 ZigBee 的前景并不像先前设想的那样一帆风顺。

2. UWB：前途无量，受困争战

UWB 是一种无载波通信技术，它不采用正弦载波，而是利用纳秒至微微秒级的非正弦波窄脉冲传输数据，因此其所占的频谱范围很宽。UWB 可在非常宽的带宽上传输信号，美国 FCC（联邦通信委员会）对 UWB 的规定为：在 3.1 ~ 10.6 GHz 频段中占用 500 MHz 以上的带宽。

由于 UWB 可以利用低功耗、低复杂度发射/接收机实现高速数据传输而在近年来得到迅速发展。它在非常宽的频谱范围内采用低功率脉冲传送数据而不会对常规窄带无线通信系统造成大的干扰，并可充分利用频谱资源。基于 UWB 技术而构建的高速率数据收发机有着广泛的用途，从无线局域网到 Ad hoc 网络，从移动 IP 计算到集中式多媒体应用等。UWB 技术具有系统复杂度低，发射信号功率谱密度低，对信道衰落不敏感，低截获能力，定位精度高等优点，尤其适用于室内等密集多径场所的高速无线接入，非常适于建立一个高效的无线局域网或无线个人局域网（WPAN）。

UWB 标准于 2005 年确定，但其中显然不只是技术原因，以英特尔与德州仪器为代表的 MBOA 提案，以及以摩托罗拉与 XSI 为代表的 DS-CDMA 提案是两种技术特性完全不同的方案，UWB 标准只能二选其一。不过最近无线电制造商 PulseLink 对外宣布，它已经找到一种途径，允许基于不同技术的 UWB 系统共存。该公司正准备向 IEEE 802.15.3a 任务组成员详细讲解它的公共信号协议（CSP），该协议使原本相互冲突的多种 UWB 物理层可以共存。PulseLink 希望协调 UWB 的发展步伐，同时回避相互竞争的 UWB 标准提案之间的分歧。

一些产业观察家赞同 PulseLink 的提议，认为这为采用不同的实体层创造了整合的机会，因而使 UWB 的创新态势得以延续。但另一方面，其他人质疑在缺乏互通条件下共存没有什么价值，并认为这会产生鼓励开发多种物理层的负面效果。这最终会增加 OEM 厂商的负担，因为他们必须支持多种 PHY。

PulseLink 声称不会偏袒已经提交给 IEEE 的任何一种 UWB 技术。802.15.3a 小组曾试图为这种高速个域网技术定义一个物理层，但由于双方拒绝做出妥协，这项努力被迫搁浅。最坏的结果可能是两大阵营将定义各自的事实标准，而由市场决定存亡。

3. Wi-Fi：发展迅速，瓶颈犹存

Wi-Fi 热点是通过在互联网连接上安装访问点来创建的。这个访问点将无线信号通过短程进行传输，一般覆盖 100 m 左右。当一台支持 Wi-Fi 的设备遇到一个热点时，这个设备可以用无线方式连接到网络。大部分热点都位于供大众访问的地方，例如机场、咖啡店、旅馆、书店以及校园等，许多家庭和办公室也拥有 Wi-Fi 网络。互联网服务提供商（ISP）会在用户连接到互联网时收取一定费用。

Wi-Fi 也存在着一些问题，主要体现在以下几个方面：

（1）Wi-Fi 的运营商很多，成为一个运营商的客户并不能共享其他运营商的资源；

（2）城市地区的空域有限，这意味着利用 Wi-Fi 上网将非常拥挤；

（3）Wi-Fi 的安全问题受到了业界以及一些国家的质疑。

从整体来看，Wi-Fi 在短期内还不能成为商家的取款机。无线热点还不能吸引大量的用户群体，消费者对于 Wi-Fi 热点的渴望并不像商家期盼的那样强烈，这正是 Wi-Fi 很难带来赢利的根本原因。就国内而言，Wi-Fi 热点要想在中国取得突破性的进展，电信运营商之间必须首先签署漫游协议，允许用户通过不同的热点访问互联网。

4. 蓝牙：应用迅速，挑战仍多

蓝牙技术是一种无线数据与语音通信的开放性全球规范，其实质内容是为固定设备或移动设备之间的通信环境建立通用的无线电空中接口，将通信技术与计算器技术进一步结合起

来，使各种 3C 设备在没有电线或电缆相互连接的情况下，能在近距离范围内实现相互通信或操作，是一种低成本、低功率无线技术。其传输频段为全球公众通用的 2.4 GHz ISM 频段，提供 1 Mb/s 的传输速率和 10~100 m 的传输距离。

虽然目前市场中并没有完全成品化的蓝牙产品出现，但人们已经为它规划了几乎是无处不在的应用场景，如三合一电话、Internet 网桥、个人数据交换、替代多种设备间的传输电缆等。但是，究竟是什么因素制约了蓝牙产品的推出呢？答案可能是芯片大小和价格难以下调、抗干扰能力不强、传输距离太短、信息安全和生态安全问题可疑等。

另外，由于兼容性不好，也造成销售形势很不乐观。比如不少蓝牙耳机与部分电话之间无法实现正常通信，令个人和企业消费者深感不便。另外连接两台蓝牙设备的操作过程比较复杂，也妨碍了它的推广应用。此外随着其他无线连接技术的不断涌现，802.11 无线局域网在高端市场和 ZigBee 在低端市场的挤压也让蓝牙受到冲击。

5. NFC：依附还是超越？

NFC（近场通信）是由飞利浦、诺基亚和索尼主推的一种类似 RFID（非接触式射频识别）的短距离无线通信技术标准。设想如下场景：消费者在支付消费款项时，只需要拿信用卡在采用了 NFC 技术的设备前晃一下即可。一些用户可能会认为，需要把信用卡插入设备中，但是这毫无必要，因为卡与设备是无线连接的。

NFC 给人的第一印象可能是 RFID 和蓝牙的混合继承物，但事实上它有许多的潜在功能非常引人注目，尤其是当它被作为其他无线技术连接点的时候。和 RFID 不同，NFC 采用了双向的识别和连接。NFC 有三种应用类型：

（1）设备连接。除了无线局域网，NFC 也可以简化蓝牙连接。比如，诺基亚 N-Gage 的玩家们可以把 N-Gage 放在一定距离以内自动完成联机，而不必要通过选择 N-Gage 菜单选项中的"Host"→"Join"来完成联机。便携式计算机用户如果想在机场上网，他只需要走近一个 Wi-Fi 热点即可实现。

（2）实时预定。飞利浦和诺基亚对于 NFC 的这种应用抱有非常乐观的态度。比如，海报或展览信息背后贴有特定芯片，利用含 NFC 协议的手机或 PDA（个人数字终端），便能取得详细信息，或是立即联机使用信用卡进行票卷购买。而且，这些芯片无须独立的能源。

（3）移动商务。前面所描述的非接触智能卡在交易中的应用就是一个很好的例子。

虽然 NFC 似乎是一项正在寻求实现的技术，但是它却是一个实实在在的问题解决者。NFC 具有很多技术优势，例如，NFC 可以让用户无须输入网址便可连接 WAP 站点，从而解决了困扰无线上网的用户接口问题。在移动商业领域的兼容性方面，非接触性付款技术已经推动了商业的发展，尤其在亚洲的公共运输系统中得到了广泛应用。此外，NFC 和索尼的 FeliCa 支付系统、非接触性支付的 ISO 标准都是兼容的。

然而，NFC 面临的挑战也不容回避，前面的家庭无线局域网的应用中，数码相机和个人计算机都默认为嵌入了 NFC 技术。飞利浦有能力生产并且销售这种基于 NFC 的无线设备，但是这些设备都带有 USB 接口的解密器，用户必须把解密器插入 USB 接口中，这样一来，NFC 的简单性就荡然无存了。此外，飞利浦生产的网络电子设备都带有 NFC 技术，每个 NFC 芯片的成本至少是十美元，这也是一个令人头疼的问题。

从以上的分析来看：一方面，NFC 技术可以刺激蓝牙、Wi-Fi 等其他技术的发展；另一方面，NFC 技术的最终实现也要依赖于这些技术。可见，NFC 与其他无线技术之间是互相促进的关系。

总而言之，以上 5 种技术，各有所长，也各有所短，对于技术专家希望 5 种技术合而为一，实现无缝兼容的想法，在未来很长的一段时间内可能还只是一个美好的愿望。

11.8　无线路由器的基本配置

随着 WLAN（无线局域网）、WI-FI（无线高保真）的应用越来越广泛，家庭用户以及小型办公网络对使用 WLAN 和 WI-FI 等无线技术接入互联网的需求也越来越多。如何使用和配置一台无线路由器往往是用户最为关心的问题，下面我们来重点介绍一下配置过程。

为了配置无线路由器，用户得接入无线路由器。首先需要接通无线路由器的电源，然后再找到一条双绞线，双绞线的一端连接无线路由器的 LAN 口，另一端连接用户计算机的有线网卡端口（即 RJ45 端口），接着将计算机有线网卡的 IP 地址设置为自动获取，这样操作之后用户的计算机就会从无线路由器获得一个有效的 IP 地址，通常是 192.168.1.100。最后在计算机的 IE 浏览器中输入 192.168.1.1（网关地址）并按下回车链，就会看到登录无线路由器的界面。由于市场上的无线路由器品牌众多，实际在 IE 浏览器中需要输入哪个 IP 地址来登入无线路由器建议最好查看一下无线路由器的说明书。以 TP-LINK 无线路由器为例，登录无线路由器时会出现如图 1-11-11 所示的画面。

图 1-11-11　无线路由器登录界面

在登录对话框中需要输入用户名和密码，可以在无线路由器设备上或无线路由器的说明书中找到。初始用户名和密码一般都是"admin"。如果用户觉得每次登录无线路由器都需要输入用户名和密码比较麻烦，那就在"记住我的凭据"前打钩。这样下次再登录无线路由器弹出登录界面时直接单击"确定"这可以了。

进入无线路由器后您会看到配置界面的左边有一系列菜单项，右边显示的则是当前无线路由器的运行状态，如图 1-11-12 所示。

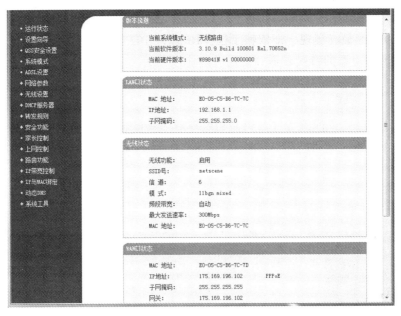

图 1-11-12　无线路由器运行状态图

在图 1-11-12 中所显示的无线路由器的当前运行状态中可以看到这台无线路由器的局域网端口（内网 LAN 端口）的 IP 地址是"192.168.1.1"，这台无线路由器的无线功能已"启用"，无线路由器发射的无线标识（SSID）的名称是"netscene"，使用第 6 号信道，PPPoE 拨号在通过了 ISP（运营商）验证后从 ISP（运营商）那里获得的外网（Internet）地址是"175.169.196.102"。

在这里有必要说明一下，使用双绞线接入无线路由器是我们常用的配置无线路由器的方法，但除了使用有线传输介质连接并登录无线路由器以外，还可以使用无线接入的方法登入无线路由器。具体操作是先接通无线路由器的电源，如果用户的计算机中有无线网卡，就能在计算机桌面右下角的无线信号标志中看到无线路由器发射的 SSID（无线信号标识），如图 1-11-13 所示。

SSID（无线标识）的构成通常都是由无线路由器的品牌名称加上该无线路由器 LAN 口 MAC 地址的后六位组成，比如 TP-LINK_9195AA。在图 1-11-13 中，我们的 SSID 为"cqlwz"，这时就可以单击该 SSID（无线标识）

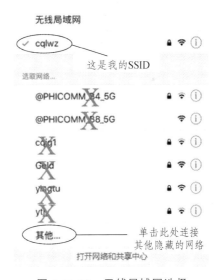

图 1-11-13　无线局域网选择

让计算机中的无线网卡进行连接了（在连接之前别忘了将无线网卡的 IP 地址设置为自动获取）。除非用户在无线路由器上配置了验证密码，否则默认情况下，无线网卡（设备）连接无线路由器 SSID 时是不需要密码的，所以用户的无线网卡可以轻松连接上无线路由器，同时还会得到一个有效有 IP 地址（通常都是 192.168.1.100）。这时就可以按照前面介绍的方法来访问（接入）无线路由器了，即在 IE 浏览器中输入 192.168.1.1 然后点击回车链。在初次登录并配置无线路由器的时候，最好使用有线连接方法。主要有 3 个方面的原因：① 有线比无线的连接更稳定；② 有些无线路由器的无线功能默认情况下是关闭的，用户的无线网卡也就搜索不到无线路由器的无线信号了，需要管理员手工开启；③ 是使用无线连接方式配置无线路由器时，如果配置无线路由器的用户对无线设备不熟悉，很有可能在配置中出现连接中断或拒绝无线用户再次接入无线路由器的情况。接下来让我们一起对无线路由器进行基本的配置。

　　单击无线路由器左边菜单栏中的"网络参数"→"LAN 口设置"，进入"LAN 口设置"页面，如图 1-11-14 所示。

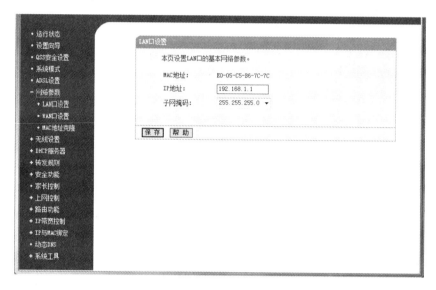

图 1-11-14　LAN 口设置

　　图 1-11-14 中的"IP 地址"选项允许我们为无线路由器的 LAN 口（内网口）分配一个 IP 地址，分配的这个 IP 地址就会成为以后内网用户上网的网关。本例中分配的 IP 地址是"192.168.1.1"，无线路由器的 LAN 口 MAC 地址是"E0-05-C5-B6-7C-7C"，单击"保存"。

　　单击"网络参数"→"WAN 口设置"，进入"WAN 口设置"页面，如图 1-11-15 所示。

　　图 1-11-15 中的"WAN 口连接类型"选择"PPPoE"，如果上网环境不属于 PPPoE 宽带拨号，还可以在 WAN 口连接类型中选择使用"静态 IP"或"动态 IP"，这就需要根据上网环境而决定了，这里仅以 PPPoE 的宽带拨号为例。"上网账号"一栏中输入用户的上网账号或用户名（账号或用户名是申请宽带业务时运营商分配的），"上网口令"一栏输入宽带拨号密码。"根据您的需要，选择对应的连接模式"这一项要看用户办理的是哪一种宽带上网业务而进行选择。如果办理的是包时的宽带上网业务，即运营商按上网的小时数收费，或办理的是包月宽带上网业务，即运营商按月收费，最好选择第一项——"按需连接，在有访问时自动连接"。如果宽带是包年形式的，最好选择第二项——"自动连接，在开机和断线后自动连接"。后两个选项除非有特殊需要，否则较少用到。

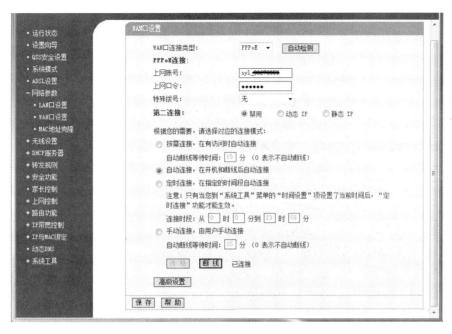

图 1-11-15　WAN 口设置

完成上述无线路由器基础配置之后，用户的无线路由器就已经能够访问互联网了，接下来还需要做进一步配置来允许无线客户端接入并让路由器能够代理更多的有线或无线客户端上网。单击"无线设置"→"基本设置"，进入"无线网络基本设置"页面，如图 1-11-16 所示：

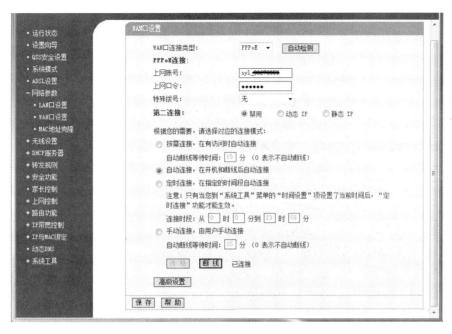

图 1-11-16　无线网络基本设置

图 1-11-16 中显示了无线路由器的 SSID 号，即无线路由器的无线标识，在这里我们把无线路由器分配的无线标识设为"cqlwz"，使得无线网卡能够搜索到这个无线标识。每个无线标识（SSID）都会使用一个具体的信道来工作，这里为该 SSID 分配了第 6 号信道。一般来讲，无线路由器会提供 1~13 条信道供用户选择，具体使用哪一条要根据用户的无线路由器周围的网络环境而决定。如何才能知道周围的哪些无线路由器（无线 AP）都使用了哪些无线信道呢？这需要使用专业的无线工具对周围的无线信号进行扫描，通过分析扫描得到的测试数据，我们可以为自己的无线路由器分配一个合理的信道。比如周围的无线路由器（无线 AP）使用的都是 1 号信道或 11 号信道，那就最好不要为自己的无线路由器分配 1 号、2 号或 10 号、11 号、12 号信道了，否则在相同信道或相邻信道之间就会产生干扰，影响无线路由器的传输性能。这时应最好使用 6 号或 7 号信道，让无线路由器和周围的其他无线路由器（无线 AP）保持一定的信道间隔。也可以让无线路由器自动选择信道，无线路由器会扫描周围的无线信号，然后根据扫描结果为自己随机分配一个较为合理的无线信道。

"模式"选项选择了"11 bgn mixed"，表示混合模式。有些老式计算机上的无线网卡的标准是 802.11/802.11b/802.11g（802.11 的理论速率只有 2 Mb/s，802.11b 的理论速率是 11 Mb/s，802.11g 的理论速率为 54 Mb/s），而现在较新的无线网卡支持 802.11n 的标准，802.11n 的理论速率可以达到 300 Mb/s 甚至更高。所以"模式"选项最好选择"11bgn mixed"，这样我们的无线路由器就可以最大限度地兼容新、旧标准的无线网卡了。

"频段带宽"选择了"自动"。"开启无线功能"选项会允许该无线路由器支持 WI-FI 功能，"开启 SSID 广播"选项会让无线用户看到设置的 SSID（如本例中的 cqlwz），如果不选择"开启 SSID 广播"选项（即在这个选项前不打勾），那用户就无法搜索到无线路由器的 SSID。但是搜索不到无线 SSID 并不等于就无法连接。我们可以单击右下角的无线信号区域然后选择"其他网络"，在弹出的对话框中输入需要连接的 SSID，假如我们要连接的 SSID 为"TP-LINK_9195AA"，输入完成后单击"确定"就能联网了，如图 1-11-17 所示。

图 1-11-17　SSID 的选择

从这里可以看出，不选择"开启 SSID 广播"这个选项能让用户的无线路由器隐藏自己的 SSID 标识，起到了保密的效果。接下来要为将要连接的无线客户端分配验证密码，单击"无线设置"→"无线安全设置"，如图 1-11-18 所示。

在"无线网络安全设置"页面，为了无线网络更安全，选择"WPA-PSK/WPA2-PSK"加密类型，"认证类型"选择"自动"，"加密算法"选择"AES"（不推荐选择"TKIP"），在"PSK 密码"选项里输入无线验证密码，本例的验证密码为"cqlwz1234"，无线验证密码最好应有一定的复杂度，如数字、字母、符号的若干组合。"组密钥更新周期"保持默认的"86400"。

一般不配置"WPA/WPA2"选项，除非我们的内网环境中架设了 Radius 服务器用来验证无线用户的接入。

对于"WEP"也不建议用户选中和配置，如图 1-11-19 所示。"WEP"验证方式中使用的加密算法有着自身固有的缺陷，无线网络的攻击者只需捕获到 3~5 万个数据包就可以轻松破解 WEP 密码了。鉴于此，有些无线路由器已经不再支持 WEP 验证了。

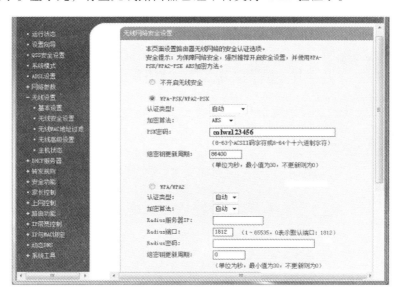

图 1-11-18　无线安全设置

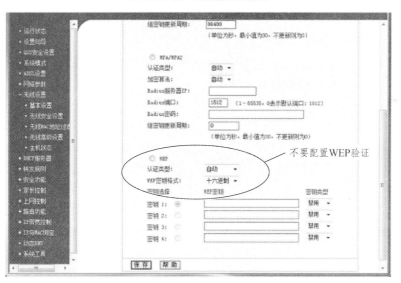

图 1-11-19　WEP 设置

如果大家想让无线网络在安全方面进一步加强，单击"无线设置"→"无线 MAC 地址过滤"，如图 1-11-20 所示。

选中"允许列表中生效的 MAC 地址访问无线网络"，单击"添加新条目"，将允许无线上网的设备的 MAC 地址添加进来，如图 1-11-21 所示。

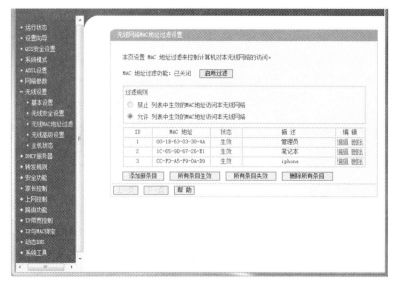

图 1-11-20　无线 MAC 地址过滤

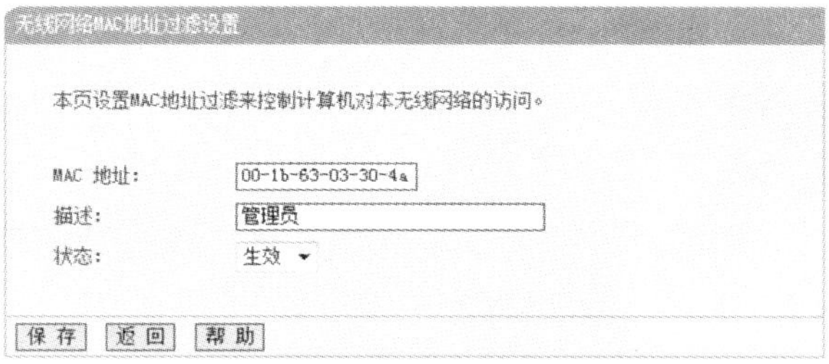

图 1-11-21　添加 MAC 地址新条目

图 1-11-21 中，在"MAC 地址"一栏的空白处将允许的上网无线设备的 MAC 地址添加进来，没有添加进来的无线设备则会被拒绝。"描述"项可以忽略，没有什么影响。无线设备的 MAC 地址全部添加完成后单击"保存"，还应单击图 1-11-20 中的"启用过滤"按钮，否则我们设置的 MAC 地址过滤是不生效的。通过以上的配置，连接无线网络的无线设备既需要向无线路由器发送正确的验证密码，又需要无线设备的 MAC 地址已经被添加到无线路由器的 MAC 地址允许访问列表中。这样无线路由器对试图接入的任何无线设备就形成了两道"防线"，使我们的无线网络更加安全。

此外，设置时还需要注意配置的顺序，也是很多对设备不熟悉的新手容易犯的错误，如果顺序错了无线路由器就有可能拒绝用户自己的访问。如果在单击配置图 1-11-20 中的"添加新条目"之前先单击了"启用过滤"，这样造成的后果是无线连接失败，原因是"允许列表中生效的 MAC 地址访问无线网络"选项中还没有添加允许访问的 MAC 地址，这就意味着没有任何设备能够通过无线连接访问该无线网络了。如果发生了这样的问题，可以采用连接无线路由器的第一种方法，即用有线传输介质连接无线路由器再登录。因为"允许列表中生效的 MAC 地址访问无线网络"的设置和"启用过滤"只对无线连接有效。

使用WPA-PSK 或WPA2-PSK 验证再加上MAC 地址过滤的双重安全防护机制虽然可以让我们的无线网络更加安全，但却是以牺牲无线网络的速度为代价来换取的，因为无线路由器会对每个生成的数据包进行加密，对数据的加密是需要使用某种加密算法的，无论是哪种算法都会增加无线路由器的计算时间，同时无线路由器还要检查 MAC 地址访问列表对那些不符合匹配条目的 MAC 地址进行过滤，这些都会消耗、占用无线路由器更多的 CPU 和内存，无线路由器的连接速度和性能自然就有所下降。但是与网络的安全相比，这样做是值得的。

当然，世界上没有绝对安全的网络，为了更多地了解都有哪些无线设备正在或曾经访问过我们的无线网络，可以使用以下方法进行查看：单击"无线设置"→"主机状态"，如图 1-11-22 所示。

图 1-11-22　无线主机状态设置

图 1-11-22 中所显示的是当前正在使用无线网络的无线主机、手机或其他无线设备。如果这其中发现有不熟悉的 MAC 地址，就应该特别注意了。

每台接入无线网络的无线设备都需要从无线路由器那里获得一个 IP 地址才能够联网，那么如何让无线路由器为接入网络的有线或无线设备分配一个有效的 IP 地址呢？单击"DHCP服务器"→"DHCP 服务"，进入 DHCP 服务页面，如图 1-11-23 所示。

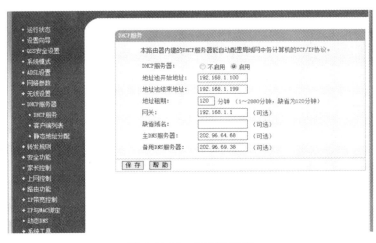

图 1-11-23　DHCP 服务

图 1-11-23 中所显示的是无线路由器为试图接入的无线设备提供的 IP 地址范围、每个 IP 地址的默认出租时间、无线用户访问互联网使用的网关及 DNS 地址等信息。不同品牌的无线路由器的配置可能有所不同，比如 IP 地址池的范围可能 192.168.0.100~192.168.0.199，网关可能是 192.168.0.1 或 192.168.0.254，网关处填写的 IP 地址通常都是无线路由器的 LAN 口 IP 地址。具体的网络信息的填写还要根据无线路由器的说明书来合理分配。主 DNS 服务器和备用 DNS 服务器的 IP 地址则要根据使用哪个 ISP（运营商）联网而定（DNS 的 IP 可向当地的运营商咨询）。

如果我们想要查看接入无线网络的无线客户端获得的 IP 地址，只需要单击"DHCP 服务器"→"客户端列表"就可以查看了，如图 1-11-24 所示。

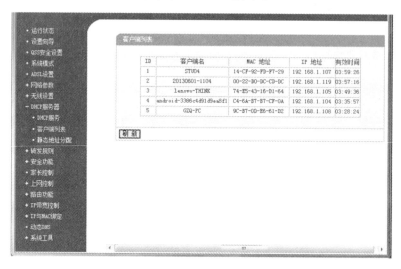

图 1-11-24　客户端列表

如果我们想将某个具体的 IP 地址指定给某个特定的无线设备，单击"DHCP 服务器"→"静态地址分配"，如图 1-11-25 所示。

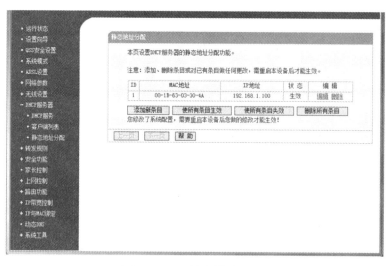

图 1-11-25　静态地址分配

图 1-11-25 中显示的是将地址池中的 192.168.1.100 这个 IP 地址分配给了 MAC 地址为 00-1B-63-03-30-4A 的无线网卡，完成添加后需要重启无线路由器。为了抵御来自内网用户对无线网络的攻击，建议配置"安全功能"→"高级安全设置"选项，如图 1-11-26 所示配置。

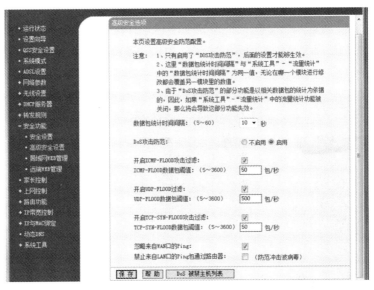

图 1-11-26　高级安全设置

默认情况下无线路由器是不允许用户从外网（互联网）连接无线路由器的，所以一般来说，我们都是在内网配置无线路由器。但是如果想从外网（互联网）连接无线路由器时，可以单击"安全功能"→"远端 WEB 管理"，如图 1-11-27 所示。

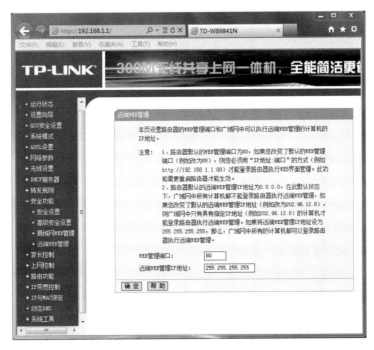

图 1-11-27　远端 WEB 管理

关于"WEB管理端口"选项，设置时最好将默认的80号端口改成一个大于1 024号的端口，比如改为5 510，这样可以让来自外网的连接更加安全。"远端WEB管理IP地址"选项应更改为"255.255.255.255"。比如，如果用户的无线路由器的WAN口通过PPPoE拨号获得的公网IP地址是123.245.42.194，当用户想在外网（互联网）通过无线路由器的WAN口连接无线路由器时，在IE浏览器中应输入http:// 123.245.42.194:5510。

最后需要配置的是无线路由器的登录密码，单击"系统工具"→"修改登录口令"，如图1-11-28所示。

图 1-11-28　修改登录口令

图1-11-28中设置的用户名和密码用于管理员登录无线路由器时使用。虽然如今的新型路由器在无线网络安全方面做了很多的改进，比如摒弃了原有的WEP验证，改用更为安全的WPA-PSK或WPA2-PSK验证，还增加了防止ping的安全功能，但QSS（快速安全设置）给用户带来了方便的同时，也给无线路由器带来了安全上的隐患。设置时可单击左边菜单栏中的"QSS安全设置"将其关闭，如图1-11-29所示。

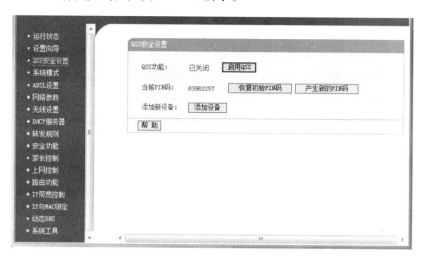

图 1-11-29　QSS安全设置

通过以上基本的操作步骤，用户已经学习完成无线路由器的配置，并且一定能够为自己营建一个绿色、安全的无线网络办公环境。

本章小结

在无线局域网 WLAN 发明之前，人们要想通过网络进行联络和通信，必须先用物理线缆（铜绞线）组建一个电子运行的通路。为了提高效率和速度，人们又发明了光纤。当网络发展到一定规模后，有线网络无论是组建、拆装，还是在原有基础上进行重新布局和改建，都比较困难，且成本和代价也非常高，于是 WLAN 的组网方式应运而生。

无线局域网络（Wireless Local Area Networks，WLAN），是相当便利的数据传输系统。它利用射频（Radio Frequency，RF）技术，使用电磁波取代双绞铜线（Coaxial）所构成的局域网络，在空中进行通信连接，满足用户随时随地的联网需求。

本章主要介绍了 WLAN 网络的基本概念和网络结构、WLAN 网络的频段及性能指标、WLAN 网络主要设备及功能。通过对本章内容的学习，应重点掌握 WLAN 网络主要设备及功能，学会 WLAN 网络的组网搭建，了解 WLAN 网络性能指标参数以及相应的使用频段，学会无线路由器的基本配置。

习 题

一、填空题

1. WLAN 接入网络主要由＿＿＿与＿＿＿＿组成。

2. 802.11b 和 802.11g 的工作频段为 2.4 GHz（2.410～2.483 GHz），其可用带宽为 83.5 MHz，划分为＿＿＿个信道，每个信道带宽为＿＿＿＿。

3. 2.4 GHz 频段中，同一个信号覆盖范围内最多容纳＿＿＿＿个互不重叠的信道。

4. WLAN 设备通过＿＿＿＿接入原有室内分布系统，将主路信号分成等分多路信号需要用到＿＿＿＿，将主路信号分成非等分多路信号需要用到＿＿＿＿。

5. 本地转发时，AC 和 AP 建立＿＿＿隧道，不会建立＿＿＿＿隧道，数据由 AP 负责转发。

6. WLAN 技术中，5.8 GHz 频段可用带宽为＿＿＿，划分为 5 个信道，每个信道带宽为＿＿＿＿。

7. IEEE 802.11n MAC 优化中，MAC 帧结构分为＿＿＿＿、＿＿＿＿和＿＿＿＿。

8. 频率间的干扰可分为＿＿＿＿和＿＿＿＿。

二、选择题

1. 下列哪个标准是 WLAN 的标准？（　　　）。

A. 802.11　　　　　　　B. 802.3　　　　　　　C. 802.1x　　　　　　　D. 802.7

2. 802.11g 物理层理论最大速率能达到多少？（　　　）。

A. 11 Mb/s　　　　　　B. 54 Mb/s　　　　　　C. 108 Mb/s　　　　　　D. 600 Mb/s

3. WLAN 采用了（　　）的信道复用方式。

A. CSMA/CA　　　　　B. CSMA/CB　　　　　C. CSMA/CC　　　　　D. CSMA/CD

4. 假设 AP 使用 1 信道，下列哪些设备不会对 WLAN 信号造成干扰？（　　）。

A. 微波炉　　　　　　B. 使用 6 信道的 AP

C. PHS 基站　　　　　D. 使用 2 信道的 AP

5. 输出功率为 100 mW 的 802.11b/g 产品覆盖距离理论值为（　　）。

A. 30 m　　　　　　　B. 50 m　　　　　　　C. 100 m　　　　　　　D. 200 m

三、简答题

1. 什么叫作 WLAN、SSID、BSS？

2. WLAN 技术的优势是什么？（至少写出 5 点）

3. 简要介绍 WLAN 信道规划的基本原则。

4. 无线接入器 AP 的主要功能有哪些？

5. 简述 WLAN 网络组网方式和各自的特点。

下篇

PART TWO

实训项目

实训 1　局域网的搭建和配置

1.1　实训目的

通过本实验，能够掌握双绞线的使用方法和适用范围；了解局域网的构成与基本组网方式、常用的接口类型；能够通过双绞线、交换机组建基本的局域网；了解客户端的网络设置，掌握网络监测的基本方法和测试命令，如 ping 等。

1.2　实训内容

搭建小型局域网，交换机采用缺省出厂配置，用双绞线将计算机和交换机（ZXR10 2826E 或 ZXR10 3928A）连接在一起，并按照 IP 信息内容，配置计算机终端，使其相互之间可以正常通信。

1.3　实训设备

交换机 1 台；
PC 3 台；
网线（平行线或者交叉线）3 条。

1.4　网络拓扑

图 2-1-1　网络拓扑结构

1.5　配置步骤

1.5.1　局域网的构建

通过双绞线将终端与交换机连接，构建小型局域网。

（1）将 PC 机的网口与交换机的用户口通过双绞线连接，注意双绞线的类型。因为 ZXR10 3928A 的用户端口是自适应的，所以交叉、直连双绞线都可以。

（2）连接后，交换机对应的用户口的连接指示灯会亮起。

1.5.2　终端的 IP 信息配置

（1）选择"控制面板"→"网络和 Internet"→"网络和共享中心"后，看到本地连接信息，如图 2-1-2 所示。

图 2-1-2　网络和共享中心

（2）点击"本地连接"，进入本地连接状态对话框中，如图 2-1-3 所示。

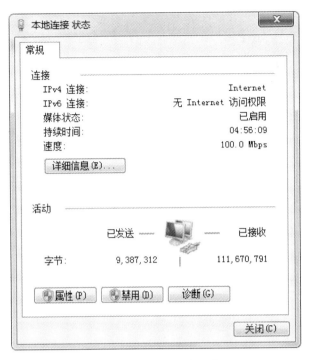

图 2-1-3　本地连接状态

（3）点击"属性"按钮，进入本地连接属性对话框，如图 2-1-4 所示。

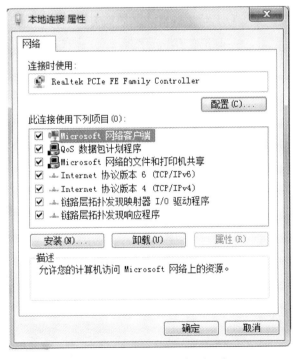

图 2-1-4　本地连接属性对话框

（4）在"此连接使用下列项目"列表中选择"Internet 协议版本 4（TCP/IPv4）"，如图 2-1-5
所示。

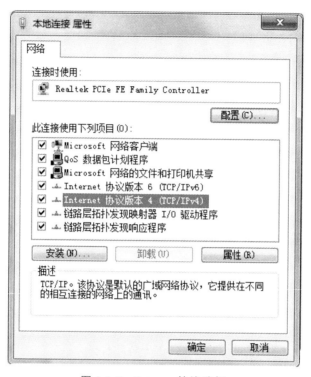

图 2-1-5　Internet 协议选择

（5）双击"Internet 协议（TCP/IP）"，进入其属性对话框，如图 2-1-6 所示。

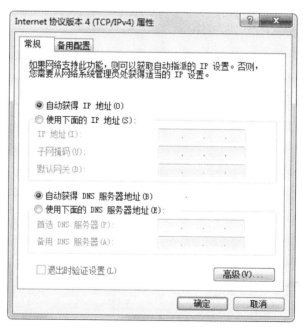

图 2-1-6　Internet 协议属性对话框

（6）在此属性对话框中进行 IP 信息的配置。手工添加 IP 地址时需要选用"使用下面的 IP 地址"，其中 IP 地址一栏配置的是本机 IP 信息，子网掩码一栏配置的是本机的子网掩码，默认网关一栏中配置的是本机使用的网关地址，DNS 可暂时不配置，如图 2-1-7 所示。

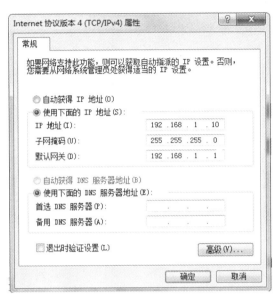

图 2-1-7 IP 信息配置对话框

（7）配置完成后点击"确定"，IP 信息即刻生效。

（8）配置完成后检查该信息是否已经生效，可通过 ipconfig 命令查看，如图 2-1-8 所示。

图 2-1-8 IP 信息配置结果

1.6 验证方法

局域网搭建完成后，我们要测试网络是否连通，即通过两台 PC 检测查看是否可以互相

ping 通。

（1）输入 ping 命令，后面的信息是对端设备的 IP 地址，如图 2-1-9 所示。

图 2-1-9　输入 ping 命令

（2）按下回车键后通过回显判断两台 PC 是否可以互通。如果显示如图 2-1-10 所示，表示两者不能互通，网络有问题。

图 2-1-10　显示结果

如果回显是 Reply from 192.168.1.11: bytes=32 time<1 ms TTL=255，则说明两台 PC 机可以互通，网络没有问题。

1.7　实训总结

如果 3 台 PC 机可以互通，ping 包没有问题，表明局域网组建成功。

实训 2　二层交换机基本操作和日常维护

2.1　实训目的

通过本实验，学会通过串口操作交换机，并对交换机的端口进行基本配置；学会查看所配置的内容；学会重新设置密码，以及在交换机查看日志内容；了解 ZXR10 2826 交换机，能够对 ZXR10 2826 交换机进行基本配置。

2.2　实训内容

通过串口线连接 PC 和 ZXR10 2826 交换机，对交换机进行配置；配置 ZXR10 2826 交换机端口并查看配置信息；设置 ZXR10 2826 交换机密码，包括 enable 密码以及 Telnet 的用户名和密码；查看日志。

2.3　实训设备

ZXR10 2826 1 台；
PC 1 台；
串口线 1 条；
平行网线 1 条。

2.4　网络拓扑

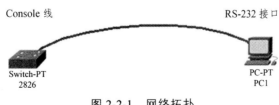

图 2-2-1　网络拓扑

2.5 配置步骤

2.5.1 串口操作配置

ZXR10 2826 一般是通过 Console 口连接的方式进行调试配置。Console 口连接配置采用 VT100 终端方式。下面以 Windows 操作系统提供的超级终端工具配置为例进行说明。

（1）将 PC 与 ZXR10 2826 进行正确连线之后，点击系统的"开始"→"程序"→"附件"→"通信"→"超级终端"，进行超级终端连接，如图 2-2-2 所示。

（2）在出现图 2-2-3 时，按要求输入有关的位置信息：国家/地区代码、地区电话号码编号和用来拨外线的电话号码。

图 2-2-2　超级终端连接

图 2-2-3　位置信息

（3）弹出"连接描述"对话框时，为新建的连接输入名称并为该连接选择图标，如图 2-2-4 所示。

（4）根据配置线所连接的串行口，选择连接串行口为"COM1"（根据实际情况选择 PC 所使用的串口），如图 2-2-5 所示。

图 2-2-4　新建连接

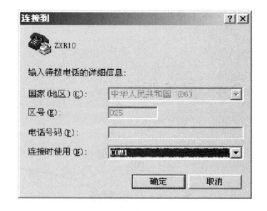

图 2-2-5　连接配置资料

（5）设置所选串行口的端口属性。

244

端口属性的设置主要包括以下内容：每秒位数（波特率）为"9600"，数据位为"8"，奇偶校验为"无"，停止位为"1"，数据流控制为"无"，如图2-2-6所示。

检查前面设定的各项参数正确无误后，ZXR10 2826就可以加电启动，进行系统的初始化，并进入配置模式进行操作。可以看到如下界面：

Welcome!

ZTE Corporation.

All rights reserved.

login:admin Password:***********

系统启动成功后，出现提示符"login:"，要求输入登录用户名和密码，缺省用户是"admin"，密码是"zhongxing"。输完后点击回车键，如下：

Zte>

此时已经进入ZXR10 2826用户模式。在提示符后面输入enable，并根据提示输入密码（出厂配置没有密码），进入全局配置模式（提示符如下），可对交换机进行各种配置。

Zte（cfg）#

图2-2-6　端口属性配置设置

2.5.2　查看配置及日志操作

在所有模式下均可以查看交换机的配置。执行 show running-config 命令将会看到系统的全部配置（删除文件系统下的 RUNNING.CFG 文件，重启设备可恢复到缺省的配置）。下面是缺省的配置下命令执行后的部分情况：

Zte（cfg）#show running-config

Software version:1.1

Switch'sMacAddress:00.d0.d0.fc.19.47!

SyslocationNO.68_Zijinhhua_Road，Yuhuatai_District，Nanjing，CHINA

Create user admin

Loginpass B612AD6F2259089A79740AD7CB5A38BF

Line-vty timeout 10!

Set port 26 auto disable!

Set vlan 1 add port 1-24，26untag

Set vlan 1add trunk 1-7 untag!

Create community public public

Create view zte view include 1.3.6.1

Set community public view zte view!

Set ztp vlan 1!

Set syslog level informational…….

在全局配置模式下，使用 saveconfig 命令来保存配置信息。

要查看终端的监控和交换机日志信息，可执行如下操作：

Zte（cfe）#show terminal　　//所有可以使用 show 命令的模式下都可以使用此命令，

　　　　　　　　　　　　　　//用于查看 Monitor（监视器）和 log 的 on/off 状态

Zte（cfe）#show terminal log　　//所有可以使用 show 命令的模式下都可以使用此命令，

　　　　　　　　　　　　　　//用于查看系统告警信息

2.5.3　设置密码操作

由于全局配置模式下可以对设备进行全部功能的操作，所以进入全局配置模式的密码设置非常重要。设备在实际应用中都要求修改进入全局配置模式的密码，具体示例如下：

Zte>enable　　//进入全局配置模式

Password:*****//输入进入全局配置模式的密码，缺省没有密码

Zte（cfg）#adminpass zxr10　　//修改进入全局配置模式的密码为 zxr10

为了便于对设备的维护，有时需要修改登录用户名或密码，配置如下：

zte(cfg)#create user zxr10　　//创建名为 zxr10 的用户

zte(cfg)#loginpass zxr10　　//设置登录密码为 zxr10

Zte（cfg）##show user　　//显示 Telnet 登录用户信息和当前用户名

2.5.4　端口基本配置和端口信息查看

接下来在 ZXR10 2826 上对端口基本参数进行配置，如自动协商、双工模式、速率、流量控制等。端口参数的配置在全局配置模式下进行。具体配置如下：

Zte（cfg）#set port 1 disable　　//关闭端口 1

Zte（cfg）#set port 1 enable　　//使能端口 1

Zte（cfg）#set port 1 auto disable　　//关闭端口 1 的自适应功能

Zte（cfg）#set port 1duplex full　　//设置端口 1 的工作方式为全双工

Zte（cfg）#set port 1 speed 10　　//设置端口 1 的速率为 10 Mb/s

Zte（cfg）#set port 1 flowcontrol disable　//关闭端口 1 的流量控制

Zte（cfg）#create port 1 name updown　//为端口 1 创建描述名称 updown

Zte（cfg）#set port 1 description up_to_router　//为端口 1 添加描述 up_to_router

使用 Show 命令可以查看端口的相关信息：

Zte（cfg）#set port 1//显示端口 1 的配置和工作状态

Zte（cfg）#show port 1 statistics　//显示端口 1 的统计数据

2.6　验证方法

退出重新登录，验证密码配置是否正确。其他的配置可通过 show 命令查看。

2.7　实训总结

通过本节的学习，掌握串口操作配置的基本方法，能够对 ZXR10 2826 交换机进行基本配置。

实训 3　三层交换机基本操作和日常维护

3.1　实训目的

通过本实验，学会通过串口操作交换机，并对交换机的端口进行基本配置；学会查看所配置的内容；学会重新设置密码，以及在交换机查看日志内容；掌握 ZXR10 系列路由交换机的基本操作和日常维护。

3.2　实训内容

通过串口线连接 PC 和 ZXR10 3928 交换机，对交换机进行配置；配置 ZXR10 3928 交换机端口并查看配置信息；设置 ZXR103928 交换机密码，包括 enable 密码以及 Telnet 的用户名和密码；查看日志等。

3.3　实训设备

ZXR10 3928 1 台；
PC 1 台；
串口线 1 条；
平行网线 1 条。

3.4　网络拓扑

按照拓扑图，通过 Console 线连接 ZXR10 3928 及 PC。

图 2-3-1　网络拓扑结构

3.5 配置步骤

3.5.1 串口连接配置

串口连接配置是 ZXR10 系列路由交换机的主要配置方式。

ZXR10 3928 产品附带串口配置线，一头为 D89 串行接口（与计算机串口连接），另一头为 RJ45 口（与 ZXR10 3928 主控板上的 Console 口连接）。串口连接配置采用 VT100 终端方式，可使用 Window 操作系统提供的超级终端工具进行配置。

操作步骤如下：

（1）用串口配置线将计算机串口与 ZXR10 3928 的 Console 口相连。

（2）打开超级终端，如图 2-3-2 所示。输入连接的名称，如 ZXR10，并选择一个图标。

（3）点击"确定"按钮，出现如图 2-3-3 所示的界面。选择连接使用"COM1"口。

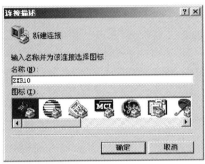

图 2-3-2　新建连接　　　　　　　图 2-3-3　连接配置资料

（4）点击"确定"按钮，出现 COM 口属性设置界面，如图 2-3-4 所示。

将 COM1 口的属性设置为：每秒位数（波特率）为"9600"，数据位为"8"，奇偶校验为"无"，停止位为"1"，数据流控为"无"。

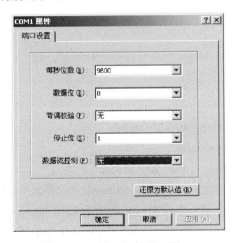

图 2-3-4　端口属性配置设置

（5）点击"确定"按钮完成设置，出现 ZXR10 3928 的配置界面，开始命令操作。

检查前面设定的各项参数正确无误后，ZXR10 3928 就可以加电启动，进行系统的初始化，并进入配置模式进行操作。可以看到如下界面：

****

Welcome to ZXR10 Fast and Intelligent 3928 switch of zte corporation

****

ZXR10>

此时已经进入 ZXR10 3928 配置界面。在提示符后面输入 enable，并根据提示输入特权模式密码（出厂配置为 ZXR10），进入特权模式（提示符如下），可对交换机进行各种配置。

ZXE10#

3.5.2　基本操作命令

（1）设置系统名称：

ZXR10>enable　　　　　　　　　//进入特权模式

ZXR10#configure terminal　　　　//进入全局配置模式

ZXR10（configure）#hostname zte

（2）设置系统日期和时间：

ZXR10#clock set 15:52:35apr 18 2005

（3）设置设备特权模式密码：

ZXR10（config）#enable secret zte

（4）设置登录标志：

ZXR10（confjg）#banner incoming c

Enter TEXT message.End with the character 'c'.

Hello，zte

C

（5）显示当前运行配置文件：

ZXR10#show running-config

（6）保存配置文件：

ZXR10#write

（7）显示启动配置文件：

ZXR10（confjg）#show start running-confjg

ZXR10#show start running-config

（8）要查看交换机的日志，可执行如下操作：

ZXR10#show logfile　　　　//所有可以使用 show 命令的模式下都可以使用此命令，

　　　　　　　　　　　　　//用于查看交换机的所有操作

ZXR10#show logging alarm　　//所有可以使用 show 命令的模式下都可以使用此命令，

　　　　　　　　　　　　　　//用于查看系统告警消息，还可以配置具体参数来查看某日

　　　　　　　　　　　　　　//某一等级的告警信息

（9）设置管理端口：

ZXR10（confjg）#nvram mng-ip-address10.0.0.1 255.0.0.0

注：G 系列的管理端口不可以当作普通以太口用，它常用于系统版本恢复或连接网络管理软件（带外网管）。ZXR10 3928 是三层交换机，默认一个 VLAN。

Vlan 2

Ip address 20.0.01 255.0.0.0

Switchport pvid fei_2/2

（10）设置 Telnet 用户和密码：

ZXR10（confjg）#username zte password zte

注：为了防止非法用户使用 Telnet 访问交换机，必须在交换机上设置 Telnet 访问的用户名和密码，只有使用正确的用户名和密码才能登录到交换机。使用 username 命令配置用户名和密码。

3.5.3 常用操作命令（含 IP 地址配置）

（1）三层接口配置：

ZXR10（confjg）#vlan 2   //VLAN 建立

ZXR10（confjg-vlan）#switchport pvid fei_2/1   //添加端口

ZXR10（confjg-vlan）#cxit   //返回全局配置模式

（2）IP 地址配置：

ZXR10（confjg）#interface vlan 2   //建立三层接口

ZXR10（confjg-if）#ip address 20.0.0.1 255.0.0.0   //配置 IP 地址

ZXR10（confjg-if）# shutdown   //关闭三层接口

ZXR10（confjg-if）#no shutdown   //开启三层接口

（3）显示接口配置：

ZXR10#show interface vlan 2

（4）测试 Telnet 用户名和密码：

测试 Telnet 用户和密码需要在设备上配置三层 IP 地址。

把端口 Fei_2/1 与主机网卡用网线连接，先用 ping 命令测试，再用 Telnet 命令测试 Telnet 用户名和密码。

（5）显示文件目录：

ZXR10#dir

Directory of flash:/

Attribute		size	date	time	name
1	drwx	512	JAN-07-2001	16:32:56	IMG
2	drwx	512	JAN-07-2001	16:32:56	CFG
3	drwx	512	JAN-07-2001	16:32:56	DATA

65007616 bytes（57985024 bytes free）

（6）删除文件：

ZXR10#cd cfg　//进入 CFG 文件目录下

ZXR10#dir　//查看文件

ZXR10#delete startrun.dat　//删除配置文件

ZXR10#dir　//查看文件

ZXR10#cd　//退回到 Flash 根目录下

（7）备份和恢复配置文件：

将配置文件备份到 TFTP Server 上（在做此实验之前，要保证 Flash 下 cfg 文件夹内有 startrun.dat）：

ZXR10#copy flash:/cfg/startrun.dat tftp://168.1.1.1/startrun.dat

将备份完的配置文件从 TFTP Server 上恢复回来：

ZXR10#copy tftp://168.1.1.1/startrun.dat flash:/cfg/startrun.dat

注："tftp："和"flash："后面都紧接着一个空格。

3.5.4　密码恢复

（1）将 ZXR10 重启，在屏幕提示"press any key to stop auto-boot..."的时候按下任意键，进入[ZXR10 Boot]模式：

[ZXR10 Boot]：

（2）在[ZXR10 Boot]状态下输入"C"，回车后进入参数修改状态。在 Enable Password 处填写密码：

[ZXR10 Boot]：C

.....

Enable Password　　　　　　　　　　:zte

Enable Password Confirm　　　　　　:zte

（3）输入"@"启动 GAR 路由器：

[ZXR10 Boot]：@

3.6　验证方法

退出界面重新登录，验证密码配置是否正确。其他的配置指令可通过 show 命令查看。

3.7　实训总结

通过本节的学习，掌握串口操作配置的基本方法，能够对 ZXR10 3928 交换机进行基本配置和日常维护。

交换机 VLAN 技术应用

4.1 实训目的

掌握低端系列交换机产品 VLAN 的基本配置，学会 VLAN 技术的应用，能够搭建小型的虚拟局域网。

4.2 实训内容

按照网络拓扑结构搭建网络，完成交换机 VLAN 基本业务的配置，实现同一个 VLAN 中 PC 的相互通信。

4.3 实训设备

思科 2950 交换机 2 台；
PC 4 台；
直线网线 5 根；
串口线 1 条。

4.4 网络拓扑

网络拓扑结构如图 2-4-1 所示。Switch0 和 Switch1 通过端口 fa0/3 相连，Switch 0 的端口 1 与 Switch1 的端口 1 是 VLAN10 的成员，Switch0 的端口 2 与 Switch1 的端口 2 是 VLAN20 的成员。

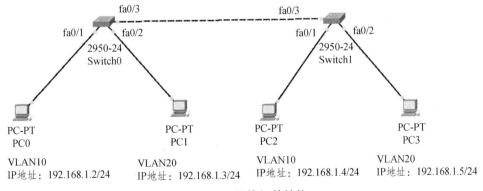

图 2-4-1 网络拓扑结构

4.5 配置步骤

Switch0 的具体配置如下：

Switch 0>enable

Switch 0#show vlan   //查看 VLAN 配置情况

Switch 0#config t

Switch 0（config）#vlan 10   //创建 VLAN10

Switch 0（config-vlan）#exit   // 退出

Switch 0（config）#vlan 20   //创建 VLAN20

Switch 0（config-vlan）#exit   // 退出

Switch 0（config）#int fa0/1   //进入到端口 fa0/1

Switch 0（config-if）#switchport access vlan 10   //添加 VLAN10

Switch 0（config-if）#exit   //退出

Switch 0（config）#int fa0/2   //进入到端口 fa0/2

Switch 0（config-if）#switchport access vlan 20   //添加 VLAN20

Switch 0（config-if）#exit   //退出

Switch 0（config）#int fa0/3   //进入到端口 fa0/3

Switch 0（config-if）#switchport mode trunk   //端口模式改为 trunk 模式

Switch 0（config-if）#switchport trunk allowed vlan add 10   //添加 VLAN10

Switch 0（config-if）#switchport trunk allowed vlan add 20   //添加 VLAN20

Switch 0（config-if）#exit   //退出

Switch 0（config）#exit   //退出

Switch 0#show ru   //查看运行配置

Switch1 的具体配置如下：

Switch 1>enable

Switch 1#show vlan   //查看 VLAN 配置情况

Switch 1#config t

Switch 1（config）#vlan 10   //创建 VLAN10

Switch 1（config-vlan）#exit   //退出

Switch 1（config）#vlan 20   //创建 VLAN20

Switch 1（config-vlan）#exit   //退出

Switch 1（config）#int fa0/1   //进入到端口 fa0/1

Switch 1（config-if）#switchport access vlan 10   //添加 VLAN10

Switch 1（config-if）#exit   //退出

Switch 1（config）#int fa0/2   //进入到端口 fa0/2

Switch 1（config-if）#switchport access vlan 20   //添加 VLAN20

Switch 1（config-if）#exit   //退出

Switch 1（config）#int fa0/3　　　　　　//进入到端口 fa0/3

Switch 1（config-if）#switchport mode trunk　　//端口模式改为 trunk 模式

Switch 1（config-if）#switchport trunk allowed vlan add 10　//添加 VLAN10

Switch 1（config-if）#switchport trunk allowed vlan add 20　//添加 VLAN20

Switch 1（config-if）#exit　　　　　　//退出

Switch1（config）#exit　　　　　　//退出

Switch 1#show ru　　　　　　//查看运行配置

4.6　验证方法

配置 PC0~PC3 的 IP 地址信息，通过 ping 包进行测试；

PC0 和 PC2 能够互通，PC1 和 PC3 能够互通；

PC0 和 PC1 不能互通，PC2 和 PC3 不能互通。

4.7　实训结论

同一个 VLAN 下的设备可以互通，不同 VLAN 下的设备不能互通；通过修改端口模式，Trunk 端口可以实现 VLAN 的透明传输。

实训 5　路由器基本操作与日常维护

5.1　实训目的

通过本实验，能够学会通过串口操作路由器，并对路由器的端口进行基本配置；能够查看所配置的内容，查看所配置的端口信息；学会如何重新设置密码，包括 enable 密码以及 Telnet 的用户名和密码；学会如何在 ZXR10 GAR 接入级路由器上查看日志内容；学会如何配置路由并查看当前路由信息；学会如何查看接口统计信息。通过本实验，能对 GAR 路由器有一个基本了解，能够对 GAR 路由器进行基本配置。

5.2　实训内容

利用串口线连接到 ZXR10 GAR 接入级路由器上，对路由器进行基本配置，配置路由器端口以及查看配置信息，设置路由器密码，查看日志，查看路由表信息，以及查看接口统计等。

5.3　实训设备

GAR 1 台；
PC 1 台；
串口线 1 条。

5.4　网络拓扑

按照拓扑图 2-5-1 所示，通过 Console 线连接 ZXR10 GAR 路由器及 PC。

图 2-5-1　网络拓扑结构

5.5 配置步骤

5.5.1 串口连接配置

ZXR10 GAR 产品附带串口配置线，一头为 D89 串行接口（与计算机串口连接），另一头为 RJ45 口（与 ZXR10 GAR 主控板上的 Console 口连接）。串口连接配置采用 VT100 终端方式，可使用 Window 操作系统提供的超级终端工具进行配置。具体配置步骤如下：

（1）ZXR10 GAR 路由器的 Console 口和 PC 的 COM 口相连，使用 Windows 的超级终端作为连接软件。点击"开始"菜单→"程序"→"附件"→"通讯"→"超级终端"，打开如图 2-5-2 所示对话框。

（2）输入连接名称，选择 PC 机的 COM 端口，如图 2-5-3 所示。

图 2-5-2　新建连接

图 2-5-3　连接配置

（3）进行端口参数设置，将波特率设置为"115200"，数据位设为"8"，奇偶校验设为"无"，停止位设为"1"，数据流控制设为"无"。如图 2-5-4 所示。

图 2-5-4　端口属性设置

（4）确定后即可进入到 GAR 路由器操作界面，此时已经通过串口登录到 ZXR10 GAR 路由器上，出现如下提示：

****

Welcome to ZXR10 General Access Router of ZTE Corporation

****

GAR >

（5）此时已经进入到 ZXR10 GAR 路由器的用户模式。在用户模式下输入 enable 然后按下回车键，要求输入特权密码，输入密码后，则进入到路由器的特权模式（如下所示）。在特权模式下，我们可以查看路由器的各种信息。

GAR #

（6）要对路由器的端口进行配置，就必须进入到路由器的全局模式（如下所示）。输入 configure terminal 命令进入到全局模式。

GAR（configure）#

5.5.2 基本操作命令

（1）设置主机名称：

GAR（configure）#hostname <network-name>

<network-name>：网络名，长度为 1~16 个字符，修改 hostname 是立刻生效的，如果需要删除输入 no hostname。

例如：GAR（configure）#hostname Zte

　　　Zte（configure）#

（2）设置系统日期和时间：

GAR（config）#clock set <time> <month> <day> <year>

<time>：当前时间的时分秒形式，hh: mm: ss。

<month>：月份的英文缩写，jan~dec。

<day>：日，范围是 1~31。

<year>：年份，范围是 2001~2098。

例如：GAR#clock set 15:52:35 apr 18 2019

查看时间配置：show clock

系统还支持网络时间协议 NTP：

ntp enable：启动 NTP 功能，使用 no 命令关闭 NTP 功能。

ntp server <ip-address> [version <1-3>]：配置需要同步时间的时间服务器的 IP 地址，以及 NTP 协议的版本号。

show ntp status：显示 NTP 的运行状态。

（3）设置设备特权模式密码。

使用 enable secret 命令设置特权模式密码：

GAR（config）#enable secret <password>

例如：GAR（config）#enable secret zte

（4）设置登录标志。

用 banner 命令可设置问候语，问候语以自定义的字符开始和结束：

GAR（config）#banner incoming <end-char>

例如：GAR（confjg）#banner incoming c

Enter TEXT message.End with the character 'c'.

Welcome to ChongQing, my dear!

c

（5）系统信息查看：

GAR#show version   //显示系统软件及硬件版本信息

GAR#show running-config   //显示当前运行的配置信息

GAR#show start running-config   //显示保存后的系统配置信息

GAR#show environment   // 显示环境信息

GAR#show processor   //显示系统资源统计信息，如 CPU 占用率、内存使用率等

GAR#show logging alarm   //显示告警日志缓冲区中的告警信息记录

（6）保存配置文件：

GAR#write

（7）设置 Telnet 用户和密码。

使用 username 命令设置 Telnet 账户，包括用户名和口令：

GAR（config）#username <username> password <password>

<username>：用户名，长度为 1~16 个字符，可以是字母、数字和下划线，不允许包含空格。

<password>：密码，长度为 3~16 个字符，可以是字母、数字、标点符号和下划线，不允许包含空格。

例如：GAR（confjg）#username zte password zte

相关命令：

no username <username>   //删除某个用户

line telnet idle-timeout <minute>   //配置 Telnet 用户的闲置时间

multi-user configure   //允许多个用户进入配置模式,缺省时只允许一个用户进入配置模式

show users/who   //显示当前通过 Console 口和 Telnet 登录的用户信息

clear tcp vty <0-3>   //清除 Telnet 连接

5.5.3 接口配置操作命令

（1）以太网接口基本配置：

GAR（config）#interface <if-name>   //进入接口配置模式

GAR（config-if）#ip address <ip-address> <netmask>   //设置 IP 地址

GAR（config-if）#speed {10|100}   //配置百兆接口的工作速率

GAR（config-if）#duplex {full|half}   //配置百兆接口的双工模式

GAR（config-if）#[no] negotiation auto　//配置千兆接口的协商模式

注：工作速率和双工模式的配置仅适用于百兆以太网接口，协商仅适用于千兆以太网接口。

例如：

GAR（config）#interface fei_1/1

GAR（config-if）#ip address 10.1.1.2 255.255.255.252

GAR（config-if）#duplex full

GAR（config-if）#speed 100

GAR（config）#interface gei_3/1

GAR（config-if）#ip address 10.1.2.1 255.255.255.252

GAR（config-if）#no negotiation auto

（2）VLAN 子接口配置：

GAR（config）#interface <if-name>.<1-4095>　//创建 VLAN 子接口

GAR（config-subif）#encapsulation dot1q <1-4095> //为创建的子接口封装 VLAN-ID 号，
                                                //此步骤一定要在设置 IP 地址前配置。

GAR（config-subif）#ip address <ip-address> <netmask>

例如：

GAR（config）#interface fei_1/1.10

GAR（config-subif）#encapsulation dot1q 10

GAR（config-subif）#ip address 192.168.1.1 255.255.255.0

GAR（config-subif）#exit

GAR（config）#interface fei_1/1.20

GAR（config-subif）#encapsulation dot1q 20

GAR（config-subif）#ip address 192.168.2.1 255.255.255.0

GAR（config-subif）#exit

5.5.4　查看路由表

GAR#show ip route

IPv4 Routing Table:

Dest	Mask	GW	Interface	Owner	pri	metric
101.40.7.0	255.255.252.0	101.40.7.100	fei_1/1.1	direct	0	0
101.40.7.100	255.255.255.255	101.40.7.100	fei_1/1.1	address	0	0
103.50.7.0	255.255.252.0	103.50.7.20	fei_1/1.2	direct	0	0
103.50.7.20	255.255.255.255	103.50.7.20	fei_1/1.2	address	0	0
192.168.0.0	255.255.255.252	192.168.0.13	fei_2/1	ospf	110	2
192.168.0.4	255.255.255.252	192.168.0.13	fei_2/1	ospf	110	2
192.168.0.12	255.255.255.252	192.168.0.14	fei_2/1	direct	0	0
192.168.0.14	255.255.255.255	192.168.0.14	fei_2/1	address	0	0

192.168.1.1	255.255.255.255	192.168.0.13	fei_2/1	ospf	110	3
192.168.1.2	255.255.255.255	192.168.0.13	fei_2/1	ospf	110	2
192.168.1.3	255.255.255.255	192.168.0.13	fei_2/1	ospf	110	3
192.168.1.4	255.255.255.255	192.168.1.4	loopback1	address	0	0

注：Dest 是 **Destination** 的缩写，指路由的目的地址；Mask 是掩码信息；GW 是 Gateway 的缩写，指到达目的地址经由的网关地址；Interface 指到达目的地址经由的接口；Owner 指此路由的特性，direct 表示是直连的，address 表示此条路由是一条地址，ospf 则表示这是一条通过 OSPF 协议学习到的路由；pri 表示此条路由的优先级；metric 表示此条路由的管理距离。

5.5.5 查看接口统计

在特权模式下使用下面命令可以查看接口统计信息：

GAR（config）#show interface   //查看所有端口信息
GAR（config）#show interface   fei_2/1   // 查看端口 fei_2/1 的信息
fei_2/1 is up，line protocol is up   //表示端口和协议都是 UP 的
MAC address is 00d0.d0c0.b740   //表示此接口的 MAC 地址
duplex full   //表示此端口是全双工
Internet address is 192.168.0.14/30   //端口的 IP 地址
Description is none   //端口的描述信息
MTU 1500 bytes   BW 100000 K bits   //MTU 值以及端口的带宽是 100M
Last clearing of "show interface" counters never
120 seconds input   rate   22 Bps,   0 pps   //端口 120 s 内输入速率
120 seconds output rate   19 Bps,   0 pps   //端口 120 s 内输出速率
Interface peak rate   : input   6750 Bps，output 6737 Bps
//端口输入峰值速率和输出速率
Interface utilization: input   0%,   output   0%
Input:
Packets   : 71994   Bytes: 4748984   //输入包的个数和字节
Unicasts : 45613   Multicasts: 26378   Broadcasts: 3
//不同大小的包的分类统计
64B   : 28239   65-127B : 42872   128-255B   : 669
256-511B : 153   512-1023B : 59   1024-1518B: 0
Undersize: 0   Oversize : 0   CRC-ERROR : 0   //CRC 循环冗余校验
Output:
Packets   : 64296   Bytes: 4328701   //输出包的个数和字节
Unicasts : 37281   Multicasts: 26858 Broadcasts: 157
//不同大小的包的分类统计

64B　　　: 22347　　　65-127B　　: 41085　　　128-255B　: 387
256-511B : 253　　　　512-1023B : 222　　　　1024-1518B: 0
Oversize : 0

5.5.6　密码恢复

（1）将 GAR 重启，在屏幕提示"press any key to stop auto-boot…"的时候按下任意键，进入[GAR Boot]模式：

[GAR Boot]：

（2）在[GAR Boot]状态下输入"C"，按回车键后进入参数修改状态。在 Enable Password 处填写密码：

[GAR Boot]：C

…..

Enable Password　　　　　　　　:zte
Enable Password Confirm　　　　　:zte

（3）输入"@"启动 GAR 路由器：

[GAR Boot]：@

5.6　验证方法

退出界面重新登录，验证密码配置是否正确。通过 show 命令查看路由器接口 IP 地址、逻辑接口地址、路由表等配置情况。

5.7　实训总结

通过本实训的学习，掌握串口操作配置的基本方法，能够对 GAR 路由器进行基本配置和日常维护。

三层交换机实现 VLAN 间路由实验

6.1 实训目的

（1）掌握单臂路由方式的 VLAN 路由配置。
（2）掌握三层交换机实现的 VLAN 路由配置。

6.2 实训内容

（1）思科 1841 路由器+2950 交换机以单臂路由方式实现的 VLAN 路由实验。
（2）思科 3560 交换机实验的 VLAN 路由实验。

6.3 实训设备

思科 1841 路由器 1 台；
思科 2950 交换机 1 台；
思科 3560 交换机 1 台；
PC 4 台；
直连网线若干条。

6.4 网络拓扑

单臂路由法采用图 2-6-1 所示拓扑结构图，三层交换机 VLAN 路由法采用图 2-6-2 所示拓扑结构图。

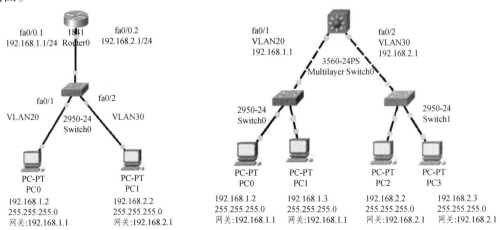

图 2-6-1 单臂路由拓扑图 图 2-6-2 三层交换机 VLAN 路由拓扑图

6.5 配置步骤

6.5.1 单臂路由方式

三层交换机只使用二层功能，在路由器上使用 VLAN 子接口实现 VLAN 之间通信。

（1）路由器 1841 配置：

Router0>enable

Router0#show ip int b

Router0#conf t

Router0（config）#int fa0/0

Router0（config-if）#no shutdown

Router0（config-if）#exit

Router0（config）#int fa0/0.1

Router0（config-sub-if）#encapsulation dot1q 20

Router0（config-sub-if）#ip add 192.168.1.1 255.255.255.0

Router0（config-sub-if）#exit

Router0（config）#int fa0/0.2

Router0（config-sub-if）#encapsulation dot1q 30

Router0（config-sub-if）#ip add 192.168.2.1 255.255.255.0

Router0（config-sub-if）#exit

Router0（config）#exit

Router0#show ru

（2）交换机 2950 配置：

Switch0>enable

Switch0#show vlan

Switch0#conf t

Switch0（config）#vlan 20

Switch0（config-vlan）#exit

Switch0（config）#vlan 30

Switch0（config-vlan）#exit

Switch0（config）#int fa0/1

Switch0（config-if）#switchport access vlan 20

Switch0（config-if）#exit

Switch0（config）#int fa0/2

Switch0（config-if）#switchport access vlan 30

Switch0（config-if）#exit

Switch0（config）#int fa0/3

Switch0（config-if）#switchport mode trunk

Switch0（config-if）#switchport trunk allowed vlan 20，30

Switch0（config-if）#exit

Switch0（config）#exit

Switch0#show ru

6.5.2　三层交换机路由方式

三层交换机使用路由功能，在 VLAN 上配置 IP 地址。

Switch0>enable

Switch0#show vlan

Switch0#conf t

Switch0（config）#vlan 20

Switch0（config-vlan）#exit

Switch0（config）#vlan 30

Switch0（config-vlan）#exit

Switch0（config）#int fa0/1

Switch0（config-if）#switchport access vlan 20

Switch0（config-if）#exit

Switch0（config）#int fa0/2

Switch0（config-if）#switchport access vlan 30

Switch0（config-if）#exit

Switch0（config）#int vlan 20

Switch0（config-if）#ip add 192.168.1.1 255.255.255.0

Switch0（config-if）#exit

Switch0（config）#int vlan 30

Switch0（config-if）#ip add 192.168.2.1 255.255.255.0

Switch0（config-if）#exit

6.6　验证方法

在第一种方式下，分别给 PC0 配上 IP 地址 192.168.1.2/24，网关为 192.168.1.1；PC2 配上 IP 地址 192.168.2.2/24，网关为 192.168.2.1。PC0 与 PC1 机可以互通。

在第二种方式下，分别给 PC0 配上 IP 地址 192.168.1.2/24，网关为 192.168.1.1；PC1 配上 IP 地址 192.168.1.3/24，网关为 192.168.1.1；PC2 配上 IP 地址 192.168.2.2/24，网关为 192.168.2.1；PC3 配上 IP 地址 192.168.2.3/24，网关为 192.168.2.1。所有 PC 均可以互通。

6.7　实训结论

单臂路由和三层交换方式均可以实现不同 VLAN 之间的通信。

实训 7 链路聚合技术

7.1 实训目的

熟悉 VLAN 和链路聚合(Link Aggregation)的基本概念和基本原理,掌握 ZXR10 3928 链路静态聚合和动态聚合的配置步骤和使用方法。

7.2 实训内容

进行静态聚合和动态聚合的配置。

7.3 实训设备

ZXR10 3928 交换机 2 台;
PC 4 台;
直连网线 2 条。

7.4 网络拓扑

按照拓扑图 2-7-1 所示,做好数据规划,将线路连好,并标明各个设备上互联的端口号。

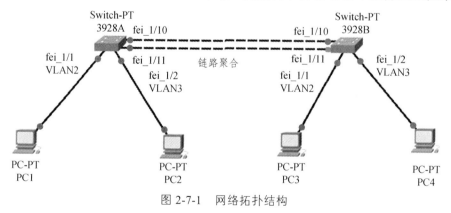

图 2-7-1 网络拓扑结构

7.5 配置步骤

7.5.1 创建 VLAN 组

（1）配置 3928A 的 VLAN：

ZXR10（config）#vlan 2

ZXR10（config-vlan）#switchport pvid fei_1/1　　//接 PC1 端

ZXR10（config）# exit

ZXR10（config）#vlan 3

ZXR10（config-vlan）#switchport pvid fei_1/2　　//接 PC2 端

ZXR10（config）#exit

（2）配置 3928B 的 VLAN：

ZXR10（config）#vlan 2

ZXR10（config-vlan）#switchport pvid fei_1/1　　//接 PC3 端

ZXR10（config）#exit

ZXR10（config）#vlan 3

ZXR10（config-vlan）#switchport pvid fei_1/2　　//接 PC4 端

ZXR10（config）#exit

7.5.2 链路聚合

（1）配置 3928A 的链路聚合：

ZXR10（config）#interface smartgroup 1

ZXR10（config）#smartgroup mode 802.3ad　　//on 是静态聚合，802.3ad 是动态链路聚合，//此条语句不是所有交换机都需要配置，需要具体查看相关命令

ZXR10（config）#exit

ZXR10（config）#interface fei_1/10　　//接 3928-B 端

ZXR10（config-if）#smartgroup 1 mode actvie

ZXR10（config-if）#exit

ZXR10（config）#interface fei_1/11　　//接 3928-B 端

ZXR10（config-if）#smartgroup 1 mode actvie

ZXR10（config-if）#exit

ZXR10（config）#interface smartgroup 1

ZXR10（config-if）#switchport mode trunk

ZXR10（config-if）#switchport trunk vlan 2

ZXR10（config-if）#switchport trunk vlan 3

ZXR10（config）#exit

（2）配置 3928B 的链路聚合：

ZXR10（config）#interface smartgroup 1

ZXR10（config）#smartgroup mode 802.3ad

ZXR10（config）#exit

ZXR10（config）#interface fei_1/10   //接 3928-A 端

ZXR10（config-if）#smartgroup 1 mode actvie

ZXR10（config-if）#exit

ZXR10（config）#interface fei_1/11   //接 3928-A 端

ZXR10（config-if）#smartgroup 1 mode actvie

ZXR10（config-if）#exit

ZXR10（config）#interface smartgroup 1

ZXR10（config-if）#switchport mode trunk

ZXR10（config-if）#switchport trunk vlan 2

ZXR10（config-if）#switchport trunk vlan 3

ZXR10（config）#exit

注：聚合模式设置为 on 时端口运行静态 Trunk，参与聚合的两端都需要设置为 on 模式。聚合模式设置为 active 或 passive 时端口运行 LACP（链路汇聚控制协议）。active 指端口为主动协商模式，passive 指端口为被动协商模式。配置动态链路聚合时，应当将一段端口的聚合模式设置为 active，另一端设置为 passive，或者两端都设置为 active。

7.6 验证方法

使用命令 show vlan 查看 VLAN 信息是否配置正确；使用命令 show lacp 1 internal 查看 trunk 组 1 中成员端口的聚合状态。

7.7 实训结论

将 PC 接入到两台交换机上，验证试验结果：拔掉 smarttrunk 中的任何一个端口，同一 VLAN 间的通信不受影响，即 PC1 可以继续 ping 通 PC3。使用命令 show lacp 1 internal 查看 trunk 组 1 中成员端口的聚合状态，为 Selected 表示集合成功：

ZXR10（config）#show lacp 1 internal

Smartgroup:1

Actor Port	Agg State	LACPDUs Interval	Port Priority	Oper Key	Port State	RX Machine	MUX Machine
fei_1/1	selected	30 32768		Ox102	Ox3d	current	distributing
fei_1/2	selected	30 32768		Ox102	Ox3d	current	distributing

实训 8　静态路由协议的配置

8.1　实训目的

掌握静态路由和默认路由的基本配置步骤，学会配置静态路由和默认路由，实现 PC 的互通。

8.2　实训内容

思科 1841 路由器静态路由的配置；思科 1841 路由器默认路由的配置。

8.3　实训设备

思科 1841 路由器 2 台；
PC 机 4 台；
直连网线 6 根；
交叉网线 1 根。

8.4　网络拓扑

按照拓扑图 2-8-1 所示，将线路连好，并标明各个设备上互联的端口号；将各个 Interface 的 IP 地址配置好；互 ping 对端 IP 地址，确认链路和 IP 地址配置正确。

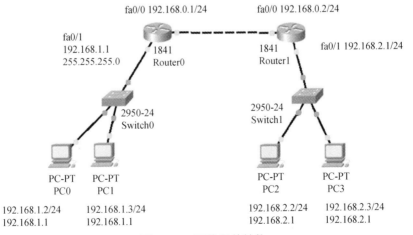

图 2-8-1　网络拓扑结构

8.5 配置步骤

8.5.1 接口 IP 地址配置

（1）配置 Router0：

Router 0>enable

Router 0#show ip int b

Router 0#config t

Router 0（config）#int fa0/0

Router 0（config-if）#no shutdown

Router 0（config-if）#ip address 192.168.0.1 255.255.255.0

Router 0（config-if）#exit

Router 0（config）# int fa0/1

Router 0（config-if）#no shutdown

Router 0（config-if）#ip add 192.168.1.1 255.255.255.0

Router 0（config-if）#exit

（2）配置 Router 1：

Router 1>enable

Router 1#show ip int b

Router 1#config t

Router 1（config）#int fa0/0

Router 1（config-if）#no shutdown

Router 1（config-if）#ip address 192.168.0.2 255.255.255.0

Router 1（config-if）#exit

Router 1（config）# int fa0/1

Router 1（config-if）#no shutdown

Router 1（config-if）#ip add 192.168.2.1 255.255.255.0

Router 1（config-if）#exit

8.5.2 观察实训结果

（1）在没有配置任何路由信息之前，确认哪些 PC 之间可以 ping 通。

（2）显示路由表，看看出现了哪些路由，命令如下：

Router 0#show ip route

Router 1#show ip route

（3）在 4 台 PC 之间使用 ping 命令，观察是否有中断和丢包。

8.5.3　使用静态路由，使得全网互通

（1）配置 Router0：

Router 0（config）#ip route 192.168.2.0 255.255.255.0 192.168.0.2

Router 0（config）#exit

Router 0#sh ru

Router 0#show ip route //查看路由表

（2）配置 Router1：

Router 1（config）#ip route 192.168.1.0 255.255.255.0 192.168.0.1

Router 1（config）#exit

Router 1#sh ru

Router 1#show ip route

8.5.4　使用缺省路由取代静态路由，使得全网互通

（1）配置 Router0：

Router 0（config）#ip route 0.0.0.0 0.0.0.0 192.168.0.2

Router 0（config）#exit

Router 0#show ip route

（2）配置 Router 1：

Router 1（config）#ip route 0.0.0.0 0.0.0.0 192.168.0.1

Router 1（config）#exit

Router 1#show ip route

8.6　验证方法

（1）用#show ip route 命令查看建立的路由条目，其中 static 表示静态路由，如下所示：

```
Router#show ip route
Codes: C - connected, S - static, I - IGRP, R - RIP, M - mobile, B - BGP
       D - EIGRP, EX - EIGRP external, O - OSPF, IA - OSPF inter area
       N1 - OSPF NSSA external type 1, N2 - OSPF NSSA external type 2
       E1 - OSPF external type 1, E2 - OSPF external type 2, E - EGP
       i - IS-IS, L1 - IS-IS level-1, L2 - IS-IS level-2, ia - IS-IS inter area
       * - candidate default, U - per-user static route, o - ODR
       P - periodic downloaded static route

Gateway of last resort is not set

C    192.168.0.0/24 is directly connected, FastEthernet0/0
C    192.168.1.0/24 is directly connected, FastEthernet0/1
S    192.168.2.0/24 [1/0] via 192.168.0.2
```

```
Router>en
Router#show ip route
Codes: C - connected, S - static, I - IGRP, R - RIP, M - mobile, B - BGP
       D - EIGRP, EX - EIGRP external, O - OSPF, IA - OSPF inter area
       N1 - OSPF NSSA external type 1, N2 - OSPF NSSA external type 2
       E1 - OSPF external type 1, E2 - OSPF external type 2, E - EGP
       i - IS-IS, L1 - IS-IS level-1, L2 - IS-IS level-2, ia - IS-IS inter area
       * - candidate default, U - per-user static route, o - ODR
       P - periodic downloaded static route

Gateway of last resort is not set

C    192.168.0.0/24 is directly connected, FastEthernet0/0
S    192.168.1.0/24 [1/0] via 192.168.0.1
C    192.168.2.0/24 is directly connected, FastEthernet0/1
Router#
```

（2）配置 PC 机的 IP 地址信息，通过 ping 包测试相互之间的连通性。图 2-8-2 所示为测试 PC0 与 PC3 的连通性。

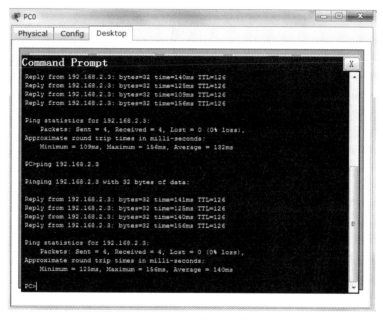

图 2-8-2　测试连通性

8.7　实训结论

不管采用静态路由还是默认静态路由，PC0、PC1 均可以和 PC2、PC3 互通。

RIP（距离矢量路由）协议的配置

9.1 实训目的

理解 RIP 协议的基本原理；掌握路由器和三层交换机上配置 OSPF 所需的基本命令，实现 PC 机之间互通。

9.2 实训内容

路由器 OSPF 基本配置命令；三层交换机 OSPF 基本配置命令。

9.3 实训设备

思科 1841 路由器 1 台；
L3 路由交换机 3560 1 台；
PC 5 台；
直连网线 8 根；
交叉网线 1 根。

9.4 网络拓扑

按照拓扑图 2-9-1 所示，将线路连好，并标明各个设备上互联的端口号；将各个 Interface

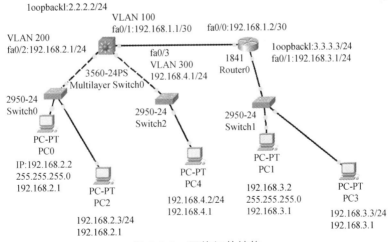

图 2-9-1 网络拓扑结构

的 IP 地址配置好，同时配置 Switch 的逻辑接口 loopback1：2.2.2.2/24，Router 的逻辑接口 loopback1：3.3.3.3/24；互 ping 对端 IP 地址，确认链路和 IP 地址配置正确。

9.5 配置步骤

9.5.1 接口 IP 地址配置

（1）配置 Switch0：

Switch 0（config）# vlan 100

Switch 0（config-vlan）#exit

Switch 0（config）# vlan 200

Switch 0（config-vlan）#exit

Switch 0（config）#vlan 300

Switch 0（config-vlan）#exit

Switch 0（config）#int fa0/1

Switch 0（config-if）#switchport access vlan 100

Switch 0（config-if）#exit

Switch 0（config）#int fa0/2

Switch 0（config-if）#switchport access vlan 200

Switch 0（config-if）#exit

Switch 0（config）#int fa0/3

Switch 0（config-if）#switchport access vlan 300

Switch 0（config-if）#exit

Switch 0（config）#int vlan 100

Switch 0（config-if）#ip address 192.168.1.1 255.255.255.252

Switch 0（config-if）#exit

Switch 0（config）#interface vlan 200

Switch 0（config-if）#ip address 192.168.2.1 255.255.255.0

Switch 0（config-if）#exit

Switch 0（config）#int vlan 300

Switch 0（config-if）#ip add 192.168.4.1 255.255.255.0

Switch 0（config-if）#exit

Switch 0（config）#int loopback1

Switch 0（config-if）#ip add 2.2.2.2 255.255.255.0

Switch 0（config-if）#exit

（2）配置 Router 0：

Router 0（config）#interface loopback1

Router 0（config-if）#ip address 3.3.3.3 255.255.255.0

Router 0（config-if）#exit

Router 0（config）#interface fa0/0

Router 0（config-if）#ip address 192.168.1.2 255.255.255.252

Router 0（config-if）#exit

Router 0（config）#interface fa0/1

Router 0（config-if）#ip address 192.168.3.1 255.255.255.0

Router 0（config-if）#exit

9.5.2　观察实训结果

（1）在没有配置任何路由信息之前，确认哪些 PC 之间可以 ping 通。

（2）显示路由表，看看出现了哪些路由，命令如下：

Switch 0#show ip route

Router 0#show ip route

（3）观察 5 台 PC 之间的连接 ping 是否有中断和丢包。

9.5.3　使用 RIP 路由，使得全网互通

（1）配置 Switch0：

Switch 0（config）#router rip

Switch 0（config-router）#version 2

Switch 0（config-router）#network 192.168.1.0 0.0.0.3

Switch 0（config-router）#network 192.168.2.0 0.0.0.255

Switch 0（config-router）#network 2.2.2.0 0.0.0.255　　//loopback interface

Switch 0（config-router）#network 192.168.4.0 0.0.0.255

Switch 0（config-router）#exit

（2）配置 Router0：

Router 0（config）#router rip

Router 0（config）#version 2

Router 0（config-router）#network 192.168.1.0 0.0.0.3

Router 0（config-router）#network 192.168.3.0 0.0.0.255

Router 0（config-router）#network 3.3.3.0 0.0.0.255

Router 0（config-router）#exit

9.6　验证方法

（1）#show ip route 命令用来查看建立的路由条目，其中 R 表示 RIP 路由。

（2）配置 PC 机的 IP 地址信息，通过 ping 包测试相互之间的连通性。图 2-9-2 所示为测试 PC0 与 PC3 的连通性。

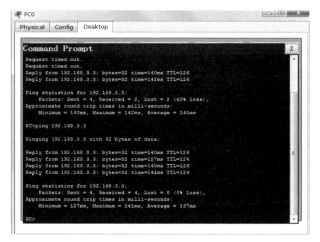

图 2-9-2　测试连通性

9.7　实训结论

路由表中有 RIP 路由信息，并且 PC 之间相互可以 ping 通。

实训 10　OSPF 单区（链路状态路由）配置

10.1　实训目的

掌握 OSPF 路由协议的基本原理；学会路由器的基本操作；掌握路由器上配置 OSPF 所需的基本命令。

10.2　实训内容

路由器 OSPF 单域学习路由实验。

10.3　实训设备

思科 1841 路由器 2 台；
二层交换机 2950 2 台；
PC 4 台；
直连网线 6 根；
交叉网线 1 根。

10.4　网络拓扑

按照拓扑图 2-10-1 所示，将线路连好，并标明各个设备上互联的端口号；将各个 Interface 的 IP 地址配置好；互 ping 对端 IP 地址，确认链路和 IP 地址配置正确。

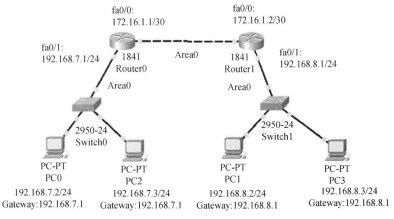

图 2-10-1　网络拓扑结构

10.5 配置步骤

10.5.1 接口 IP 地址配置

（1）配置 Router0：

Router 0>enable

Router 0# show ip int b

Router 0#conf t

Router 0（config）#int fa0/0

Router 0（config-if）#no shutdown

Router 0（config-if）#ip add 172.16.1.1 255.255.255.252

Router 0（config-if）#exit

Router 0（config）#int fa0/1

Router 0（config-if）#no shutdown

Router 0（config-if）#ip add 192.168.7.1 255.255.255.0

Router 0（config-if）#exit

（2）配置 Router1：

Router 1>enable

Router 1# show ip int b

Router 1#conf t

Router 1（config）#int fa0/0

Router 1（config-if）#no shutdown

Router 1（config-if）#ip add 172.16.1.2 255.255.255.252

Router 1（config-if）#exit

Router 1（config）#int fa0/1

Router 1（config-if）#no shutdown

Router 1（config-if）#ip add 192.168.8.1 255.255.255.0

Router 1（config-if）#exit

10.5.2 观察实训结果

（1）在没有配置任何路由信息之前，确认哪些 PC 之间可以 ping 通。

（2）显示路由表，看看出现了哪些路，命令如下：

Router 0#show ip route

Router 1#show ip route

（3）观察 4 台 PC 之间的连接 ping 是否有中断和丢包。

10.5.3　使用 OSPF 路由，使得全网互通

（1）配置 Router0：

Router 0（config）#router ospf 10

Router 0（config-router）#network 172.16.1.0 0.0.0.3 area 0

Router 0（config-router）#network 192.168.7.0 0.0.0.255 area 0

Router 0（config-router）#exit

Router 0（config）#exit

（2）配置 Router1：

Router 1（config）#router ospf 10

Router 1（config-router）#network 172.16.1.0 0.0.0.3 area 0

Router 1（config-router）#network 192.168.8.0 0.0.0.255 area 0

Router 1（config-router）#exit

Router 1（config）#exit

10.6　验证方法

（1)#show ip route 命令用来查看建立的路由条目，其中 O 表示为 OSPF 路由，如图 2-10-2 所示。

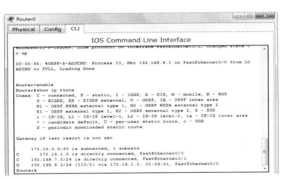

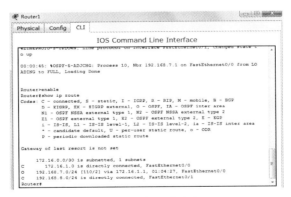

图 2-10-2　查看路由条目

（2）配置 PC 机的 IP 地址信息，通过 ping 包测试相互之间的连通性，图 2-10-3 所示为测试 PC0 与 PC1 的连通性。

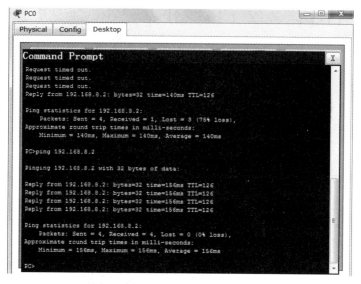

图 2-10-3　测试连通性

（3）查看 OSPF 邻居表和数据库（见图 2-10-4）：

Router 0#show ip ospf neighbor　　　//显示 OSPF 邻居

Router 0#show ip ospf database　　　//显示 OSPF 数据库

```
Router#show ip ospf neighbor

Neighbor ID     Pri   State         Dead Time    Address       Interface
192.168.8.1      1    FULL/DR       00:00:30     172.16.1.2    FastEthernet0/
0
Router#show ip ospf database
              OSPF Router with ID (192.168.7.1) (Process ID 10)

              Router Link States (Area 0)

Link ID         ADV Router       Age       Seq#       Checksum Link count
192.168.7.1     192.168.7.1      616       0x80000005 0x00d29c 2
192.168.8.1     192.168.8.1      617       0x80000005 0x00e387 2

              Net Link States (Area 0)
Link ID         ADV Router       Age       Seq#       Checksum
172.16.1.2      192.168.8.1      617       0x80000003 0x000ef0
Router#
```

图 2-10-4　查看 OSPF 邻居表和数据库

10.7　实训结论

路由表中有 OSPF 路由信息，并且 4 台 PC 之间相互可以 ping 通。

11.1 实训目的

掌握 OSPF 路由协议的基本原理；学会路由器的基本操作；掌握路由器上配置 OSPF 所需的基本命令。

11.2 实训内容

路由器 OSPF 多域学习路由实验。

11.3 实训设备

思科 1841 路由器 2 台；
二层交换机 2950 2 台；
PC 4 台；
直连网线 6 根；
交叉网线 1 根。

11.4 网络拓扑

按照拓扑 2-11-1 所示，将线路连好，并标明各个设备上互联的端口号；将各个 Interface 的 IP 地址配置好；互 ping 对端 IP 地址，确认链路和 IP 地址配置正确。

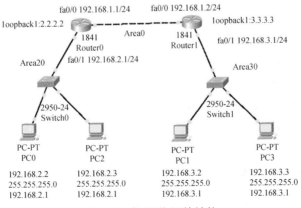

图 2-11-1 网络拓扑结构

11.5 配置步骤

11.5.1 接口 IP 地址配置

（1）配置 Router0：

Router0>enable

Router0#show ip int b

Router0#conf t

Router0（config）#interface loopback1

Router0（config-if）#ip add 2.2.2.2 255.255.255.0

Router0（config-if）#exit

Router0（config）#int fa0/0

Router0（config-if）#no shutdown

Router0（config-if）#ip add 192.168.1.1 255.255.255.0

Router0（config-if）#exit

Router0（config）#int fa0/1

Router0（config-if）#no shutdown

Router0（config-if）#ip add 192.168.2.1 255.255.255.0

Router0（config-if）#exit

（2）配置 Router1：

Router1>enable

Router1#show ip int b

Router1#conf t

Router1（config）#interface loopback1

Router1（config-if）#ip add 3.3.3.3 255.255.255.0

Router1（config-if）#exit

Router1（config）#int fa0/0

Router1（config-if）#no shutdown

Router1（config-if）#ip add 192.168.1.2 255.255.255.0

Router1（config-if）#exit

Router1（config）#int fa0/1

Router1（config-if）#no shutdown

Router1（config-if）#ip add 192.168.3.1 255.255.255.0

Router1（config-if）#exit

11.5.2 观察实训结果

（1）在没有配置任何路由信息之前，确认哪些 PC 之间可以 ping 通。

（2）显示路由表，看看出现了哪些路由，命令如下：

Router 0#show ip route

Router 1#show ip route

（3）观察 4 台 PC 之间的连接 ping 是否有中断和丢包。

11.5.3　使用 OSPF 路由，使得全网互通

（1）配置 Router0：

Router0（config）#router ospf 10

Router0（config-router）#network 192.168.1.0 0.0.0.255 area 0

Router0（config-router）#network 2.2.2.0 0.0.0.255 area 0

Router0（config-router）#network 192.168.2.0 0.0.0.255 area 20

Router0（config-router）#exit

Router0（config）#exit

（2）配置 Router1：

Router1（config）#router ospf 10

Router1（config-router）#network 192.168.1.0 0.0.0.255 area 0

Router1（config-router）#network 3.3.3.0 0.0.0.255 area 0

Router1（config-router）#network 192.168.3.0 0.0.0.255 area 30

Router1（config-router）#exit

Router1（config）#exit

11.6　验证方法

（1）#show ip route 命令用来查看建立的路由条目，其中 O 表示 OSPF 路由，每个路由器有 3 条，如图 2-11-2 所示。

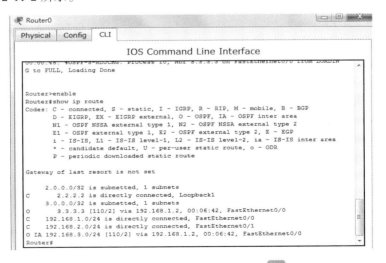

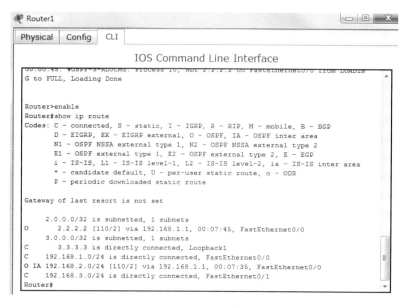

图 2-11-2　查看路由条目

（2）配置 PC 机的 IP 地址信息，通过 ping 包测试相互之间的连通性。图 2-11-3 所示为测试 PC0 与 PC1 的连通性。

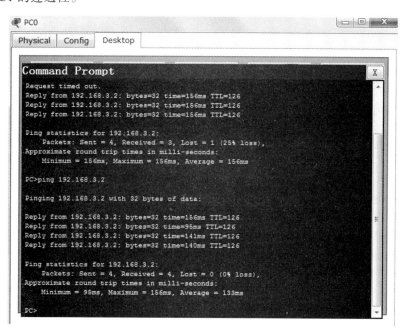

图 2-11-3　测试连通性

（3）查看 OSPF 邻居表和数据库（见图 2-11-4）：

Router 0#show ip ospf neighbor　　　//显示 OSPF 邻居

Router 0#show ip ospf database　　　//显示 OSPF 数据库

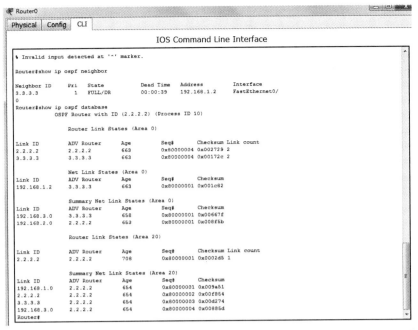

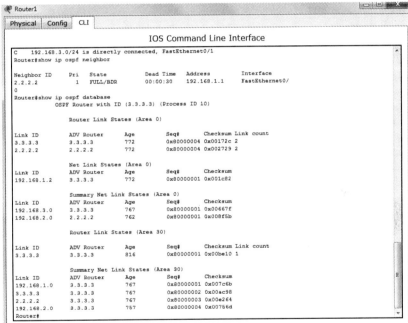

图 2-11-4　查看 OSPF 邻居表和数据库

11.7　实训结论

配置完毕之后，用 show 命令查看 OSPF 的一些状态和参数，路由表中有 OSPF 路由信息，同时还有 3 个 area 区域，并且 4 台 PC 之间相互可以 ping 通。

实训 12　标准 ACL 技术基本配置

12.1　实训目的

掌握 ACL 的基本配置步骤，学会 ACL 的实际用途和调试方法，能够在接口上设置 ACL，实现对数据流的过滤。

12.2　实训内容

通过路由协议使得全网互通，配置标准 ACL，实现拒绝主机 10.168.1.3 对 172.16.1.0/24 网段的访问。

12.3　实训设备

思科 1841 路由器 2 台；
二层交换机 2950 2 台；
PC 4 台；
直连网线 6 根；
交叉网线 1 根。

12.4　网络拓扑

按照拓扑图 2-12-1 所示，将线路连好，并标明各个设备上互联的端口号；将各个 Interface 的 IP 地址配置好；互 ping 对端 IP 地址，确认链路和 IP 地址配置正确。

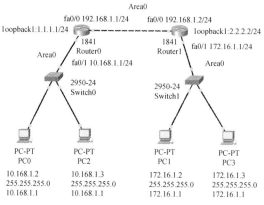

图 2-12-1　网络拓扑结构

12.5 配置步骤

12.5.1 接口 IP 地址配置

（1）配置 Router0：

Router0>enable

Router0#show ip int b

Router0#conf t

Router0（config）#interface loopback1

Router0（config-if）#ip add 1.1.1.1 255.255.255.0

Router0（config-if）#exit

Router0（config）#int fa0/0

Router0（config-if）#no shutdown

Router0（config-if）#ip add 192.168.1.1 255.255.255.0

Router0（config-if）#exit

Router0（config）#int fa0/1

Router0（config-if）#no shutdown

Router0（config-if）#ip add 10.168.1.1 255.255.255.0

Router0（config-if）#exit

（2）配置 Router1：

Router1>enable

Router1#show ip int b

Router1#conf t

Router1（config）#interface loopback1

Router1（config-if）#ip add 2.2.2.2 255.255.255.0

Router1（config-if）#exit

Router1（config）#int fa0/0

Router1（config-if）#no shutdown

Router1（config-if）#ip add 192.168.1.2 255.255.255.0

Router1（config-if）#exit

Router1（config）#int fa0/1

Router1（config-if）#no shutdown

Router1（config-if）#ip add 172.16.1.1 255.255.255.0

Router1（config-if）#exit

12.5.2 使用 OSPF 路由（也可以使用静态路由或 RIP 路由），使得全网互通

（1）配置 Router0：

Router0（config）#router ospf 10

Router0（config-router）#network 192.168.1.0 0.0.0.255 area 0

Router0（config-router）#network 1.1.1.0 0.0.0.255 area 0

Router0（config-router）#network 10.168.1.0 0.0.0.255 area 0

Router0（config-router）#exit

Router0（config）#exit

（2）配置 Router1：

Router1（config）#router ospf 10

Router1（config-router）#network 192.168.1.0 0.0.0.255 area 0

Router1（config-router）#network 2.2.2.0 0.0.0.255 area 0

Router1（config-router）#network 172.16.1.0 0.0.0.255 area 0

Router1（config-router）#exit

Router1（config）#exit

12.5.3 观察实训结果

（1）显示路由表，看看出现了哪些路由，如图 2-12-2 所示。

Router 0#show ip route

Router 1#show ip route

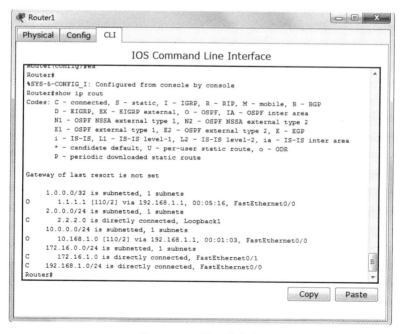

图 2-12-2　显示路由表

可以看出每个路由表里面包含 3 条直连路由和 2 条 OSPF 路由。

（2）观察 4 台 PC 之间的连接 ping 是否有中断和丢包。

① 主机 PC0 ping 主机 PC1 和 PC3，如图 2-12-3 所示。

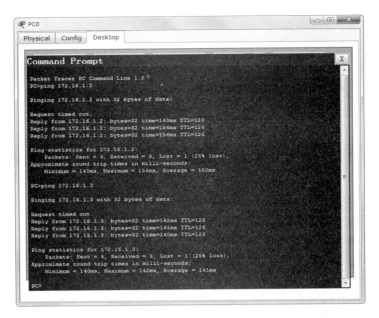

图 2-12-3　PC0 ping PC1 和 PC3

② 主机 PC2 ping 主机 PC1 和 PC3，如图 2-12-4 所示。

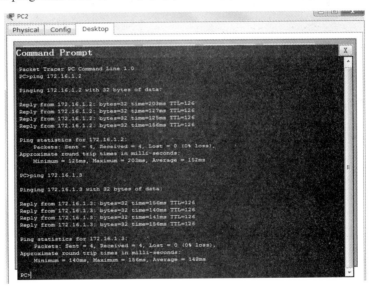

图 2-12-4　PC2 ping PC1 和 PC3

从上面的测试可以看出，所有 PC 都可以相互 ping 通。

12.5.4　配置访问控制列表，拒绝主机 10.168.1.3 对 172.16.1.0/24 网段的访问

配置 Router1：

Router1（config）#access-list 1 deny 10.168.1.3 0.0.0.0

Router1（config）#access-list 1 permit any
Router1（config）#int fa0/1
Router1（config-if）#ip access-group 1 out
Router1（config-if）#exit

12.6　验证方法

（1）用主机 PC2 测试主机 PC1 和 PC3，无法连通；用主机 PC0 测试主机 PC1 和 PC3，仍然连通，说明实验配置成功。验证结构如图 2-12-5 所示。

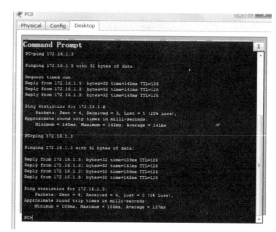

图 2-12-5　验证结果

（2）使用 show access-lists 查看访问控制列表，如图 2-12-6 所示。

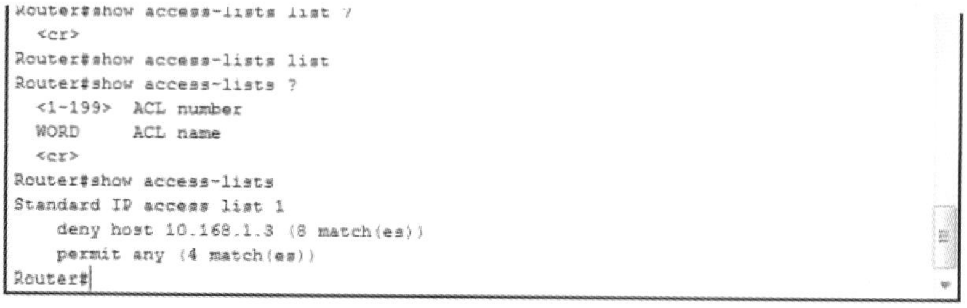

```
Router#show access-lists list ?
  <cr>
Router#show access-lists list
Router#show access-lists ?
  <1-199>  ACL number
  WORD     ACL name
  <cr>
Router#show access-lists
Standard IP access list 1
    deny host 10.168.1.3 (8 match(es))
    permit any (4 match(es))
Router#
```

图 2-12-6　查看访问控制列表

12.7　实训结论

在配置 ACL 的时候，要先确保全网互通之后，再进行 ACL 规则的设置，同时还要注意限制范围越小的语句应该放在前面。

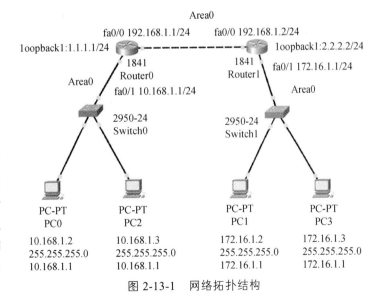

实训 13 扩展 ACL 技术基本配置

13.1 实训目的

掌握扩展 ACL 的基本配置步骤，学会 ACL 的实际用途和调试方法，能够在接口上设置 ACL，实现对远程登录 Telnet 的限制。

13.2 实训内容

通过路由协议使得全网互通，设置路由器 1 的远程登录；配置扩展 ACL，实现拒绝主机 10.168.1.2 对路由器 1 的远程访问。

13.3 实训设备

思科 1841 路由器 2 台；
二层交换机 2950 2 台；
PC 4 台；
直连网线 6 根。
交叉网线 1 根

13.4 网络拓扑

按照拓扑图 2-13-1 所示将线路连好，并标明各个设备上互联的端口号；将各个 Interface 的 IP 地址配置好；互 ping 对端 IP 地址，确认链路和 IP 地址配置正确；设置好路由器 1（Router1）的远程登录。

图 2-13-1 网络拓扑结构

13.5　配置步骤

13.5.1　接口 IP 地址配置

（1）配置 Router0：

Router0>enable

Router0#show ip int b

Router0#conf t

Router0（config）#interface loopback1

Router0（config-if）#ip add 1.1.1.1 255.255.255.0

Router0（config-if）#exit

Router0（config）#int fa0/0

Router0（config-if）#no shutdown

Router0（config-if）#ip add 192.168.1.1 255.255.255.0

Router0（config-if）#exit

Router0（config）#int fa0/1

Router0（config-if）#no shutdown

Router0（config-if）#ip add 10.168.1.1 255.255.255.0

Router0（config-if）#exit

（2）配置 Router1：

Router1>enable

Router1#show ip int b

Router1#conf t

Router1（config）#interface loopback1

Router1（config-if）#ip add 2.2.2.2 255.255.255.0

Router1（config-if）#exit

Router1（config）#int fa0/0

Router1（config-if）#no shutdown

Router1（config-if）#ip add 192.168.1.2 255.255.255.0

Router1（config-if）#exit

Router1（config）#int fa0/1

Router1（config-if）#no shutdown

Router1（config-if）#ip add 172.16.1.1 255.255.255.0

Router1（config-if）#exit

13.5.2　使用 OSPF 路由（也可以使用静态路由或 RIP 路由），使得全网互通

（1）配置 Router0：

Router0（config）#router ospf 10

Router0（config-router）#network 192.168.1.0 0.0.0.255 area 0

Router0（config-router）#network 1.1.1.0 0.0.0.255 area 0

Router0（config-router）#network 10.168.1.0 0.0.0.255 area 0

Router0（config-router）#exit

Router0（config）#exit

（2）配置 Router1：

Router1（config）#router ospf 10

Router1（config-router）#network 192.168.1.0 0.0.0.255 area 0

Router1（config-router）#network 2.2.2.0 0.0.0.255 area 0

Router1（config-router）#network 172.16.1.0 0.0.0.255 area 0

Router1（config-router）#exit

Router1（config）#exit

13.5.3 配置路由器 1 的远程登录

Router 1（config）#line con 0　　　　　　　　　//配置 Telnet 服务

Router 1（config-line）#line vty 0 4

Router 1（config-line）#password zxr10　　　　//配置 Telnet 访问密码

Router 1（config-line）#login

Router 1（config-line）#exit

Router 1（config）#enable password zxr10　　　//配置 enable 访问密码

13.5.4 配置访问控制列表，拒绝主机 10.168.1.2 对路由器 1 的远程访问

Router 0（config）#access-list 101 deny tcp 192.168.2.2 0.0.0.0 any eq telnet

Router 0（config）#access-list 101 permit ip any any

Router 0（config）#int fa0/1

Router 0（config-if）#ip access-group 101 in

Router 0（configif）#exit

Router 0（config）#exit

13.5.5 观察实训结果

（1）显示路由表，看看出现了哪些路由，命令如下：

Router 0#show ip route

Router 1#show ip route

（2）观察 4 台 PC 之间的连接 ping 是否有中断和丢包。

主机 PC0 ping 主机 PC1 和 PC3；

主机 PC2 ping 主机 PC1 和 PC3。

（3）观察主机 PC0 和主机 PC2 能否远程登录到路由器 1。

13.6　验证方法

（1）用主机 PC0 ping 主机 PC1 和 PC3，主机 PC2 ping 主机 PC1 和 PC3，结果全部连通，说明全网正常，如图 2-13-2 所示。

图 2-13-2　连通测试

（2）用 PC0 远程访问路由器 1，无法登录。用 PC2 可以远程登录路由器 1，说明扩展 ACL 配置成功，如图 2-13-3 所示。

图 2-13-3　远程登录测试

（3）使用 show access-lists 查看访问控制列表，如图 2-13-4 所示。

图 2-13-4　查看访问控制列表

13.7 实训结论

在配置 ACL 的时候，要先确保全网互通之后，再进行 ACL 规则的设置，同时还要注意扩展列表的序号和系统隐藏的一条拒绝所有的命令。

动态主机配置协议的配置

14.1 实训目的

掌握 DHCP Server、DHCP Relay 的使用方法和用途，学会 DHCP Server 和 DHCP Relay 的基本配置步骤。

14.2 实训内容

（1）1841 路由器作为 DHCP Server 向 Client 端提供 IP 地址。

（2）配置 1841 路由器，启用 DHCP Relay 功能，使得 DHCP 客户端能够跨路由器动态获得 IP 地址。

14.3 实训设备

思科 1841 路由器 3 台；
二层交换机 2950 2 台；
PC 机 7 台；
直连网线 9 根；
交叉网线 1 根。

14.4 网络拓扑

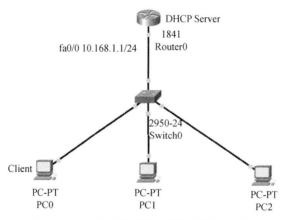

图 2-14-1　服务器和客户端属于同一子网

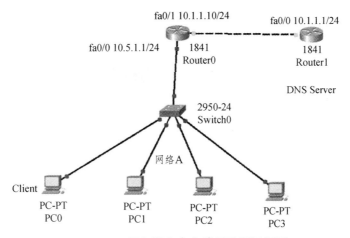

fa0/1 10.1.1.10/24   fa0/0 10.1.1.1/24

fa0/0 10.5.1.1/24   1841
Router0

1841
Router1

DNS Server

2950-24
Switch0

网络A

Client

PC-PT
PC0

PC-PT
PC1

PC-PT
PC2

PC-PT
PC3

图 2-14-2　服务器和客户端属于不同子网

14.5　配置步骤

14.5.1　服务器和客户端属于同一子网

1841 路由器 Router0 配置：

Router 0>enable

Router 0#configure terminal

Router 0（config）#interface FastEthernet0/0

Router 0（config-if）#no shutdown

Router 0（config-if）#ip address 10.168.1.1 255.255.255.0

Router 0（config-if）#exit

Router 0（config）#ip dhcp pool DHCP

Router 0（dhcp-config）#default-router 10.168.1.1

Router 0（dhcp-config）#dns-server　 10.168.1.2

Router 0（dhcp-config）#network 10.168.1.0 255.255.255.0

Router 0（dhcp-config）#exit

Router 0（config）#ip dhcp excluded-address 10.168.1.2 10.168.1.55

Router 0（config）#exit

14.5.2　服务器和客户端属于不同子网

（1）1841 路由器 Router0 配置：

Router 0>enable

Router 0#configure terminal

Router 0（config）#interface FastEthernet0/0

Router 0（config-if）#no shutdown

Router 0（config-if）#ip address 10.5.1.1 255.255.255.0

Router 0（config-if）#exit

Router 0（config）#interface FastEthernet0/1

Router 0（config-if）#no shutdown

Router 0（config-if）#ip address 10.1.1.10 255.255.255.0

Router 0（config-if）#exit

Router 0（config）#int fa0/0

Router 0（config-if）#ip helper-address 10.1.1.1

（2）1841 路由器 Router1 配置：

Router 1>enable

Router 1#configure terminal

Router 1（config）#interface FastEthernet0/0

Router 1（config-if）#no shutdown

Router 1（config-if）#ip address 10.1.1.1 255.255.255.0

Router 1（config-if）#exit

Router 1（config）#ip dhcp pool DHCP

Router 1（dhcp-config）#default-router 10.5.1.1

Router 1（dhcp-config）#dns-server 10.5.1.2

Router 1（dhcp-config）#network 10.5.1.0 255.255.255.0

Router 1（dhcp-config）#exit

Router 1（config）#ip dhcp excluded-address 10.5.1.2　10.5.1.100

Router 1（config）#ip route 10.5.1.0 255.255.255.0 10.1.1.10

14.6　验证方法

（1）将 IP 地址配置成"自动获取"，看看是否可以动态获得地址。

同一子网获取情况如图 2-14-3 所示。

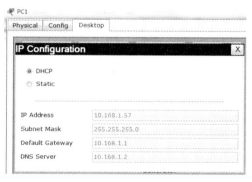

图 2-14-3　同一子网下 IP 地址获取

不同子网获取情况如图 2-14-4 所示。

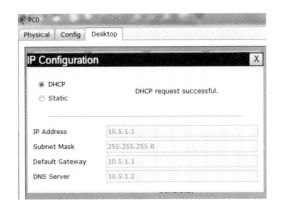

图 2-14-4　不同子网下 IP 地址获取

（2）查看用于 DHCP 服务器已经分配的和最大允许的绑定数，命令如下：

Show ip dhcp binding

（3）查看运行配置信息，命令如下：

Show running-config

14.7　实训结论

将主机 IP 地址配置成"自动获取"之后，能够动态获得 IP 地址。在配置跨网段的时候，需要设置相关的路由协议。

15.1　实验目的

（1）掌握 NAT 的基本概念和基本原理。
（2）学会 NAT 的基本配置方法和步骤。

15.2　实验内容

在 Router0 上配置动态 NAT，实现利用一个公网 IP 支持多台私网终端访问公网的功能。

15.3　实验设备

思科 1841 路由器 2 台；
二层交换机 2950 2 台；
PC 3 台；
服务器 1 台；
直连网线 6 根；
串行线 1 根。

15.4　网络拓扑

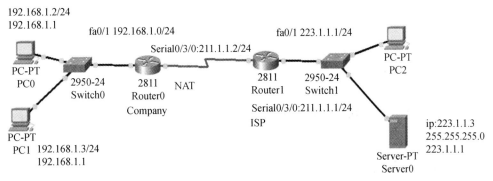

图 2-15-1　网络拓扑结构

15.5 实训步骤

15.5.1 配置公司路由器

1841 路由器 Router0 配置：

Router 0（config）#hostname company

Company（config）#int fa0/1

Company（config-if）#no shutdown

Company（config-if）#ip add 192.168.1.1 255.255.255.0

Company（config-if）#ip nat inside

Company（config-if）#exit

Company（config）#int se0/3/0

Company（config-if）#no shutdown

Company（config-if）#ip add 211.1.1.2 255.255.255.0

Company（config-if）#ip nat outside

Company（config-if）#exit

Company（config）#access-list 1 permit 192.168.1.0 0.0.0.255

Company（config）# ip nat inside source list 1 int Serial0/3/0　overload

Company（config）# ip route 0.0.0.0 0.0.0.0 211.1.1.1

15.5.2 配置 ISP 机房路由器

1841 路由器 Router1 配置：

Router 1（config）#hostname ISP

ISP（config）#int fa0/1

ISP（config-if）#no shutdown

ISP（config-if）# ip address 223.1.1.1 255.255.255.0

ISP（config-if）#exit

ISP（config）# interface Serial0/3/0

ISP（config-if）#no shutdown

ISP（config-if）#ip address 211.1.1.1 255.255.255.0

ISP（config-if）#clock rate 56000

ISP（config-if）#exit

ISP（config）# ip route 0.0.0.0 0.0.0.0 211.1.1.2

15.6 验证方法

（1）用 PC1、PC0 ping 服务器，能够连通，如图 2-15-2 所示。

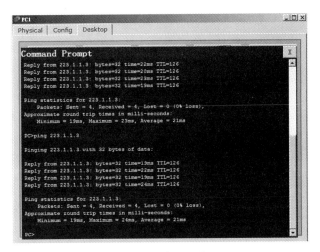

图 2-15-2 连通服务器

（2）利用以下语句，进行 NAT 的监控与维护，如图 2-15-3 所示。

① 显示地址转换配置：

Show ip nat translations

② 显示 NAT 的统计数据：

Show ip nat statistics

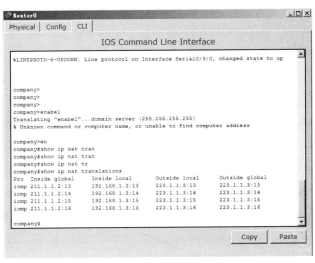

图 2-15-3 对 NAT 进行监控与维护

15.7 实训结论

在路由器上面配置了 NAT 协议之后，能够实现私网地址对公网地址的访问。在配置完成后，用 show ip nat translations 命令查看之前，要先 ping 外网地址后才能够显示。

实训 16 综合组网案例分析

16.1 实验目的

本案例结合企业实际网络需求对数据通信的主要知识点和主要技术进行提炼和总结，内容基本覆盖路由技术的各个方面，目的是帮助学生把所学的知识融会贯通，开阔视野，提高知识的运用能力和问题的解决能力。

16.2 实验内容

本案例以企业网络的设计和实现为背景。该企业有 3 个部门，每个部门具有不同的网段，只允许两个部门可以访问外网。企业向 ISP 购买了一个公网 IP 地址，使用 NAT 技术实现内网访问 Internet。主要用到的关键技术有：网络拓扑结构设计、IP 地址规划、串口技术、静态路由、动态路由 OSPF 协议、ACL、NAT、路由重分布等技术。

16.3 实验设备

思科 1841 路由器 4 台；
二层交换机 2950 3 台；
PC 3 台；
服务器 1 台；
直连网线 6 根；
交叉网线 1 根；
串行线 4 根。

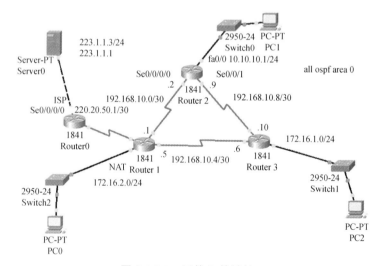

图 2-16-1 网络拓扑结构

16.4 网络拓扑

16.5 实训步骤

16.5.1 在内网边界路由器上配置 OSPF 路由协议

（1）配置边界路由器 Router1：

Router 1（config）#interface FastEthernet0/0

        #ip address 172.16.2.1 255.255.255.0

        #ip nat inside

        #exit

        #interface Serial0/0/0

        #ip address 192.168.10.1 255.255.255.252

        #ip nat inside

        #clock rate 64000

        #exit

        #interface Serial0/0/1

        #ip address 192.168.10.5 255.255.255.252

        #ip nat inside

        #clock rate 64000

        #exit

        #interface Serial0/1/0

        #ip address 220.20.50.2 255.255.255.252

        #ip nat outside

        #exit

        #router ospf 10

        #network 172.16.2.0 0.0.0.255 area 0

        #network 192.168.10.0 0.0.0.3 area 0

        #network 192.168.10.4 0.0.0.3 area 0

        #default-information originate

（2）配置 NAT 地址转换和指向 ISP 的省缺静态路由：

Router 1（config）#ip nat inside source list 1 interface Serial0/1/0 overload

        #ip route 0.0.0.0 0.0.0.0 220.20.50.1

        #access-list 1 permit 172.16.2.0 0.0.0.255

        #access-list 1 permit 10.10.10.0 0.0.0.255

16.5.2　配置 Router2 的 OSPF 路由协议

1841 路由器 Router2 配置：

Router 2（config）#interface FastEthernet0/0

        #ip address 10.10.10.1 255.255.255.0

        #exit

        #interface Serial0/0/0

        #ip address 192.168.10.2 255.255.255.252

        #exit

        #interface Serial0/0/1

#ip address 192.168.10.9 255.255.255.252

#clock rate 64000

#exit

#router ospf 10

#network 10.10.10.0 0.0.0.255 area 0

#network 192.168.10.0 0.0.0.3 area 0

#network 192.168.10.8 0.0.0.3 area 0

16.5.3 配置 Router3 的 OSPF 路由协议

1841 路由器 Router3 配置：

Router 3（config）#interface FastEthernet0/0

#ip address 172.16.1.1 255.255.255.0

#exit

#interface Serial0/0/0

#ip address 192.168.10.10 255.255.255.252

#exit

#interface Serial0/0/1

#ip address 192.168.10.6 255.255.255.252

#exit

#router ospf 10

#network 172.16.1.0 0.0.0.255 area 0

#network 192.168.10.4 0.0.0.3 area 0

#network 192.168.10.8 0.0.0.3 area 0

16.5.4 配置 ISP 路由器 Router0 的配置

1841 路由器 Router0 配置：

Router 0（config）#interface FastEthernet0/0

#ip address 223.1.1.1 255.255.255.0

#exit

#interface Serial0/0/0

#ip address 220.20.50.1 255.255.255.252

#clock rate 64000

#exit

#ip route 0.0.0.0 0.0.0.0 220.20.50.2

16.6 验证方法

（1）查看路由表，命令如下：

Router1# show ip route

Router2# show ip route

Router3# show ip route

（2）查看边路由器的邻居表（show ip ospf neighbor），如图 2-16-2 所示。

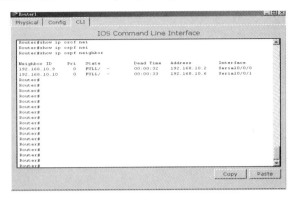

图 2-16-2　查看边路由器的邻居表

（3）测试内网 PC 的 IP 地址，使用 ping 命令测试，如图 2-16-3 所示。

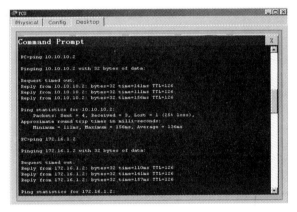

图 2-16-3　测试内网 PC 的 IP 地址

（4）外网访问测试，如图 2-16-4 所示。

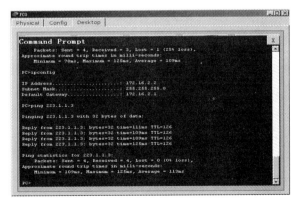

图 2-16-4　外网访问测试

（5）查看 NAT 地址转换情况（show ip nat trans），如图 2-16-5 所示。

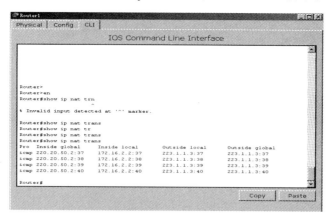

图 2-16-5　查看 NAT 地址转换情况

16.7　实训结论

本案例综合运用了数据通信课程的主要知识和相关的调试技术，如查看路由表、邻接表、NAT 地址转换表和 ping 命令应用；使用了数据通信的主要关键技术：IP 地址规划、串口技术静态路由、动态路由 OSPF 协议、ACL、NAT 等。同学们在以后进行综合组网配置的时候，一定要注意边界路由器，因为它是负责内网和外网联系的重要纽带，对它的配置至关重要。

参考文献

[1] （美）W Richard Stevens. TCP/IP 详解卷 1: 协议[M]. 范建华, 译. 北京: 机械工业出版社, 2000.

[2] 陶树平. 计算机科学技术导论[M]. 北京: 高等教育出版社, 2002.

[3] 郭峰, 曾兴雯, 刘乃安. 无线局域网[M]. 北京: 电子工业出版杜, 1997.

[4] 胡保民, 刘德明, 黄德修. EPON: 下一代宽带光接入网[J]. 光通信研究, 2002.

[5] 岑贤道, 安常青. 网络管理协议及应用[M]. 北京: 清华大学出版社, 1998.

[6] 张晋豫, 刘犁. 基于效用 EPON 分布式动态带宽分配实现机制[J]. 软件学报, 2008.

[7] 熊贤芳, 吉福生. 浅析各种 PON 技术实现 FTTx[J]. 硅谷, 2008.

[8] 李荣, 王大力. 宽带网络技术[M]. 北京: 人民邮电出版社, 2007.

[9] 杨威. 宽带接入技术与实践[M]. 北京: 人民邮电出版社, 2008.

[10] 金纯, 陈林星, 杨吉云. IEEE802.11 无线局域网[M]. 北京: 电子工业出版社, 2004.

[11] 吴伟陵. 移动通信中的关键技术[M]. 北京: 北京邮电大学出版社, 2000（03）.

[12] 符丽婋. 下一代光接入网关键技术[J]. 科技创新导报, 2008.

[13] 韦乐平. EPON 发展面临的挑战[J]. 电信技术, 2007.

[14] 侯继江. EPON 技术分析[J]. 电信技术, 2007.

[15] 李波, 黄德玲, 谢颖. FTTH 接入技术研究[J]. 重庆邮电学院学报: 自然科学版, 2006.

[16] 王欣, 赵洋, 张永军, 等. 一种新的基于 GPON 的动态带宽分配算法[J]. 光通信技术, 2006.

[17] 雷震甲, 吴晓葵, 严体华. 网络工程师教程[M]. 北京: 清华大学出版社, 2011.

[18] 谢希仁. 计算机网络[M]. 6 版. 北京: 电子工业出版社, 2013.

[19] 刘晓辉. 网管从业宝典组建实务分册[M]. 重庆: 重庆大学出版社, 2007.

[20] 王达. 深入理解计算机网络[M]. 北京: 机械工业出版社, 2013.

[21] Ouellet E. 构建 Cisco 无线局域网[M]. 张颖, 译. 北京: 科学出版社, 2003.

[22] 李宏乔, 杨峰. 宽带网络技术原理[M]. 北京: 机械工业出版社, 2002.

[23] 王保成, 向炜, 宋清龙. 计算机组装与维护[M]. 北京: 高等教育出版社, 2016.

[24] 阚宝鹏. 计算机网络技术基础[M]. 北京: 高等教育出版社, 2017.